"一带一路"地质资源环境丛书

中蒙俄经济走廊带矿产资源

周永恒　柴　璐　鲍庆中　刘金龙　吴涛涛　吴大天　等　编著

科学出版社

北京

内 容 简 介

矿产资源领域合作是"一带一路"倡议的重要组成部分，是将地理毗邻、资源优势转化为共同发展的经济增长优势的关键领域。本书旨在全面介绍"一带一路"中蒙俄经济走廊带沿线国家的矿产资源情况，为"一带一路"的矿产资源领域合作提供基础的矿产资源信息。本书总结中蒙俄经济走廊带沿线国家的区域地质概况，对矿产资源的分布、储量、开发利用与前景、矿业基础设施、能源与资源的潜力与远景进行概述，并列出俄罗斯各联邦区主要矿产储量的最新数据。本书部分插图配有彩图二维码，见封底。

本书可供地质勘查工作者、矿业开发企业和投资者及相关科研人员和学者参考。

审图号：GS（2019）5519 号

图书在版编目（CIP）数据

中蒙俄经济走廊带矿产资源/周永恒等编著.—北京：科学出版社，2019.11
（"一带一路"地质资源环境丛书）

ISBN 978-7-03-062902-9

Ⅰ.①中… Ⅱ.①周… Ⅲ.①矿产资源-资源评价-中国、蒙古、俄罗斯
Ⅳ.①P624.6

中国版本图书馆 CIP 数据核字(2019)第 246406 号

责任编辑：何　念 / 责任校对：高　嵘
责任印制：彭　超 / 封面设计：苏　波

科 学 出 版 社 出版

北京东黄城根北街 16 号
邮政编码：100717
http://www.sciencep.com

武汉精一佳印刷有限公司印刷
科学出版社发行　各地新华书店经销
*

开本：787×1092　1/16
2019 年 11 月第 一 版　　印张：14 1/2
2019 年 11 月第一次印刷　　字数：344 000
定价：168.00 元
（如有印装质量问题，我社负责调换）

序

中蒙俄经济走廊带各国中，中国实施"东北地区等老工业基地振兴战略"，俄罗斯以"跨欧亚发展带"为核心实施"东西伯利亚和远东开发战略"，并建议对接"中蒙俄经济走廊带"，蒙古国实施"矿业立国战略"并提出"草原之路"构想，希望与俄罗斯的西伯利亚大铁路和中国提出的"中蒙俄经济走廊带"对接。中国东北地区等老工业基地的振兴需要俄罗斯的技术合作与能源资源，同时也有助于俄罗斯远东加工制造业发展。俄罗斯开发东西伯利亚和远东也需要中国的投资、技术和劳动力。因此，中国的"东北地区等老工业基地振兴战略"与俄罗斯"东西伯利亚和远东开发战略"的协同推进和对接，必将进一步密切两国毗邻地区的区域经济合作。2009 年，中俄两国政府签署了《中国东北地区与俄罗斯远东及东西伯利亚地区合作规划纲要》。2013 年，习近平主席访俄期间与普京总统共同签署的《中华人民共和国和俄罗斯联邦关于合作共赢、深化全面战略协作伙伴关系的联合声明》强调，"充分发挥中俄地方领导人定期会晤的作用，加大《中国东北地区与俄罗斯远东及东西伯利亚地区合作规划纲要》的实施力度，扩大地区合作范围，提高地方合作效率"。

中蒙俄三国在矿产资源方面的互补性很强，特别是在能源领域。2006 年，中俄两国共同签署的《中俄联合声明》指出，"双方均支持两国企业投资开发油气资源和挖掘中国和俄罗斯的能源潜力，以及开展其它形式的互利合作，包括油气加工、石化和动力机械等方面的合作"。2014 年，中俄两国元首共同签署了《中俄东线天然气合作项目备忘录》，中国石油天然气集团公司和俄罗斯天然气工业股份公司签署了《中俄东线供气购销合同》。这意味着，中俄两国战略合作伙伴关系进入了全面快速发展的新阶段，具有划时代的意义。

我对俄罗斯和蒙古国的了解始于 2002 年的中俄蒙哈韩五国编图项目，借助这个项目我多次到俄罗斯和蒙古国工作，东到堪察加半岛、符拉迪沃斯托克（海参崴），北到北极圈的诺里尔斯克，南到蒙古国的乌兰巴托、俄罗斯的新西伯利亚，西到圣彼得堡，中到乌拉尔。可以说，对俄罗斯和蒙古国比较熟悉，也见证了 21 世纪以来中蒙俄地质矿产合作的过程与成果。中俄蒙哈韩五国编图项目及其他中俄地学合作创造了 20 世纪 50 年代以来中俄地学合作历史之后的又一个典范。在十余年的地学合作过程中，给多方最大的体会就是，中蒙俄三国的资源具有天然的互补性和独特性，地质和成矿规律息息相关，可以相互借鉴和学习。

随着我国工业化进程的持续深化，资源消耗持续处于高位。走出去参与全球资源配置的战略尤为重要，特别是与中国毗邻且具有地缘优势的俄罗斯和蒙古国，如何开发和利用这两个邻国的资源尤为关键。为此需要更多地介绍中蒙俄经济走廊带的地质矿产方面的资料与信息，供我国的地勘工作者、矿业开发企业和投资者及相关科研人员和学者参考。

《中蒙俄经济走廊带矿产资源》一书由中国地质调查局东北亚地学合作研究中心一批年轻的境外地质工作者编著，参考了大量的最新资料与成果信息，对中蒙俄经济走廊带的矿产资源与能源资源进行了系统的归纳与总结，同时，分析了中蒙俄经济走廊带几个重要矿种的矿产资源前景。该书为我们了解中蒙俄经济走廊带矿产资源的开发与利用现状作出了全面的展示。

受该书年轻作者之邀为之写序，不仅出于我国对能源资源领域迫切的需求，更是出于对中俄、中蒙合作的美好期望，也出于对年轻学者的工作支持与理解。

中国科学院院士

李廷栋

2018 年 10 月 29 日于北京

前　言

中蒙俄经济走廊带的三个国家共同面临着迅速发展经济的迫切任务，三国发展战略高度契合。中国以"中蒙俄经济走廊带"建设为核心，与俄罗斯"跨欧亚发展带"和俄罗斯"东西伯利亚和远东开发战略"对接，与蒙古国"草原之路"对接，进而推动中国"东北地区等老工业基地振兴战略"、俄罗斯"东西伯利亚和远东开发战略"和蒙古国"矿业立国战略"的发展，吸引其他国家投资者参与，共同深化东北亚区域能源资源合作，深化经济结构调整和加快区域经济一体化，实现优势互补，共同发展。

中蒙俄三国中，中国东北地区矿产资源日益枯竭，而俄罗斯和蒙古国大量的矿产资源还有待开发，中蒙俄三国具有形成经济共同体的天然条件。中国东北地区向俄罗斯和蒙古国的产能输出，俄罗斯和蒙古国的矿产品进口，中国为蒙古国提供出海口和运输通道等，都需要中俄蒙三国密切合作，争取多赢。

俄罗斯东西伯利亚和远东地区占俄罗斯国土总面积的60%。这里集中了俄罗斯过半的石油、天然气、煤炭、水电等能源资源以及其他矿产资源和淡水资源。但是由于人力资源匮乏、基础设施落后，自然资源丰富的东西伯利亚和远东地区得不到有效开发和利用，成为"最后的处女地"。为加快开发东西伯利亚和远东，俄罗斯实施了《2025年前远东和外贝加尔地区经济社会发展战略》，并于2012年设立独立于俄罗斯联邦地区发展部的俄罗斯联邦远东开发部。以促进俄罗斯远东地区的开发，其中矿业的开发是重点。

蒙古国矿产资源丰富，大规模勘探开发尚未全面展开。目前，已探明的有80多种矿产和6 000多个矿点。其中煤炭、铜、铁、磷、黄金和石油储量十分大。蒙古国在向市场经济转型的同时，确立了矿业兴国的战略，国民经济在矿业开发带动下实现了快速发展。目前，矿产开采及加工业产值占工业生产总值的比重超过60%，矿产品出口在出口商品结构中的比重超过80%。但是，由于蒙古国只有两个邻国——中国和俄罗斯，所以其经济合作伙伴主要也是中国和俄罗斯。矿产品出口中国的占比高达90%。蒙古国渴望寻找出海口，将自己的畜牧和矿业产品出口到世界其他国家。

中蒙俄经济走廊带的建设给中蒙俄三国的矿业合作带来了巨大的契机。因此，深入了解中蒙俄经济走廊带各国的地质工作程度、能源与资源现状与开发利用情况、能源与资源的潜力与远景都具有重要的意义，为促进中蒙俄三国在矿业领域的合作提供丰富的背景资料，为地勘工作者、矿业开发企业和投资者及相关科研人员和学者提供参考资料是本书编写的初衷。本书由周永恒、柴璐、鲍庆中、刘金龙、吴涛涛、吴大天、陈正等编著。

本书以俄罗斯新的行政区划为界，结合蒙古国，依据最新资料和数据，全面、系统地介绍俄罗斯及蒙古国的矿产资源开发与利用情况，资源分布与主要矿产的潜力情况。

本书是中国地质调查局"俄罗斯远东及马达加斯加矿产资源潜力评价"项目的成果之一，在编写的过程中，得到了俄罗斯构造与地球物理研究所的支持和帮助，在此表示衷心的感谢！此外要特别感谢段瑞炎老先生，为本书资料的审校译做了大量的工作！

　　由于编者水平有限，书中如有不当之处，恳请读者批评、指正。

周永恒

2018 年 8 月 31 日于沈阳皇姑

目　　录

第1章

中蒙俄经济走廊带的
地质工作概况

　　俄罗斯拥有超过 300 年的地质工作历史，蒙古国也有超过 100 年的地质工作历史，俄罗斯和我国相比地质研究程度相对较高，尤其是俄罗斯的欧洲部分和乌拉尔地区，以及西伯利亚大铁路沿线，拥有悠久的地质研究和矿产开发历史。俄罗斯的主要矿业基地也主要集中在上述几个区域。随着苏联的解体，俄罗斯的经济状况一直在恢复过程中，蒙古国在苏联解体后曾经一度受矿业经济的影响也仅是出现短暂的经济繁荣。俄罗斯和蒙古国受困于经济的制约，地质调查与勘查的资金投入一直不足，俄罗斯部分矿种的探明储量甚至持续减少，近年来，俄罗斯仅能将有限的资金大部分投入油气资源的勘查中。虽然如此，但是从整体上看，俄罗斯和蒙古国的矿产资源前景依然十分巨大，仍然是世界上最具有资源潜力的地区。

1.1 俄罗斯的地质工作程度及矿业开发情况

1.1.1 俄罗斯社会经济及基础设施基本情况

俄罗斯联邦，亦称俄罗斯，是由 22 个共和国、46 个州、9 个边疆区、4 个自治区、1 个自治州、3 个联邦直辖市组成的联邦共和立宪制国家。俄罗斯位于欧亚大陆北部，横跨欧亚大陆，国土面积为 1 709.82×10^4 km^2，是世界上面积最大的国家。俄罗斯是由 194 个民族构成的以俄罗斯族为主体的多民族国家。俄罗斯是联合国安全理事会五个常任理事国之一，也是金砖国家之一。俄罗斯资源丰富，科技发达，经济发展稳定，在国际事务和地区安全中扮演着重要的角色。俄罗斯的基本情况见表 1.1。

表 1.1 俄罗斯基本概况

指标	基本情况
国土面积	1 709.82×10^4 km^2，位居全球第一位
民族	194 个民族，俄罗斯族占全国总人口的 77.7%
宗教	主要宗教为东正教，其次为伊斯兰教
人口	1.46 亿人，增长缓慢
地形地貌	以平原和高原为主，南高北低，西低东高

资料来源：中华人民共和国外交部.俄罗斯国家概况. （2019-01）[2019-02-12]. https://www.fmprc.gov.cn/web/gjhdq_676201/gj_676203/oz_678770/1206_679110/1206x0_679112/.

注：数据为 2018 年数据

在经济上，俄罗斯继承了苏联时期先进完善的工业体系，但轻工业发展仍然较慢。近年来俄罗斯经济增速放缓明显，依靠石油天然气等自然资源的出口，仍是俄罗斯主要的外汇来源（陈其慎 等，2016）。

俄罗斯的工业、基础科学研究实力较雄厚，特别是在航天、核能、军工等尖端技术研究领域较领先。俄罗斯的石油和天然气工业、冶金行业、国防工业是核心的工业部门和支柱产业。轻纺、食品、木材加工业较落后。国际货币基金组织（International Monetary Fund，IME）公布俄罗斯 2018 年国内生产总值（Gross Domestic Product，GDP）为 1.58×10^{12} 美元，人口为 1.46 亿人，2018 年人均 GDP 约为 1.08×10^4 美元，为中高收入国家。2016 年受国际矿产品价格大幅下跌、乌克兰政治危机及卢布贬值影响，俄罗斯经济低迷，预计未来经济将维持低速增长（表 1.2）。

表 1.2 俄罗斯经济概况

经济指标	基本情况
GDP 总量	1.5786 万亿美元
GDP 增长率	1.5%，预计未来将维持低速增长
人均 GDP	8 769 美元/人，中高收入国家
三产比例	4.4%，33.4%，62.2%（第一产业，第二产业，第三产业）
支柱产业	石油和天然气工业、冶金行业、国防工业在经济中发挥核心和重要作用
城镇化率	74%，城镇化率较高
对外贸易	5 876 亿美元，主要贸易伙伴为欧盟、中国、美国和土耳其等，主要出口矿产品及冶炼产品，进口机电产品、化工产品
重点发展领域	能源、农业、加工业、化工、机械制造及住房建设等

资料来源：中华人民共和国商务部. 对外投资合作国别（地区）指南：俄罗斯（2018 年版）.（2019-01）[2019-02-12].
http://fec. mofcom. gov. cn/article/gbdqzn/#.

注：数据均为 2017 年数据

俄罗斯的矿产和能源资源的储量居世界前列，也是全世界最大的石油和天然气输出国，同时拥有世界最大的森林储备和约占世界 1/4 淡水资源的湖泊。俄罗斯资源总储量的 80%分布在俄罗斯的亚洲部分。

俄罗斯各类交通俱全。铁路、港口、机场等都有一定基础，但较为陈旧。公路较落后，30%以上不符合养护标准。俄罗斯境内外油气输运管线发达，运输能力强。俄罗斯未来重点发展领域为化工、机械制造、住房建设及能源、基础建设等，但资金缺口较大，项目难以落实。具体情况见表 1.3。

表 1.3 俄罗斯基础设施概况

指标	基本情况
公路	165.9×10^4 km^2，但 30%以上不符合养护标准
铁路	8.6×10^4 km，但较为陈旧
河运	内河通航里程 10.2×10^4 km，重要的河运航道是伏尔加河和黑龙江
港口	主要港口：摩尔曼斯克港、符拉迪沃斯托克（海参崴）港、圣彼得堡港、纳霍德卡港、东方港
机场	232 个，其中国际机场 71 个
电力	装机总容量 2.36×10^8 kW，发电量为 1.087×10^{12} kW·h，电站、电网等设施完善
管线	石油：7.48×10^4 km，管线众多，运输能力强（2014 年数据）
	天然气：17.52×10^4 km，管线众多，运输能力强（2014 年数据）

资料来源：中华人民共和国商务部. 对外投资合作国别（地区）指南：俄罗斯（2018 年版）.（2019-01）[2019-02-12].
http://fec. mofcom. gov. cn/article/gbdqzn/#.

注：除特殊注明，否则数据均为 2017 年数据

1.1.2　俄罗斯矿业开发利用情况

俄罗斯自然资源十分丰富，种类多，储量大，自给程度高。森林覆盖面积 $1\,126 \times 10^4\ km^2$，占国土面积的 65.8%，居世界第一位。木材蓄积量居世界第一位。天然气已探明储量占世界探明储量的 25%，居世界第一位。石油探明储量占世界探明储量的 9%。煤储量居世界第五位。铁、镍、锡储量居世界第一位。黄金储量居世界第三位。铀储量居世界第七位。

俄罗斯在苏联解体后的 15 年间，地质工作基本停顿，在此期间没有发现一个大型金属矿床和有意义的油气田，矿产的储量增长远低于每年的生产消耗。2005 年以来，俄罗斯开始着手地质研究与矿物原料基地再生产的长期规划，保障了重要矿产储量的扩大与再生产（唐金荣 等，2011）。

能源和矿产资源矿物原料基地一直是俄罗斯经济发展的重要支柱与保障体系，俄罗斯能源资源与矿产种类十分丰富，不仅可以满足俄罗斯联邦的需求，在国际上也具有举足轻重的地位（表1.4、表1.5）。俄罗斯主要的矿业是油气、煤炭和冶金（白丁，2005），矿业在俄罗斯工业中占有重要地位（何金祥，2015）。

表 1.4　俄罗斯冶炼加工产业发展情况（国土资源部信息中心，2015）

工业产品	产量/10^4 t	消费量/10^4 t
精炼铅	10.8	2.4
精炼铜	87.4	56.8
精炼镍	24.6	2.4
精炼铝	348.8	66.8
锌板	26.5	24.2

表 1.5　俄罗斯矿业发展情况（国土资源部信息中心，2015）

矿产	储量	全球占比/%	产量	消费量
石油	109.6×10^8 t	4.8	5.341×10^8 t	1.481×10^8 t
天然气	$47.8 \times 10^{12}\ m^3$	24.2	$5\,787 \times 10^8\ m^3$	$4\,092 \times 10^8\ m^3$
煤炭	$1\,570 \times 10^8$ t	17.6	3.58×10^8 t	0.85×10^8 t
铀	21.65×10^4 t（≤130 美元/kg）	5.0	2\,990 t	5\,090 t
铁矿石	250×10^8 t	13.1	1.02×10^8 t	$5\,148 \times 10^4$ t
铜	$3\,000 \times 10^4$ t	4.3	72×10^4 t	56.76×10^4 t（精炼铜）
铅	920×10^4 t	10.6	16.4×10^4 t	2.42×10^4 t（精炼铅）
金	5\,000 t	9.1	362.2 t	—

续表

矿产	储量	全球占比/%	产量	消费量
镍	790×10^4 t	9.8	23.84×10^4 t	2.4×10^4 t（精炼镍）
锡	35×10^4 t	7.3	200 t	——
金刚石	$4\,000 \times 10^4$ ct[①]	5.5	$1\,500 \times 10^4$ ct	——

　　21 世纪以来，俄罗斯进入经济发展与恢复的重要阶段，能源与矿产资源矿物原料基地的开发与生产能力大幅度提高，致使其潜力明显削弱，老矿区的原料基地日趋枯竭。因此，原料新区已进入大力补充勘探、基础设施建设和工业开发阶段，这为保持原料生产规模和经济增长提供了条件，同时成为俄罗斯摆脱经济危机的主要动力。

1.1.3　俄罗斯地质工作程度

　　俄罗斯在苏联时期曾系统地开展过各种比例尺的地质填图、物探及化探扫面工作，苏联解体前后，1990～2005 年，俄罗斯的地质工作基本处于停滞状态（徐晟 等，2014）。1997 年，俄罗斯地勘行业出现转折，而自 2004 年以后，俄罗斯地质工作的投入与运营方式发生了很大变化，地质勘查工作的投入大幅增加，矿产资源所有者在地质勘查投入中的作用越来越明显（Petrov et al.，2016；Shimanskiy，2016；中国地质调查局发展研究中心，2009）。目前，俄罗斯地质调查研究的程度与西方国家相比还比较低（Arakcheev et al.，2016）。

1. 总体情况

　　俄罗斯的地质工作研究程度总体较高，根据全俄地质矿产研究所的调查，截至 2016 年 1：20 万、1：50 万地质填图几乎覆盖全境。但地质工作程度仍不均衡，如乌拉尔联邦区、西伯利亚联邦区和远东联邦区等地质工作程度仍较低。此外，需要加强中大比例尺地质工作（表 1.6～表 1.8）。

表 1.6　俄罗斯地质填图工作程度表

联邦区	各比例尺完成比例 / %						
	1：1 万	1：2.5 万	1：5 万	1：10 万	1：20 万	1：50 万	1：100 万
中央联邦区	0	0.35	18.10	5.32	100.00	99.82	100.00
西北联邦区	0.22	0.46	20.68	7.77	89.12	74.51	100.00

---

① 1 ct＝200 mg

联邦区	各比例尺完成比例 / %						
	1∶1万	1∶2.5万	1∶5万	1∶10万	1∶20万	1∶50万	1∶100万
北高加索联邦区	2.22	9.44	47.26	30.21	100.00	100.00	100.00
南部联邦区	0.69	4.11	21.03	21.94	97.21	100.00	100.00
伏尔加河沿岸联邦区	0.16	2.04	36.92	28.16	92.15	70.82	100.00
乌拉尔联邦区	0.33	0.37	9.74	1.42	48.95	45.91	100.00
西伯利亚联邦区	0.11	0.35	25.15	5.70	84.26	74.11	99.95
远东联邦区	0.16	1.07	25.86	8.58	84.65	52.98	95.23

表 1.7　俄罗斯航空磁测工作程度表

联邦区	各比例尺完成比例 / %						
	1∶1万	1∶2.5万	1∶5万	1∶10万	1∶20万	1∶50万	1∶100万
中央联邦区	0	29.55	129.21	0	95.80	5.55	7.20
西北联邦区	5.66	39.71	56.66	3.06	92.98	2.22	19.09
北高加索联邦区	0	10.14	28.34	26.87	38.65	40.96	0
南部联邦区	0	20.67	43.42	21.45	65.79	42.05	40.77
伏尔加河沿岸联邦区	1.91	21.56	81.72	5.79	84.96	7.78	65.46
乌拉尔联邦区	1.43	7.83	11.88	10.41	12.47	0	9.13
西伯利亚联邦区	0.2	27.58	228.94	32.53	66.71	6.87	11.84
远东联邦区	2.25	23.84	77.78	16.54	98.89	12.75	70.37

表 1.8　俄罗斯航空重力研究程度表

联邦区	各比例尺完成比例 / %			
	1∶5万	1∶10万	1∶20万	1∶50万
中央联邦区	24.67	6.17	91.74	2.53
西北联邦区	21.48	3.94	84.68	45.75
北高加索联邦区	8.61	21.83	9.45	0
南部联邦区	34.31	11.80	91.13	1.49
伏尔加河沿岸联邦区	31.28	15.76	93.67	11.70
乌拉尔联邦区	7.06	2.50	16.85	17.19
西伯利亚联邦区	5.92	3.26	63.38	66.59
远东联邦区	3.27	3.25	83.06	97.50

2. 北高加索联邦区

根据全俄地质矿产研究所的调查，截至 2016 年，北高加索联邦区的地质工作研究程度明显高于俄罗斯的平均水平，与俄罗斯西部发达的中央联邦区、伏尔加河沿岸联邦区等不相上下。但是从现代经济的需求角度看，目前的地质工作研究程度还不够。尤其对于找矿-普查工作具有重要意义的中大比例尺的地质工作需要加强（表 1.9）。

表 1.9　北高加索联邦区地质工作研究程度表

联邦主体	地质填图研究程度/%			航磁研究程度/%			重力研究程度/%		
	1：5 万	1：20 万	1：100 万	1：5 万	1：20 万	1：100 万	1：5 万	1：10 万	1：20 万
卡巴尔达-巴尔卡尔共和国	71.34	100	100	40.16	56.64	0	13.79	43.44	93.99
达吉斯坦共和国	46.68	100	100	69.65	84.55	0	16.33	28.02	92.04
北奥塞梯-阿兰共和国	72.46	100	100	38.88	39.23	0	7.38	59.06	59.63
卡拉恰伊-切尔克斯共和国和斯塔夫罗波尔边疆区	38.91	100	100	0	0	0	0	0	0
车臣共和国和印古什共和国	57.63	100	100	26.57	67.35	0	21.23	66.28	67.81

3. 伏尔加河沿岸联邦区

伏尔加河沿岸联邦区位于俄罗斯西部，截至 2016 年，对比其他联邦区地质工作研究程度较高。不过 1：5 万、1：10 万地质工作尚未覆盖该区，应进一步对区内有意义的地区进行中大比例尺的地质工作（表 1.10）。

表 1.10　伏尔加河沿岸联邦区地质工作研究程度表

联邦主体	地质填图研究程度/%			航磁研究程度/%			重力研究程度/%		
	1：5 万	1：20 万	1：100 万	1：5 万	1：20 万	1：100 万	1：5 万	1：10 万	1：20 万
基洛夫州	3.68	96.57	100	71.73	92.05	71.80	1.82	6.87	96.39
下诺夫哥罗德州	10.44	100.00	100	38.36	86.07	99.37	35.08	3.40	97.01
奥伦堡州	61.00	100.00	100	89.82	75.49	59.99	56.08	32.41	80.60
奔萨州	19.67	100.00	100	69.88	92.78	100.00	4.49	3.38	98.75
彼尔姆边疆区	35.84	68.17	100	97.13	73.5	72.97	54.48	13.74	84.25
巴什科尔托斯坦共和国	69.55	92.56	100	93.78	99.71	0.01	42.98	20.70	99.76
马里埃尔共和国	3.15	100.00	100	98.32	100.00	5.84	5.84	0	100.00
莫尔多瓦共和国	7.61	100.00	100	89.44	93.78	100.00	3.66	0.69	96.38

联邦主体	地质填图研究程度/%			航磁研究程度/%			重力研究程度/%		
	1:5万	1:20万	1:100万	1:5万	1:20万	1:100万	1:5万	1:10万	1:20万
鞑靼斯坦共和国	14.46	82.04	100.00	96.72	75.22	96.22	0.09	49.15	99.69
萨马拉州	68.62	100.00	100.00	52.05	96.68	0	31.46	16.77	99.44
萨拉托夫州	52.40	100.00	100.00	77.44	91.45	100.00	62.34	12.30	97.52
乌德穆尔特共和国	10.94	97.73	100.00	75.91	90.07	94.04	12.33	1.33	95.80
乌里扬诺夫斯克州	54.22	99.49	100.00	88.2	94.29	87.91	30.47	5.31	9.57
楚瓦什共和国	14.38	89.49	100.00	96.72	10.00	86.78	5.10	9.89	94.86

4. 南部联邦区

南部联邦区位于俄罗斯中西部，截至 2016 年，该区 1:5 万、1:10 万地质工作覆盖不完全，并且不同地区工作程度差别较大，如埃利斯塔共和国几乎没有展开 1:5 万、1:10 万地质工作（表 1.11）。

表 1.11　南部联邦区地质工作研究程度表

联邦主体	地质填图研究程度/%			航磁研究程度/%			重力研究程度/%		
	1:5万	1:20万	1:100万	1:5万	1:20万	1:100万	1:5万	1:10万	1:20万
阿斯特拉罕州	4.32	75.74	100.00	62.27	2.15	0	84.37	2.63	96.62
伏尔加格勒州	20.08	99.27	100.00	47.94	64.17	88.14	16.83	10.49	97.26
卡尔梅克共和国	2.02	100.00	100.00	66.58	23.39	0	55.60	3.43	97.29
罗斯托夫州	31.81	100.00	100.00	5.04	100.00	69.69	30.69	4.63	94.22
克拉斯诺达尔边疆区与阿迪格共和国	35.78	100.00	100.00	52.52	98.92	0	17.72	34.83	73.68

5. 乌拉尔联邦区

乌拉尔联邦区位于俄罗斯中西部，截至 2016 年，该区地质工作研究程度较低，是少数没有完成 1:20 万、1:50 万的地区之一，中小比例尺覆盖更加不足，需要展开大量的基础地质工作（表 1.12）。

表 1.12　乌拉尔联邦区地质工作研究程度表

联邦主体	地质填图研究程度/%			航磁研究程度/%			重力研究程度/%		
	1：5 万	1：20 万	1：100 万	1：5 万	1：20 万	1：100 万	1：5 万	1：10 万	1：20 万
库尔干州	0.03	92.95	100.00	97.35	46.19	38.4	9.07	21.31	60.56
斯维尔德洛夫斯克州	33.21	50.28	100.00	72.74	83.92	62.63	34.43	13.91	97.01
秋明州	0.90	89.17	100.00	0	0	0	0	0	0
车里雅宾斯克州	62.06	57.79	100.00	1.94	30.49	1.66	60.09	2.85	78.98
汉特-曼西自治区与亚马尔-涅涅茨自治区	3.93	40.18	100.00	0	0	0	0	0	0

注：表中秋明州数据不包含汉特-曼西自治区与亚马尔-涅涅茨自治区数据

6. 西北联邦区

西北联邦区位于俄罗斯西北部，截至 2016 年，该区地质工作程度相较俄罗斯境内处于中游水平，但同样存在工作程度不完全、大中比例尺覆盖不到位等问题，需要对区内薄弱及重要找矿意义的地区展开地质工作（表 1.13）。

表 1.13　西北联邦区地质工作研究程度表

联邦主体	地质填图研究程度/%			航磁研究程度/%			重力研究程度/%		
	1：5 万	1：20 万	1：100 万	1：5 万	1：20 万	1：100 万	1：5 万	1：10 万	1：20 万
阿尔汉格尔斯克州	9.82	82.67	100.00	34.06	94.8	20.54	5.32	0	79.74
沃洛格达州	3.65	96.12	100.00	75.79	100.00	0	0.12	0	100.00
加里宁格勒州	20.13	100.00	100.00	0	100.00	0	44.70	0	100.00
列宁格勒州	38.54	100.00	100.00	55.80	100.00	0	0.78	0.17	100.00
摩尔曼斯克州	63.83	100.00	100.00	85.80	95.33	14.91	31.34	3.80	89.94
涅涅茨自治区	14.29	77.71	100.00	97.33	73.92	68.39	27.21	3.77	95.85
诺夫哥罗德州	13.27	100.00	100.00	49.49	100.00	0	0	0	100.00
普斯科夫州	10.97	100.00	100.00	17.06	100.00	0	3.65	0	100.00
卡累利阿共和国	49.10	88.82	100.00	44.79	74.71	1.86	32.40	0.60	100.00
科米共和国	14.49	89.31	100.00	58.19	100.00	21.7	0.78	12.69	63.46

注：表中阿尔汉格尔斯克州数据不包含涅涅茨自治区数据

7. 西伯利亚联邦区

西伯利亚联邦区位于俄罗斯中部，该区土地广袤。截至 2016 年，西伯利亚联邦区地质工作研究程度相较俄罗斯境内处于中游水平，但同样存在工作程度不完全、大中比例尺覆盖不到位等问题，同样需要对区内薄弱及重要找矿意义的地区展开地质工作（表 1.14）。

表 1.14　西伯利亚联邦区地质工作研究程度表

联邦主体	地质填图研究程度/%			航磁研究程度/%			重力研究程度/%		
	1∶5 万	1∶20 万	1∶100 万	1∶5 万	1∶20 万	1∶100 万	1∶5 万	1∶10 万	1∶20 万
阿尔泰边疆区	35.90	93.94	100	66.16	100.54	80.48	11.74	0.47	98.91
外贝加尔边疆区	54.70	100	100	54.88	96.95	0	8.23	2.56	96.54
伊尔库茨克州	39.01	99.52	100	0	0	0	0	0	0
克麦罗沃州	56.41	100	100	78.18	100	81.01	47.08	12.50	98.32
新西伯利亚州	8.78	91.65	100	66.87	59.74	0.08	15.97	14.63	74.38
鄂木斯克州	8.75	98.03	100	67.18	70.76	0	5.32	6.03	89.01
阿尔泰共和国	19.20	100	100	42.49	93.22	81.92	0.11	2.05	99.68
布里亚特共和国	56.93	100	100	104.21	105.52	0	6.04	5.76	100
图瓦共和国	54.79	100	100	64.03	92.58	0	5.53	0.41	100
哈卡斯共和国	69.77	100	100	15.27	100.70	0	5.05	5.37	92.92
托木斯克州	1.30	89.02	100	78.26	100	100	6.23	7.51	84.25
克拉斯诺亚尔斯克边疆区	11.31	68.47	100	443.16	63.90	0	4.98	2.50	58.48

8. 远东联邦区

远东联邦区位于俄罗斯东部，该区矿产资源丰富，截至 2016 年，该区地质工作研究程度相较俄罗斯境内处于中游水平，1∶5 万地质工作完成区域不足该区的一半，1∶1万、1∶2.5 万覆盖较少，急需加强区内基础地质工作和科研地质工作（表 1.15）。

表 1.15　远东联邦区地质工作研究程度表

联邦主体	地质填图研究程度/%			航磁研究程度/%			重力研究程度/%		
	1∶5 万	1∶20 万	1∶100 万	1∶5 万	1∶20 万	1∶100 万	1∶5 万	1∶10 万	1∶20 万
阿穆尔州	26.28	100	100	78.03	97.96	97.96	0.58	0.75	91.97
犹太自治州	34.51	100	100	54.02	96.22	100	1.14	2.33	100
堪察加边疆区	24.38	100	100	48.23	90.22	19.06	9.22	0.54	98.80
马加丹州	48.27	100	100	100.22	100.22	0	1.49	0.22	82.96

续表

联邦主体	地质填图研究程度/%			航磁研究程度/%			重力研究程度/%		
	1:5万	1:20万	1:100万	1:5万	1:20万	1:100万	1:5万	1:10万	1:20万
滨海边疆区	80.35	100	100	69.29	100	0	6.83	1.25	82.49
萨哈（雅库特）共和国	16.17	74.62	100	71.80	100	100	2.14	5.37	80.58
萨哈林州	44.77	91.78	100	91.45	83.70	0	35.75	13.46	71.94
哈巴罗夫斯克（伯力）边疆区	35.47	99.92	100	86.47	100	100	1.49	1.23	87.32
楚科奇自治区	28.6	78.55	58.78	99.86	99.86	0	4.01	0.6	75.19

9. 中央联邦区

中央联邦区位于俄罗斯西部，截至 2016 年，1:20 万、1:50 万地质工作全部完成，但 1:1 万、1:2.5 万几乎为零，应对区内具有找矿意义的地区进行 1:1 万、1:2.5 万等大比例尺地质工作（表 1.16）。

表 1.16　中央联邦区地质工作研究程度表

联邦主体	地质填图研究程度/%			航磁研究程度/%			重力研究程度/%		
	1:5万	1:20万	1:100万	1:5万	1:20万	1:100万	1:5万	1:10万	1:20万
别尔哥罗德州	19.48	100	100	100	100	0	100	23.99	100
布良斯克州	25.33	100	100	42.12	96.56	0	18.48	26.65	6.88
弗拉基米尔州	2.90	100	100	8.28	10	0	0	6.21	93.79
沃罗涅日州	23.90	100	100	819.27	100	0	98.03	0.38	100
伊万诺沃州	23.38	100	100	95.63	100	0	0.47	0	100
奥廖尔州	31.18	100	100	59.36	100	0	15.44	0	100
科斯特罗马州	0.03	100	100	90.18	100	72.88	3.49	0	100
库尔斯克州	14.82	100	100	100	100	0	100	6.04	94.63
利佩茨克州	39.55	100	100	91.74	100	0	39.88	7.47	92.95
莫斯科州	62.70	100	100	97.94	100	0	12.45	4.89	100
卡卢加州	9.71	100	100	96.84	100	0	47.17	55.47	45.75
梁赞州	12.96	100	100	88.89	100	0	0.51	5.05	94.95
斯摩棱斯克州	8.41	100	100	18.98	100	0	1.85	0	100
坦波夫州	17.77	100	100	70.06	100	0	9.13	0	100

续表

联邦主体	地质填图研究程度/%			航磁研究程度/%			重力研究程度/%		
	1:5万	1:20万	1:100万	1:5万	1:20万	1:100万	1:5万	1:10万	1:20万
特维尔州	4.08	100	100	57.9	100	0	0.83	0	100
图拉州	40.73	100	100	88.25	100	0	10.57	2.72	97.28
雅罗斯拉夫尔州	0.39	100	100	34.23	100	0	11.26	0	100

近年来，俄罗斯在国土和大陆架范围内按照新的地质理论与方法编制了第三代中小比例尺系列地质图件。此外，着重开展基准地球物理剖面、参数井和超深井的研究，特别是开展了中比例尺重力测量的研究、水文-工程地质的研究、灾害性内生地质作用、灾害性外生地质作用及地质信息保障等方面的工作（徐晟 等，2014）。

1.2 蒙古国的地质工作程度及矿业开发情况

1.2.1 蒙古国经济社会发展基本概况

蒙古国地处亚洲中部的蒙古高原，东、南、西三面与中国接壤，北面同俄罗斯的西伯利亚为邻，边境线总长 8 219 km，其中中蒙边境线长 4 677 km，蒙俄边境线长 3 542 km。蒙古国东西最长处 2 368 km，南北最宽处 1 260 km，国土面积为 156.65×10^4 km²。蒙古国是世界第二大内陆国，具有重要的地缘战略位置（表 1.17）。

表 1.17 蒙古国基本概况

指标	基本情况
国土面积	156.65×10^4 km²，世界第二大内陆国家
民族	喀尔喀蒙古族 80%，主要语言为喀尔喀蒙古语
宗教	奉喇嘛教为国教
人口	约 320 万人，人口稀少
地形地貌	南部为大面积的戈壁、荒漠，北部和西部多山脉，土地沙化极其严重

资料来源：中华人民共和国外交部. 蒙古国家概况. （2019-05）[2019-07-29]. https://www.fmprc.gov.cn/web/gjhdq_676201/gj_676203/yz_676205/1206_676740/1206x0_676742/.

注：数据为 2018 年数据

蒙古国的经济以农牧业和采矿业为主，工业以肉、乳、皮革等畜产品加工业为主，木材加工、电力、纺织、缝纫也具一定规模。农牧业是蒙古国传统产业，也是蒙古国国民经济的基础。2017 年人均 GDP 为 3 779 美元，为中低收入国家。蒙古国以矿业为支柱产业，2015 年以来受国际矿产品价格下跌及市场需求低迷影响，经济持续恶化，濒临崩溃的边缘，巴特图勒嘎政府为挽救经济危机，仍将大力发展矿业，详见表 1.18。

表 1.18　蒙古国经济发展情况

经济指标	基本情况
GDP 总量	111.49 亿美元
GDP 增长率	5.1%
人均 GDP	3 779 美元/人，属于中低收入国家
支柱产业	采矿业及农牧业，矿业占工业产值的 2/3，地位举足轻重
城镇化率	72%，乌兰巴托人口占蒙古国人口的 46%
对外贸易	105 亿美元；主要贸易伙伴为中国、俄罗斯、英国、韩国、日本、德国、美国、瑞士等
重点发展领域	矿业和交通运输业，提出"矿业兴国"和"草原之路"长期发展规划

资料来源：中华人民共和国商务部. 对外投资合作国别（地区）指南：蒙古国（2018 年版）.（2019-01）[2019-02-12].
http://fec. mofcom. gov. cn/article/gbdqzn/#.

注：数据均为 2017 年数据

蒙古国的公路、铁路、机场、电站、电网等基础设施落后，覆盖率极低（表 1.19）。电力供应不足，需从中、俄进口。矿业和交通运输是未来重点发展的领域，蒙古国先后提出"矿业兴国""草原之路"等长期发展规划。中国是蒙古国第一大贸易伙伴和投资国，矿业是中国在蒙古国投资的主要领域。

表 1.19　蒙古国基础设施情况

指标	基本情况
铁路	1 811 km，使用宽轨
公路	4.9×10^4 km，道路陈旧（2015 年数据）
机场	22 个机场，设施落后
电力	装机总容量 110×10^4 kW，93%的电力为火力发电，5.8%的电力依靠进口
油气管道	2016 年初开始铺设

资料来源：中华人民共和国商务部. 对外投资合作国别（地区）指南：蒙古国（2018 年版）.（2019-01）[2019-02-12].
http://fec. mofcom. gov. cn/article/gbdqzn/#.

注：除特殊注明，否则数据均为 2017 年数据

1.2.2　蒙古国矿产资源及相关产业发展趋势

蒙古国成矿地质条件优越，矿产资源丰富，主要矿产资源有煤炭、铜、金、磷、铀、萤石等。据蒙古国矿产资源和能源部矿产资源局统计，蒙古国磷矿储量居世界第三位，

铀矿储量居世界第九位。蒙古国地质工作研究程度低，国内大部分金属和油气成矿资源尚未详细勘查，矿产资源潜力大。矿产资源总体开发程度低，目前资源开发主要集中在北部、南部和东北部地区。矿业为蒙古国的支柱产业，占 GDP 的 17%。蒙古国资源需要量小，矿产品多用于出口，且大部分出口到中国，详见表 1.20。

表 1.20　蒙古国矿业发展情况

矿种	储量	产量
石油	24.38×10^8 bbl[①]	120×10^4 t
煤炭	258×10^8 t	$2\ 400\times10^4$ t
铀	12.5×10^4 t	—
磷	60×10^8 t	—
铜矿	$4\ 580\times10^4$ t	89.07×10^4 t
铁（金属量）	3.9×10^8 t	617.34×10^4 t
金	598 t	14.556 t
钼	66×10^4 t	5 441 t
锌	111×10^4 t	8.96×10^4 t
萤石	$1\ 578\times10^4$ t	23.08×10^4 t

资料来源：蒙古国矿产资源局 2015 年 12 月统计公告，蒙古国统计局

　　蒙古国钢铁、有色等冶炼产业极为落后，2015 年钢铁和精炼铜产量仅为 4.3×10^4 t 和 1.5×10^4 t，不能满足本国需要，需要依赖进口。受地缘环境的制约，中国是蒙古国最主要的矿产出口国，矿业受中国市场需求的影响较大。

1.2.3　蒙古国地质工作程度

　　1900 年以前，曾有多批俄罗斯人对蒙古国蕴藏矿产资源的可能性进行了调查。1925 年以后，蒙古国才开始真正意义上的地质勘查（邱瑞照 等，2012）。

　　1921～1961 年，苏联先后派往蒙古国 15 个地质勘察队。后又成立了东方勘察队，历经 25 年，做了较系统的基础地质和矿产勘查工作，发现了一些可供勘查的矿床，编制了 1∶250 万的地质图。除苏联外，蒙古国与捷克、波兰、保加利亚、民主德国、匈牙利等经互会成员国进行了双边合作，并组建了双边地质队，开展了地质测量和矿产勘查工作。

　　1962～1975 年，苏蒙合作勘探了额尔登特鄂博铜钼矿床；捷蒙合作编制了蒙古国北部地质图；波蒙合作对西部边远地区进行矿产普查；民主德国在蒙古国中部地区发现金

---

① 1 bbl = 0.137 t

矿床；匈蒙合作勘探了萨拉钨矿床、巴加加兹伦锡矿床及煤和萤石矿床。在此期间，苏联先后帮助蒙古国建立了蒙古地质科学研究所，成立了苏蒙地质科学研究队、苏蒙古生物研究队、国际地质大队（姜哲　等，2015；韩九曦　等，2013；中国地质调查局发展研究中心，2007）。

1976～1985 年，国际地质大队共勘查了 50 多个矿床（点），编制了蒙古国东部和中部 1∶50 万成矿规律图和成矿预测图（韩九曦　等，2013；中国地质调查局发展研究中心，2007）。

1980～1997 年，蒙古国在经互会成员国家援助下，地质测量及矿产勘查开发工作有较大发展，加强了区调和矿产分布规律的研究。1986 年后，苏联和东欧国家对蒙古国的地质技术援助逐渐减少，1992 年撤出了全部专家，蒙古国地质矿产工作也自此搁浅（中国地质调查局发展研究中心，2007）。

1997 年蒙古国新矿业法颁布实施后，国外资金和众多国际矿业公司进入蒙古国，该国矿产地质勘查活动由国外投资商和跨国矿业公司占主导地位。

1997～2005 年，蒙古国公共财政共出资 105 亿图格里克，实施了 115 个地质调查项目。在 2005 年，又新开或续做 40 个地质调查项目。这些项目覆盖了面积为 111 536.8 km^2 的 1∶20 万和 1∶5 万地质填图，评估了 41 个矿床、400 多个矿点和 1 700 多个矿化点。这 41 个矿床储量的确定，主要是依靠公共财政资金，其中私人资金也有参与，但其工作也是在公共财政资金支持项目的基础上开展的。

截至 2014 年，蒙古国的区域地质工作程度如下所示（聂凤军　等，2010a）：

（1）1∶100 万地质填图覆盖蒙古国全境的 100%；

（2）1∶20 万地质填图覆盖蒙古国全境的 100%；

（3）1∶5 万地质填图和普通地质勘探覆盖蒙古国全境的 27.4%；

（4）1∶50 万水文地质图覆盖蒙古国全境的 84%；

（5）1∶20 万和 1∶10 万重力图覆盖蒙古国全境的 23%；

（6）1∶20 万航空磁测量图覆盖蒙古国全境的 70%；

（7）1∶5 万、1∶2.5 万航空多光谱测量覆盖蒙古国全境的 32%。

第2章

中蒙俄经济走廊带
地质背景

　　中蒙俄经济走廊带东西横跨亚欧大陆,位于亚欧大陆的北部地区,东临太平洋,西至波罗的海,北濒北冰洋,南部边界从亚欧大陆中部通过,包括西伯利亚地台、东欧地台及古亚洲洋构造域和环太平洋构造域等几个部分。西伯利亚地台和东欧地台具有太古宙和古元古代变质基底,其周围环绕着准地台区,同样具有古老的基底。东欧地台比西伯利亚地台略大,以平原地形为主,西伯利亚地台的地貌主要是剥蚀高地和高原。古亚洲洋构造域位于西伯利亚地台和东欧地台之间,并向南向东延伸环绕西伯利亚地台,最终与太平洋活动带汇合。古亚洲洋构造域由始于早元古宙晚期的一系列造山活动形成,并经历了中生代以来的后造山运动。环太平洋构造域位于俄罗斯远东的东部地区,向西与古亚洲洋构造域叠加。环太平洋构造域由一系列中生代以来形成的近南北向的拼贴地体及上覆的火山-侵入岩带组成。

2.1　大地构造分区

中蒙俄经济走廊带内有两个古地台，即东欧地台和西伯利亚地台（图 2.1）。环绕俄罗斯南部自东向西有华北地台、印度地台和非洲-阿拉伯地台。东欧地台和西伯利亚地台非常广袤且变质基地出露不多，二者四周被准地台围绕。东欧地台东南部是顿涅茨克-北乌斯秋准地台，西部是中欧准地台，东北是伯朝拉-巴伦支海准地台。顿涅茨克-北乌斯秋准地台位于古亚洲造山带和地中海活动带接合位置；中欧准地台位于地中海活动带和北大西洋活动带的接合位置；伯朝拉-巴伦支海准地台位于北大西洋活动带北端与乌拉尔—蒙古造山带之间。西伯利亚地台南部是贝加尔准地台，西部和西南部是萨彦-叶尼塞准地台，有可能在西北部与伯朝拉-巴伦支海准地台连接。泰梅尔-北地准地台和伯朝拉-巴伦支海准地台在北部与年轻的北冰洋深水凹陷接壤（米兰诺夫斯基，2010）。

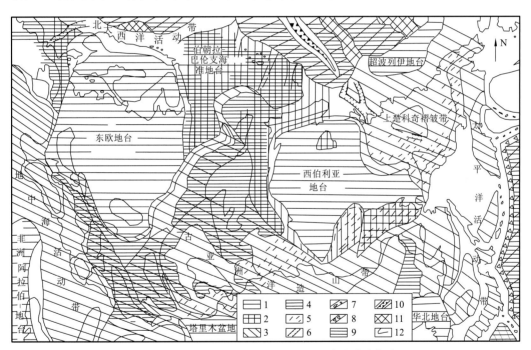

图 2.1　俄罗斯及其毗邻地区构造划分纲要图（米兰诺夫斯基，2010）

1. 古地台；2. 准地台；3. 褶皱带；4. 年轻的地台；5. 晚新生代盆地；6. 新生代裂谷；7. 岛弧；8. 深水槽；9. 洋壳型深水凹陷；10. 大洋内部裂谷；11. 陆壳型构造带，裂解后侵入洋壳的边缘海；12. 构造带边界

对于欧亚超大陆来说，古地台及其环绕的准地台扮演着重要的"框架"角色。超大陆中央位置是古亚洲造山带，该活动带东北部与西伯利亚地台交界，西部与东欧地台交界，南部与华北地台交界（Chen et al., 2016；Didenko et al., 2013）。环太平洋活动带处于太平洋边缘位置，位于西伯利亚地台和华北地台的东部（Li, 2006）。

2.2　东欧地台及其毗邻地区的准地台

东欧地台属于北欧古地台，具有太古宙和古元古代变质基底，面积约 $5.5 \times 10^4 \, \text{km}^2$。其周围的准地台区同样具有古老的基底，但被克拉通之间的褶皱带所切割（图 2.2）（田文，1990）。

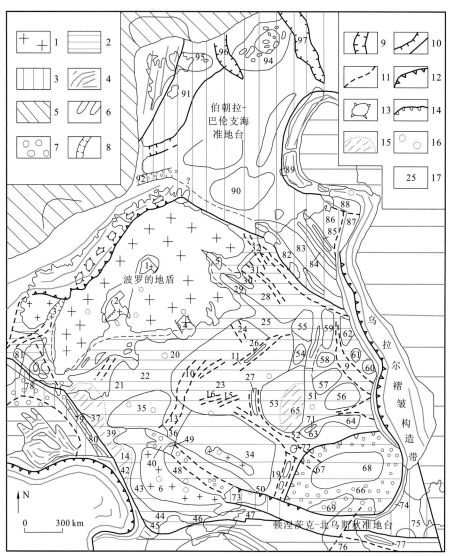

图 2.2　东欧地台及相邻准地台区构造分区略图（米兰诺夫斯基，2010）

1. 东欧地台；2. 地台区；3. 未分的准地台型地块及准地台区；4. 活动带；5. 大洋凹陷；6. 中新生代长垣背斜；7. 岩盐底辟发育区；8. 新元古代及古生代地堑；9. 中生代及新生代地堑；10. 出露地表的大断裂；11. 隐伏断裂；12. 大逆掩断层及构造推覆体；13. 构造窗；14. 盖层中的大型挠曲；15. 俄罗斯地台盖层中-新生代凹陷；16. 已确定与推断的陨石撞击坑；17. 构造编号

2.2.1　太古宙—元古宙基底

东欧地台基底主要为太古宙和古元古代变质岩和侵入岩，在波罗的地盾和乌克兰地盾及沃罗涅什台背斜的穹窿周边出露，而在俄罗斯台地绝大部分被地台盖层所覆盖（田文，1990）。

2.2.2　地台基底形成基本阶段

东欧地台的古元古代历史可分三个阶段：26 亿年至 22 亿~23 亿年，22 亿~23 亿年至 18 亿~19 亿年，18 亿~19 亿年至 16 亿~17 亿年（米兰诺夫斯基，2010）。在第一、第二阶段中，拉张环境发生并发育不同类型的深拗陷及凹陷，发育强烈的火山活动；第二阶段末期发生挤压变形（瑞芬褶皱），花岗岩深成作用及区域变质作用广泛发育；第三阶段（哥特期）地台主要处于板内阶段，地台总体上升并发生大面积的热事件。

2.2.3　地台构造

东欧地台占俄罗斯台地的 3/4，地盾占 1/4（包括波罗的地盾和乌克兰地盾），地台接受地台盖层沉积时间大部分是在里菲纪、文德期或泥盆纪（莫耀支，1990）。

地台以复杂的地台盖层为特征。尤其是其下部层位，基底顶面起伏不平，幅度可达20 km，盖层下部层位属里菲系和下文德统，沉积在众多线状地堑或凹陷中。上覆沉积构造，为宽大的穹状隆起（台背斜）及盆状凹陷（台向斜），单侧环克拉通凹陷，及诸如隐伏的地盾斜坡及长垣背斜等过渡构造。

2.2.4　与地台相邻的准地台构造

古老的东欧地台，在南东、西部和北西与准地台区相接。它们在构造特点上，是两个类型的构造要素相结合：克拉通内线型褶皱带，属贝加尔期、加里东期或海西期，褶皱带形成于地堑型拗陷带之上（拗拉带或复杂拗拉谷）；准地台式地块，从寒武纪开始的"刚性"块体，其中包括贝加尔期以前的变质基底，它们大多数受到破裂，深受沉陷并被厚层的显生宙盖层所覆盖。最大的拗拉带将古地台与准地台的内部分隔开来。准地台区基本上包括准地台地块及较小型的拗拉带和拗拉谷（米兰诺夫斯基，2010）。

2.2.5　地台及相邻准地台区的新元古代、显生宙盖层

1. 新元古界

新元古界组成了俄罗斯台地的地台盖层的下部及季曼带，可能还有部分为伯朝拉凹

陷的基底褶皱杂岩。在某些地区新元古界出露地表，如季曼、科拉半岛、乌克兰地盾的西南坡等，其研究程度很高。新元古界不整合覆于太古宙-元古宙基底之上。不同之处在于新元古界完全缺失变质改造及酸性侵入体，通常可见基本完全未受破坏的水平或近水平的产状。在里菲纪及文德纪沉积物中，主要为砂-粉砂-黏土质沉积物，其次为石英质或长石质沉积物，为广大地台内隆起侵蚀冲刷形成。

2. 寒武系

寒武系分布于俄罗斯台地的西北部，波罗的海与巴伦支海之间。它们几乎到处超覆文德系，只有古波罗的拗陷的西部、波罗的海沿岸及波罗的海南部下寒武统上部，它们以海进式超覆于前里菲系基底之上。俄罗斯台地下寒武统由罗文斯基组、隆托瓦斯克组和皮里塔斯科组组成，主要岩性为砂岩、粉砂岩、黏土等。

3. 奥陶系

与寒武系一样，奥陶系也分布于俄罗斯台地的西北及西部，充填着古波罗的台向斜，除台向斜东北部和台地西部疆界的环克拉通拗陷外，奥陶系也覆盖着伯朝拉凹陷的大部分地区。奥陶系出露于爱沙尼亚、列宁格勒地区阶地的上部，以及白俄罗斯明斯克及第涅伯沿岸地区的西部不大的地区。

4. 志留系

志留系分布的地区与奥陶系相同，但面积较小。其主要分布在古波罗的台向斜的西部和东部，构成两个隔开的先后出现的剥蚀区。西部主要分布在环克拉通拗陷（在布列斯特凹陷、里沃夫凹陷、基斯涅夫凹陷）、台地东南沿（里海沿岸凹陷的边缘）及伯朝拉凹陷。志留系出露于古波罗的拗陷北侧，包括萨列马岛和希乌马岛，以及拗陷南侧的东维利纽斯、第涅伯沿岸及季曼的北端。

5. 泥盆系

俄罗斯台地泥盆系厚度最大，分布最广。除了地盾斜坡、白俄罗斯和沃罗涅什台背斜的抬升部分、最下拗的泥盆系介于波罗的地盾与季曼之间的莫斯科台向斜之外，在台地范围内几乎均发育。但是大部分都被年轻的沉积物所覆盖。泥盆系的露头广泛分布于波罗的地盾的南坡、白俄罗斯台背斜北部、立陶宛背斜鞍部及波罗的台向斜。泥盆系还出露于沃罗涅什台背斜（中泥盆统分布区）、里沃夫凹陷（德涅斯特河沿岸）及南部的顿巴斯及季曼带。

6. 石炭系

石炭系沉积分布在俄罗斯台地的大部分地区，但与泥盆系不同，在拉脱维亚背斜鞍部（主要泥盆分布区）、白俄罗斯、沃罗涅什台背斜大部分及季曼隆起的轴部等范围内，均缺失。它的主要露头是沿莫斯科台向斜西翼延伸，在奥克斯科-茨宁斯克及敦诺-梅杰韦茨垣背斜及季曼隆起的翼部有出露。

7. 二叠系

二叠纪沉积物覆盖着除季曼隆起区轴带以外的俄罗斯台地东半部。它们出现于莫斯科、梅津、里海沿岸等几个台向斜，以及伏尔加乌拉尔台背斜之中，而在台地更西部出现在第涅伯-顿涅茨克拗拉槽及波利斯科立陶宛台向斜。二叠纪沉积充填了前乌拉尔边缘拗陷，在那里它们与俄罗斯台地东部同一时代的沉积物有紧密的联系，还与伯朝拉-巴伦支海凹陷有关。二叠系的主要露头区位于乌拉尔、伏尔加乌拉尔背斜的东部和北部及莫斯科台向斜的北部。

8. 三叠系

俄罗斯台地三叠系沉积分布不如二叠系广泛。它们充填在海西期凹陷的内部。它们是海退性组合，结束海西阶段地台的发展，且绝大部分地区表现为大陆型陆源沉积相。它们出现于近皮亚特、波兰-立陶宛、莫斯科台向斜的中部及东北部；在前顿涅茨克拗陷及前乌拉尔边缘拗陷的南部、北部与极地区段，三叠系沉积物也分布于季曼带除外的所有伯朝拉-巴伦支海准地台区范围内（米兰诺夫斯基，2010）。

2.2.6　岩浆岩活动

最早期地台岩浆喷发作用发生在早里菲世，主要为杏仁状玄武岩的熔岩和次火山岩。中里菲世的岩浆作用强烈，出现在地台中部和西北部，岩性为玄武质熔岩和火山碎屑岩，还有辉绿岩质的岩床及岩墙。晚文德世，在波罗的地盾上，有一些中心型的火山型的深成岩岩体，形成了含碳酸盐的超基性岩（奥斯陆区的芬岩体、博特尼湾的阿尔诺、科拉半岛上的一些岩体），在科拉半岛北部还有玄武岩岩墙侵入（江思宏 等，2017；米兰诺夫斯基，2010）。

中古生代的岩浆活动分布在地台的北东部、东部及南东部。它们大部分属于中-晚泥盆世末，并表现为体积不大的拉斑玄武岩的喷溢、辉绿岩和玄武岩岩床及岩墙等。类似的小规模暗色岩岩浆活动，见于季曼带的基洛夫拗拉谷、索利加力奇拗拉谷、靼靶穹窿及沃罗涅什台背斜的东部。

2.2.7　新元古代及显生宙地台及相邻准地台区发展基本阶段

在古元古代与新元古代之交，东欧地台基底克拉通化阶段结束，它进入了板内阶段。在新元古代基本上奠定了地台及其边缘的几个里菲纪产生的褶皱带：乌拉尔—蒙古褶皱带、北大西洋褶皱带及地中海褶皱带（古特提斯）。这些褶皱带将东欧地台与西伯利亚、北美-格陵兰古地台及冈瓦纳超地台分隔开来。除了构造上相对稳定的古地台和活动的褶皱带之外，在新元古代还分出了在基底分裂、构造活动性上过渡的准地台区，其分布在地台与活动带之间的位置（米兰诺夫斯基，2010）。

2.3　西伯利亚地台

西伯利亚地台是苏联境内第二大古地台（克拉通），面积比东欧地台略小（陶高强，2012）。与东欧地台的平原地形不同，在西伯利亚地台的地貌主要是剥蚀高地和高原，其海拔平均为 0.5 km 以上，最高达 2.5 km，并且受切割的程度相当强烈。西伯利亚地台的主体部分为位于叶尼塞河与勒拿河之间巨大的中西伯利亚高原所占据（图 2.3）。

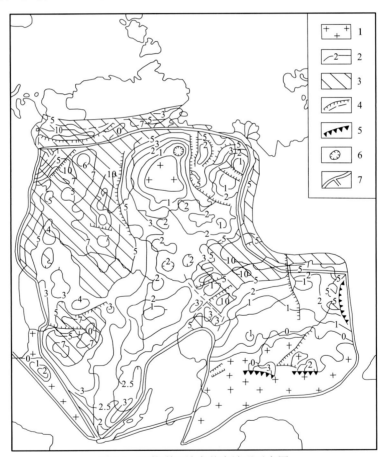

图 2.3　西伯利亚地台基底地形示意图

1.太古宙—古元古代基底露头；2. 基底产出深度等值线；3. 基底面深度超过 5 km 的地区；4. 使盖层错位的陡倾断层；
5. 缓倾断层（逆掩断层）；6. 陨石撞击坑；7. 西伯利亚地台及相邻准地台的界线

2.3.1　太古宙—元古宙基底

西伯利亚地台的基底是由深度变质的太古宙和古元古代产物组成的，在 3 个区域露出地表。最大的凸起是位于地台东南部广阔的阿尔丹-斯塔诺夫地盾，其中出露的前寒武纪早期岩石最完整，可用以说明某些大构造带特点并且可以再造从古太古代到古元古代末基底形成历史的剖面。而在地台北部规模小得多的阿纳巴尔凸起中，主要出露的是太古宙变质杂岩体。在规模更小的，位于地台东北边缘的奥列尼奥克凸起内，出露的则是古元古代产物。在地台的剩余地区里，前里菲纪基底埋藏在巨厚的里菲纪—显生宙地台盖层之下，迄今只是在少数几个地方用钻孔揭露到该基底。西伯利亚地台的太古宙产物与东欧地台及大多数其他古地台的太古宙产物的结构有重要差别（蒋志文，1979）。

2.3.2　地台基底形成主要阶段

西伯利亚地台与东欧地台的基底结构有许多重要差别。首先要推在西伯利亚地台经受了强烈的麻粒岩相变质作用，而在东欧地台（像大多数克拉通一样）上，这些古太古代产物主要是产在个别线性带（"麻粒岩带"）中，而在线性带之外，它们通常是以残存体的形式保存在晚期经历了退化变质作用的太古宙杂岩体中。而且，在西伯利亚地台上分布的不是为东欧地台（以及大多数其他地台）所特有的古太古代和新太古代的"绿岩带"，而是一些比较年轻的、在太古宙最后或新元古代初在比较刚性的基底上产生的"绿岩槽沟"，这些"绿岩槽沟"乃是介于东欧地台"绿岩带"与原裂谷带之间的一种中间产物（米兰诺夫斯基，2010）。

在太古宙末或者在古元古代初时，西伯利亚原地台的许多地段经历了拉伸和破裂作用，后期被大量不同方向的断层破坏。沿着这些断层产生了窄而深的地堑式拗陷，堆积了巨厚的基性和酸性成分的熔岩层、陆源岩石、铁硅质岩石及少量碳酸盐岩。砾岩的存在表明，分开槽沟的断块可能受到冲刷。这些槽沟广泛地分布在阿尔丹巨断块的西部及北斯塔诺夫缝合构造带中（米兰诺夫斯基，2010）。

2.3.3　地台构造

西伯利亚地台与东欧地台在构造上有很多相似之处。西伯利亚地台太古宙—古元古代基底和东欧地台一样组成了处在地台边缘的巨大规模的地盾及规模小得多的凸起，沉积盖层从各方向将其包围。新元古代—显生宙沉积盖层平均厚度相近，组成巨大的台地（勒拿-叶尼塞台地）。台地的面积超过两个突起面积的好几倍。目前已经查明了一系列拗拉谷，它们是在里菲纪产生的，后来经历了倒转及随之发生的新生改造作用。最大的拗拉谷体系是维柳伊-帕托姆拗拉谷，如同第涅伯-顿涅茨拗拉谷那样，它将地台分成两个大小不等的部分。在西伯利亚地台的一些地区，还发现了盐丘构造的存在，它呈底辟构造的形式出现，其核部为泥盆纪的盐类，但是这些构造的规模比东欧地台的盐丘构造的规模小得多（陶高强，2012）。

同时，西伯利亚地台在许多方面又与东欧地台不同。东欧地台几乎呈等轴状的断块，而西伯利亚地台是由两个大小不等的相对隆起的断块组成的，而这两个断块则被深深下沉的窄堤所分开。与东欧地台不同，西伯利亚地台某些地区的盖层被挤压成延长状的线形褶皱带（安加拉—勒拿褶皱带），阿尔丹-斯塔诺夫地盾的构造由于许多中生代深地堑和逆掩断层的存在而变得复杂化。此外，该地盾中还有许多中生代侵入体侵入，这与波及地盾南部的构造-岩浆活动作用有关系。西伯利亚地台沉陷作用在中生代基本上结束，地台范围内新生代凹陷几乎完全缺失。而且，西伯利亚地台的大部分在新近纪—第四纪经历了强烈的新构造上升运动，其幅度超过 500 m，有些地方达到 1~2 km（杨申，1958）。

2.3.4 新元古代和显生宙地台盖层沉积

1. 寒武系

在西伯利亚地台上，寒武系比显生宙其他一些系的分布广泛得多，寒武系覆盖了整个勒拿-叶尼塞台地（阿纳巴尔穹窿、奥列经奥克穹窿和图鲁汉—诺里尔斯克隆起带的上升最强烈部分除外），并且以残山的形式存在于阿尔丹-斯塔诺夫地盾的北部。寒武系出露的主要地区位于地台的东北部（阿纳巴尔台背斜）、东南部（阿尔丹-斯塔诺夫地盾北坡）、南部（伊尔库茨克围场）、西南部（拜基特台背斜）和西北部（图鲁汉—诺里尔斯克隆起带）。

2. 奥陶系

在西伯利亚地台上，奥陶系的分布范围非常广，但比寒武系的分布范围小一些。几乎在勒拿-叶尼塞台地的整个西半部、在维柳伊台向斜的西部、沿着地台的东部边缘、在谢捷这班带中都有奥陶系存在；但是，与寒武系不同，在奥陶纪经历过隆起的阿纳巴尔台背斜大部分地区和阿尔丹-斯塔诺夫地盾北坡，缺失奥陶系。奥陶系的主要出露地区处在叶尼塞岭以东的图鲁汉-诺里尔斯克拗拉谷、伊尔库茨克围场、阿纳巴尔台背斜西南坡和西坡及维柳伊台向斜的西南边缘。

3. 志留系

志留系主要分布在地台的西半部，其分布区与奥陶系是一样的，但面积略小一些；它们的堆积揭示地台早古生代构造发展阶段的结束。它们构成通古斯卡台向斜的底板（卡坦加隆起可能除外），志留系在地台西部、南部和东部边缘出露地表；它们也构成维柳伊台向斜西部的底板，在该台向斜的西南边缘，它们出露在纽亚凹陷和别廖佐夫斯基凹陷中。在地台东部边缘的谢捷达班带中也产有志留系。

4. 泥盆系

泥盆系的分布范围比志留系地层要小，在西伯利亚地台的很多地区已经查实了泥盆系的存在。它们存在于通古斯卡台向斜的北部（出露在台向斜的两侧），堆积在位维柳伊台向斜西部之下的一些深堑墩构造及坎斯克-塔谢耶沃凹陷中。泥盆系出露在地台北部边缘诺尔德维克地区，并且在有些地方是沿着地台的东北边缘（哈拉乌拉赫带）和东部边缘（谢捷达班带）延伸。

5. 石炭系和二叠系

在地台西部，石炭系和二叠系有广泛分布，在这里，它们是堆积在通古斯卡台向斜中（出露于台向斜的西部、南部和东部边缘）及存在于坎斯克-塔谢耶沃凹陷内。在维柳伊台向斜西部、皮亚西纳-哈坦加凹陷和勒拿-哈坦加凹陷中，这两个系是产在中生代盖层之下，它们沿阿纳巴尔台背斜北坡和东北坡呈一个狭窄带延伸。

6. 三叠系

在西伯利亚地台上，三叠系有沉积的和火山成因的产物，与其相关的还有大量三叠纪的侵入岩体。沉积产物只是分布在地台的东北边缘，见于勒拿-哈坦加凹陷，前上扬斯克边缘拗陷和维柳伊凹陷的西北部，在这里，三叠系几乎到处都是埋藏在侏罗系和白垩系之下，仅仅在奥列尼奥克穹窿的北坡和东坡及奥列尼奥克背斜带中有出露。早三叠世陆相火山成因产物的分布范围广得多，它们堆积在通古斯卡台向斜的内部及皮亚西纳-哈坦加凹陷相当大的地区，在这里，它们掩埋在侏罗系和白垩系沉积盖层之下。侵入产物分布在通古斯卡台向斜内，但是，这些侵入产物最紧密地"充满"了台向斜的边缘带及阿纳巴尔台背斜的北坡。

7. 侏罗系

从分布特点看，侏罗系与三叠系及上古生界差别极大：在通古斯卡台向斜大部分地区缺失侏罗系，该台向斜在暗色岩火山活动结束之后上升，但是，在地台南部和东部的许多上叠凹陷及复活凹陷中有侏罗系堆积。侏罗系几乎到处都是通过海侵产在前寒武纪、古生代和三叠纪产物的不同层位上。它们主要是产在地台南部边缘［萨彦岭边缘和斯塔诺夫山脉（外兴安岭）边缘］、北部边缘（皮亚西纳-哈坦加凹陷和勒拿-哈坦加凹陷）及东北边缘（前上扬斯克边缘拗陷），只是在东部才深深地伸进地台的内部，堆积在维柳伊台向斜西部及安加拉-维柳伊拗陷中。

8. 白垩系

在西伯利亚地台上，白垩系的分布地区与侏罗系分布地区相同，但是，绝不是在它们的整个面积上都存在。它们主要是分布在地台的最北部（皮亚西纳-哈坦加凹陷和勒拿来-哈坦加凹陷）和东北边缘（前上扬斯克边缘拗陷和维柳伊台向斜）。在南部前斯塔诺夫带凹陷及可能在坎斯克凹陷中，存在一些规模极小的斑点状的下白垩统沉积。在阿尔丹-斯塔诺夫地盾上，分布有晚侏罗世和白垩纪的侵入体和少量喷出产物，而在东北部阿纳巴尔背斜东部则分布有侏罗纪和白垩纪（与古生代一起）的北雅库特金刚石省的金伯利岩岩筒。

9. 古近系和新近系

在西伯利亚地台上，古近纪和新近纪地层的分布面积有限，为厚度较小（从几十米到 0.5 km）的陆相沉积，其特点是化石主要为孢子花粉，其次为植物大化石，有时出现淡水生及陆生软体动物的贝壳。古近系和新近系呈冲刷间产在位于它们之下的不同时代地层上。它们发育的主要地区位于维柳伊台向斜东部及相邻的前上扬斯克拗陷地段（下阿尔丹凹陷、地台南部边缘的贝加尔湖沿岸地区和萨彦岭边缘地区）。在维柳伊台向斜的西北侧、阿纳巴尔台背斜的西南侧（科图伊河中游）及分水岭的其他一些地区，保存着古近纪的风化壳和新生代沉积物的薄覆盖层。被许多研究人员视为苏联境内最大的陨石冲击坑的波皮盖构造也可能属于晚古近纪的产物。

10. 第四系

在西伯利亚地台上，第四系分布很广，通常形成很薄且不连续的覆盖层。在经历过多次冰川作用的地台西北部及在大河流的河谷（安加拉河、石泉通古斯卡河、下通古斯卡河、维柳伊河、特别是叶尼塞河和勒拿河）中，第四系的厚度增大；在勒拿河谷中，其厚度达到 100 m 以上（巢华庆 等，1998）。

2.3.5　岩浆活动

西伯利亚地台岩浆活动比东欧地台强烈，不过岩性接近，基本上都是玄武岩（暗色岩）建造、碱性玄武岩建造和超基性岩建造，还包括金伯利岩建造。此外，岩浆活动时间也一致（图 2.4）（米兰诺夫斯基，2010）。

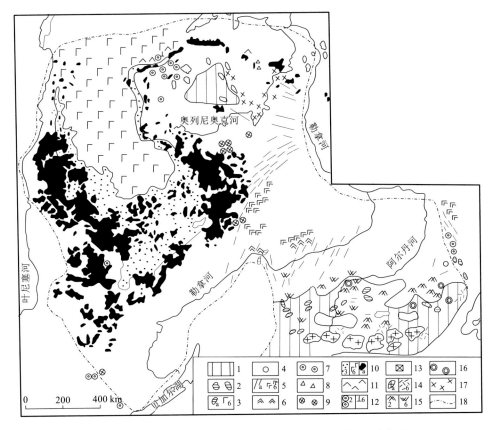

图 2.4 西伯利亚地台范围内的地台岩浆活动分布示意图（米兰诺夫斯基，2010）

1. 变质基底凸起；2. 里菲纪泥盆纪火山岩；3. 尤多马纪—寒武纪玄武岩和喷出岩；4. 尤多马纪—寒武纪超基性岩；5. 中生代玄武岩；6. 中生代粗面玄武岩；7. 中生代超基性岩；8. 中生代霞石正长岩；9. 奥陶纪—早石炭世金伯利岩；10. 暗色岩；11. 粗面玄武岩；12. 超基性岩；13. 中三叠世金伯利岩；14. 侏罗纪—白垩纪花岗岩和正长岩；15. 侏罗纪—白垩纪碱性辉长岩、碱性似玄武岩；16. 侏罗纪—白垩纪含碱性碎屑岩的超基性岩；17. 晚侏罗世和早白垩世金伯利岩；18. 地台界线

与西伯利亚地台拗拉谷发展大阶段有关的岩浆活动现象是在里菲纪及尤多马纪（对应东欧地台的文德纪）发生的，主要是出现在地台的北部地区。下里菲统主要为玄武岩及碱性成分火成碎屑物质和火山灰物质，分布在阿纳巴尔地块以西和以东的一些拗拉谷带中。中里菲统和上里菲统主要分布在图鲁汉-诺里尔斯克拗拉谷西部（伊加尔卡）、西阿纳巴尔（科图伊）拗拉谷、乌贾拗拉谷及地台东北边缘的奥列尼奥克和哈拉乌拉赫地区。

在尤多马纪到寒武纪的时期里，地台北部和东北部产生了标准玄武岩、碱性玄武岩、粗面玄武岩和碱性高钾质熔岩的溢出及碱性成分火成碎屑岩的爆发。在早古生代和中古生代初（寒武纪—泥盆纪初），在西伯利亚地台上几乎完全缺乏岩浆活动的显示。在志留纪的后半期西伯利亚地台东部发生了相当强烈的岩浆活动。在地台东部边缘和东北边缘，在谢捷达班带、哈拉乌拉赫带和帕托姆-维柳伊拗拉谷系统中，出现了橄榄石玄武岩的强烈溢出及次火山侵入作用，而在肯片佳伊拗拉谷中也出现了粗面玄武岩、粗面安山岩和粗面流纹岩成分的熔岩及火成碎屑岩的喷发。在帕托姆维柳伊地区，泥盆纪岩浆活动产

物的体积估计为 $6×10^4\ km^3$。西雅库特省新的金伯利岩岩浆活动幕与泥盆纪末可能也与石炭纪初有关。

与东欧地台一样，晚古生代西伯利亚地台岩浆活动处于间歇期，在晚二叠世才又活动，在三叠纪初达到极大的强度。最后一个重要的岩浆活动时期在地台东南部，在阿尔丹-斯塔诺夫地盾上表现强烈，这个时期属于中生代的中期和晚期。在这里，火山活动和侵入活动始于三叠纪末，在侏罗纪期间继续进行并逐渐增强，在晚侏罗世和早白垩世达到最大强度，在晚白垩世期间逐渐消失。

在新生代，岩浆活动完全停止。在西伯利亚地台范围内，迄今只找到少量新生代圆形构造，据推测认为它们是陨石冲击坑：其中包括波皮盖和别延奇梅-萨拉阿塔陨石冲击坑。如果考虑到在东欧地台上已经发现了 20 多个新元古代、古生代、中生代和新生代的类似构造，那么可以推断，在西伯利亚地台上存在的类似产物会大大超过现有的数量（米兰诺夫斯基，2010）。

2.3 .6　新元古代和显生宙的地台主要发展阶段

在许多地段，西伯利亚地台并不是直接与造山带接触，而是与一些准地台区交界，按构造性质和发展特点来看，这些准地台区乃是处在西伯利亚地台与造山带之间的过渡区，这样的准地台包括贝加尔、萨彦-叶尼塞和泰梅尔-北地群岛准地台。上扬斯克-楚科奇造山带可能在新元古代，尤其可能在早和中古生代也是一个准地台类型的构造区。

像东欧地台一样，在西伯利亚地台的历史中也划分出了两个大阶段：早期拗拉谷大阶段和成熟地台大阶段，这两个大阶段的更替发生在新元古代末即尤多马（文德）纪。东欧地台拗拉谷大阶段期间的下沉作用主要集中拗拉谷内，而西伯利亚地台下沉作用（尽管强度小一些）呈间断性出现，并且在地台之外介于拗拉谷之间的一些地段及环克拉通沉陷带内也有显现。

在早里菲世，地台的大部分地区处于上升状态，经受风化和剥蚀作用。在中里菲世重新活动，晚里菲世在西面和南面与地台相邻的叶尼塞和贝加尔-帕托姆两个拗拉谷-拗陷中继续发生很深的下沉作用。在里菲纪与尤多马纪的交界时期，除了西南部的边缘拗陷及可能还有帕托姆-维柳伊拗陷外，几乎整个地台区都在上升。

在尤多马纪，开始了地台构造发展的成熟的台地大阶段。在这个大阶段中划分出 4 个大的阶段，这些阶段与环绕西伯利亚地台的乌拉尔-蒙古区、太平洋活动带和上扬斯克-楚科奇区的造山发展旋回相当，它们是加里东期（尤多马纪—志留纪）、海西期（泥盆纪—三叠纪）、中生代（侏罗纪—白垩纪）和新生代阶段。这些阶段的表现形式是，存在被海退相分开的振荡运动和沉积作用大旋回，在泥盆纪早期、三叠纪中期和末期及在中生代与新生代的交界时期，地台几乎全面上升和变干涸。与每个旋回对应的是，出现各自的上升区和沉降区分布情况，这种分布情况在向下一个"旋回"转换过程中会出现重大改变。在晚期阶段的末期，在一些拗拉谷及在地台的其他一些带中，发生了挤压变形，从而导致产生褶皱、长垣状构造和逆掩构造（朱伟林 等，2012）。

2.4　环西伯利亚地台的准地台区

2.4.1　泰梅尔-北地褶皱区

泰梅尔-北地褶皱区与西伯利亚地台西北部相接。从地貌关系上看，它的南部的泰梅尔半岛乃是亚洲的北部，滨邻喀拉海和拉普捷夫海海域。它的中部和南部为北东东向延伸达上千千米的贝兰加低山山地。从西向东高程增大，自 200～400 m 达 1 000～1 500 m，山地地形带有鲜明的更新世冰川作用的痕迹，泰梅尔河切割了它的中部地区，该河的中游地段出现一个宽阔的轮廓奇特的河汊湖泰梅尔湖（米兰诺夫斯基，2010）。

在泰梅尔-北地褶皱区的构造中，可以划分出一系列纵向带，在泰梅尔为北东东向，而在北地它作弧形弯曲，从皮来西纳-哈坦佳凹陷起，自南东向北西延伸。该地带可划分为：①南泰梅尔巨带；②北泰梅尔巨带；③北地巨带。据以上所述，南泰梅尔（贝兰加）和北地巨带是早中生代和中古生代克拉通表层褶皱系，具前寒武纪基底，而在分开它的北泰梅尔巨带中有贝加尔期-萨拉伊尔期的变质基底的出露，占据着区域构造的轴部。

2.4.2　萨彦-叶尼塞准地台地区

萨彦-叶尼塞准地台地区，从西面和南西面，将西伯利亚地台与乌拉尔—蒙古褶皱带分隔。它是由两个主要的构造单元所组成：①叶尼塞—东萨彦瑞芬—贝加尔褶皱系，它位于贝加尔湖的西端与石泉通古斯河口之间，环绕着地台；②叶尼塞沿岸带，具前寒武纪的前贝加尔的基底和显生宙盖层，分布于西西伯利亚低地的最东部，从克拉斯诺亚尔斯克到格达半岛（米兰诺夫斯基，2010）。

2.5　古亚洲洋造山带

古亚洲造山带完整分布在亚欧大陆的内陆地区（图 2.5）。活动带发育始于元古宙晚期，不同段结束于不同时期。经过了萨拉伊尔期、加里东期、海西期、早基米里期和晚基米里期几个构造期，如今，在整个区域内是褶皱带。在平面图上乌拉尔—蒙古构造活动带的格局类似于镰刀形凸起，西南部发生转变。从西南部边缘测量该活动带长度达到 9 000 km，相对狭窄的乌拉尔西北部弧段继续延伸。更窄的拗拉谷型帕伊霍伊—新地褶皱带继续向北延伸。在西南范围最宽阔（约 2 500 km）的哈萨克斯坦—天山—萨彦段出现转折，构造带主要向东南和近东西向延伸。在更狭窄的东南部蒙古弧段构造区域带最终沿经度方向延伸，向南弧形成微弱的凸起。最后，在东部最狭窄的外贝加尔—鄂霍次克弧段带整体具有东北东走向，并在东部与西北部的太平洋活动带汇合（Wilde，2015）。

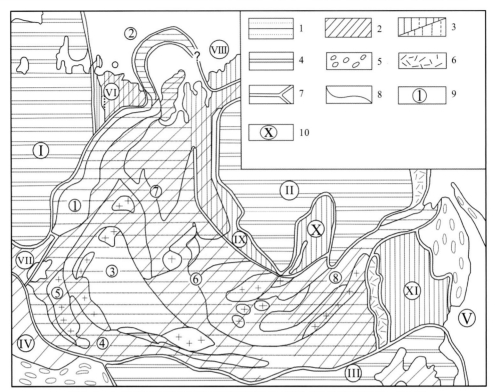

图 2.5　古亚洲造山带构造褶皱基底划分示意图（米兰诺夫斯基，2010）

1. 古亚洲造山带；2. 晚古生代和新生代发育区；3. 准地台；4. 古地台；5. 地中海活动带和太平洋活动
带；6. 晚中生代火山带；7. 地台、准地台、地台活动带的边界；8. 古亚洲造山带区域界线；9. 区带编号划分；10. 古亚洲造山带相邻区域编号。
古地台：Ⅰ.东欧地台；Ⅱ. 西伯利亚地台；Ⅲ. 中朝地台。活动带：Ⅳ. 地中海活动带；Ⅴ. 太平洋活动带。准地台：
Ⅵ. 伯朝拉-巴伦支海准地台；Ⅶ. 顿涅茨克-北乌斯秋尔特准地台；Ⅷ. 泰梅尔-北地准地台；Ⅸ. 萨彦-叶尼塞准地台；Ⅹ. 贝
加尔准地台；Ⅺ. 布列亚-东北准地台。乌拉尔—蒙古准地台带：①乌拉尔；②帕伊霍伊-新地；③哈萨克高原；④天山；⑤北
图兰台地；⑥阿尔泰-萨彦；⑦西西伯利亚地台；⑧外贝加尔-鄂霍次克

古亚洲造山带的构造位置基本上有 3 个欧亚大陆古地台（克拉通）作为主要的框架
元素，分别是在东北部的西伯利亚地台、在西面的东欧地台及在南部的中朝地台。但是
这些克拉通地块不是直接与古亚洲造山带接壤，只是在某些地段相连。与西伯利亚地台
相连的是萨彦-叶尼塞准地台和贝加尔准地台，与东欧地台相连的是伯朝拉-巴伦支海准
地台和顿涅茨克-北乌斯秋尔特准地台，与中朝地台相连的是布列亚-东北准地台。乌拉
尔—蒙古准地台带西南段在咸海和天山南部之间与南图兰新台地相接，在北部地区出现
地中海活动带（米兰诺夫斯基，2010）。

根据古亚洲造山带的后造山发展特征不同，区域划分 4 个主要的构造区。

（1）大规模后褶皱基底凸起，在中生代晚期和新生代末发生有巨大变形（帕伊霍伊-
新地、乌拉尔海西期褶皱区、哈萨克高原加里东期—海西期褶皱区）。

（2）年轻的地台（西西伯利亚、北图兰、巴尔喀什-阿拉科尔、准格尔等），在这些
地区不同时期的褶皱基底普遍被中生代—新生代未变形或微变形的盖层覆盖，部分褶皱

基底被更老地层覆盖。

（3）晚中生代后造山运动区，古生代及早中生代—新生代褶皱基底部分被早中生代强烈变形的盖层覆盖，后者充填许多凹陷盆地（外贝加尔、蒙古国东部和相邻的中国东北地区）。

（4）晚新生代后造山运动区，该区域内古生代或中生代褶皱基底强烈的凸起与凹陷交错，地形上为盆地构造，凹陷中充填巨厚的新生代地层（天山山脉、阿尔泰-萨彦区及蒙古国西部）。

在古亚洲造山带构造褶皱基底划分示意图上分出：前贝加尔残余型中间地块，中间地块部分地区在晚元古代和中生代被改造；萨拉伊尔期（寒武纪）系统和加里东期（奥陶纪和志留纪）褶皱区和褶皱系，超覆泥盆纪火山带和凹陷，凹陷中充填了中-上古生代（海西期）火成沉积岩生成物（早萨拉伊尔期和加里东期固结地块的盖层）；海西期（石炭纪和二叠纪）、早基米里期（三叠纪）和晚基米里期（侏罗纪）褶皱区（包括拗拉槽）；海西期和古基米里边缘拗陷。

在被台地盖层超覆的基底，其构造轮廓在一定程度上建立在北图兰年轻台地之上，盖层之下是一系列古老的中间地块、加里东期和海西褶皱区；在巴尔喀什-阿拉科尔及西西伯利亚西部和南部地区，盖层覆盖在萨拉伊尔期、加里东期和海西期不同褶皱区；其东部主要是萨彦-叶尼塞地区前寒武纪基底。上述基底特征非常不明显，导致有关地台基底中间和北部深度沉降区构造性质和基底年代争议激烈，一些研究者设想存在古生代褶皱区和不大的中间地块，另外一些研究人员认为，有广阔的古地台或者几个大型的贝加尔期或前贝加尔期地块，向北延伸至喀什地区范围。

地质学家认为这些地块是巨大的原始地台中间地段，古元古代早期与当今的东欧地台和西伯利亚地台连接起来。

我们将乌拉尔—蒙古构造活动带分为以下八大区域：①乌拉尔海西期褶皱区；②帕伊霍伊-新地早基米里期拗拉谷褶皱区；③哈萨克高原加里东期—海西期褶皱区；④天山加里东期—海西期褶皱区，晚新生代遭受后造山作用；⑤北图兰年轻（后海西构造）台地；⑥西西伯利亚年轻台地及非均质的不同时代的基底；⑦阿尔泰-萨彦、萨拉伊尔期—加里东期—海西期褶皱区，晚新生代遭受后造山作用；⑧外贝加尔-鄂霍次克萨拉伊尔期—海西期—晚基米里期褶皱区。

2.6　古亚洲造山带东部的准地台

古亚洲造山带东部衔接了两个准地台：一个是贝加尔准地台，它位于古亚洲造山带北缘和西伯利亚地台之间；另一个是布列亚-东北准地台，它处在中朝地台和古亚洲造山带东端之间。布列亚-东北准地台几乎完全把古亚洲造山带与环太平洋活动带的毗邻地区分开。

2.6.1 贝加尔地区

贝加尔准地台南部与图瓦-北蒙古中间地块和古亚洲造山带的色楞格-亚布洛诺夫褶皱系交界，北部楔入西伯利亚地台南缘的贝加尔湖西岸和阿尔丹-斯塔诺夫地盾西界之间，形成朝北弯曲的弧形构造。该地区的地质结构和发育非常独特，而且由于广泛发育变质程度高的物质和花岗岩类被围岩遮掩，目前还没有被透彻地研究（杨歧焱 等,2015）。

2.6.2 布列亚-东北地区

布列亚-东北地区位于中朝地台的北缘，它们之间被近南北向的深断裂分隔，南北延伸超过 1 000 km。古亚洲造山带和太平洋活动带仅通过阿穆尔—鄂霍次克褶皱系统相连，其余部分几乎完全被分开。但是本质上来讲，该地区是古亚洲造山带的一部分，具有独特的构造和地质历史,属于相对刚性地块,或者说几个地块的拼合的系统（孙明道,2013）。

第3章

中央联邦区
矿产资源

中央联邦区地处东欧平原东中段，是俄罗斯人口最多、经济最发达、基础设施最完善的联邦区。中央联邦区的能源矿产中页岩油在俄罗斯具有十分重要的位置，其储量超过 $400×10^8$ t（侯吉礼 等，2015）。在金属矿产资源中，库尔斯克磁异常区是俄罗斯最大且世界著名的铁矿集中区，库尔斯克磁异常区的铁矿无论是储量、开采量，还是远景资源量均占俄罗斯的 1/2。此外，中央联邦区的中央钛锆砂矿床的氧化钛和氧化锆储量占俄罗斯总储量的近 1/7，是俄罗斯最大的钛锆砂矿床之一。中央联邦区是俄罗斯重要的非金属矿产资源原料基地，其中水泥原料储量占俄罗斯的29%、白垩占63%、塑型材料占31%、耐火黏土占 16%、玻璃原料占 22.8%、建筑石材占 16%、铝土矿占16%、石膏占 57%（Leksin et al.，2016）。中央联邦区最具潜力的矿产资源类型是铁矿、建筑石材、石膏和食用盐。

3.1 中央联邦区基本概况

中央联邦区地处东欧平原东中段，位于俄罗斯西南部地区，包括莫斯科市（直辖市）、莫斯科州、别尔哥罗德州、布良斯克州、弗拉基米尔州、沃罗涅日州、伊万诺沃州、卡卢加州、科斯特罗马州、库尔斯克州、利佩茨克州、奥廖尔州、梁赞州、斯摩棱斯克州、坦波夫州、特维尔州、图拉州、雅罗斯拉夫尔州共 18 个一级行政区（图 3.1）。中央联邦区仅占俄罗斯国土面积的 3.80%，为 65.02×10^4 km^2，但却拥有超过俄罗斯 1/4 的人口，总计 3 910.43 万人，占俄罗斯总人口的 26.68%，人口密度为 60 人/km^2。中央联邦区行政中心位于莫斯科市，中央联邦区大约一半的居民生活在莫斯科市和莫斯科市的郊区，该市人口 1 233.01 万人（表 3.1）。

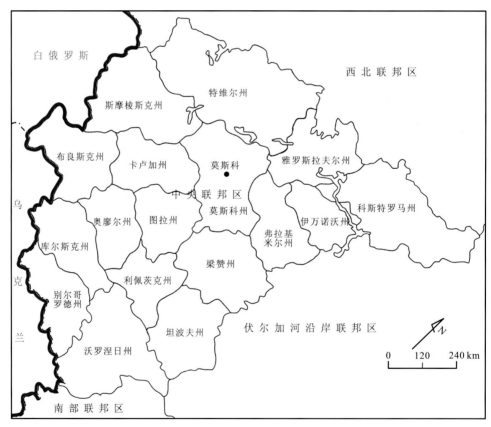

图 3.1 中央联邦区一级行政区划分略图

表 3.1　中央联邦区主体构成

编号	一级行政单位	行政中心	面积/10^4 km²	人口/万人
1	别尔哥罗德州	别尔哥罗德市	2.71	155.01
2	布良斯克州	布良斯克市	3.49	122.58
3	弗拉基米尔州	弗拉基米尔市	2.91	139.72
4	沃罗涅日州	沃罗涅日市	5.22	233.35
5	伊万诺沃州	伊万诺沃市	2.14	102.98
6	卡卢加州	卡卢加市	2.98	100.98
7	科斯特罗马州	科斯特罗马市	6.02	65.15
8	库尔斯克州	库尔斯克市	3	112
9	利佩茨克州	利佩茨克市	2.4	115.61
10	莫斯科州	莫斯科市	4.43	731.86
11	奥廖尔州	奥廖尔市	2.47	75.97
12	梁赞州	梁赞市	3.96	113.01
13	斯摩棱斯克州	斯摩棱斯克市	4.98	95.86
14	坦波夫州	坦波夫市	3.45	105.03
15	特维尔州	特维尔市	8.42	130.48
16	图拉州	图拉市	2.57	150.64
17	雅罗斯拉夫尔州	雅罗斯拉夫尔市	3.62	127.19
18	莫斯科市	莫斯科市	0.26	1 233.01

资料来源：俄罗斯联邦国家统计局. 俄罗斯区域社会经济指标（2016）.（2017-02）[2017-04-29]. www. gks. ru/wps/wcm/ connect/rosstat_main/rosstat/ru/statistics/pubicacion/catalog/cfoc_1138623506156.

注：表中莫斯科州数据不包含莫斯科市数据

　　中央联邦区的地区生产总值占俄罗斯的 35.6%（据 2016 年数据），高科技和知识密集型产品占俄罗斯的 20.2%（据 2014 年数据）。在 2015 年，中央联邦区生产了俄罗斯 18.6% 的冶金产品。2013 年中央联邦区占据俄罗斯 33% 的预算收入、43% 的出口和 58% 的进口。莫斯科市在中央联邦区的经济活动中扮演特殊的角色，拥有中央联邦区 28% 的居民及生产超过 40% 的工业产品。

　　在电力生产中，2016 年中央联邦区生产了俄罗斯 29.3% 的电力。中央联邦区拥有俄罗斯热电站装机容量的 61%、核电站装机容量的 35%。其中中央联邦区 92% 的热电站使用天然气。近年来，中央联邦区的电力过剩，而与此同时俄罗斯有 11 个州电力短缺。

　　中央联邦区的主导工业部门是机械制造业和金属加工业。中央联邦区拥有发达的火箭航天工业、航空制造业、电子与无线电工业、机械制造业、机器人工业、国防工业、化学与石化工业。同时在外国公司的组装厂里发展汽车制造业。中央联邦区生产了超过俄罗斯 1/4 的化工品，中央联邦区大型的化学联合体位于图拉州、坦波夫州、莫斯科州和雅罗斯拉夫尔州。中央联邦区的莫斯科州、雅罗斯拉夫尔州和梁赞州拥有炼油工厂。

　　为了调节季节性和日常性的天然气需求波动，俄罗斯在中央联邦区建造了 4 处天然气储存库：卡卢加州的卡卢加天然气储存库、梁赞州的乌维亚佐夫天然气储存库、莫斯科州的卡西莫夫天然气储存库和谢尔科夫天然气储存库。总储藏容积为 $130 \times 10^8 \, \mathrm{m}^3$。

　　2016 年中央联邦区的地区生产总值为 3107.55 亿美元，其中采掘业约占地区生产总值的 5%（表 3.2）。

表 3.2　中央联邦区主要经济结构构成　　　　　（单位：亿美元）

编号	联邦主体	地区生产总值	采掘业	制造业	建筑业
1	别尔哥罗德州	92.45	12.08	81.14	0.23
2	布良斯克州	36.27	0.06	24.29	0.10
3	弗拉基米尔州	48.94	0.52	53.54	0.10
4	沃罗涅日州	105.83	0.75	57.32	0.24
5	伊万诺沃州	22.54	0.11	13.54	0.04
6	卡卢加州	48.50	0.44	65.92	0.12
7	科斯特罗马州	21.84	0.10	15.12	0.05
8	库尔斯克州	44.39	6.72	21.18	0.08
9	利佩茨克州	59.06	0.73	78.63	0.16
10	莫斯科州	403.82	1.68	290.38	1.44
11	奥廖尔州	26.83	0.01	14.89	0.07
12	梁赞州	44.38	0.28	33.51	0.10
13	斯摩棱斯克州	35.03	0.14	24.41	0.08
14	坦波夫州	41.17	0.02	18.26	0.12
15	特维尔州	45.88	0.13	27.04	0.08
16	图拉州	60.97	0.81	76.10	0.12
17	雅罗斯拉夫尔州	57.93	0.18	43.17	0.11
18	莫斯科市	1911.73	130.22	714.86	0.59
合计	中央联邦区	3107.55	154.98	1653.29	3.81

资料来源：俄罗斯联邦国家统计局. 俄罗斯区域社会经济指标（2016）.（2017-02）[2017-04-29]. www.gks.ru/wps/wcm/connect/rosstat_main/rosstat/ru/statistics/pubicacion/catalog/cfoc_1138623506156.

注：美元/卢布汇率为 1/67 计算

在俄罗斯各联邦区中,中央联邦区人均月平均工资为全国最高,2016 年达 579 美元。人均制造业产值位列全国第三,仅次于乌拉尔联邦区和西北联邦区,为 4 228 美元,而人均采掘业产值则明显低于全国水平,反映出该区采掘业在经济结构中所占比重不大的特点。中央联邦区的人均固定资产投资额接近全国的平均水平(表 3.3)。总体上看,中央联邦区是以制造业和零售业为支柱产业的发达地区。

表 3.3　中央联邦区人均经济指标　　　　　　(单位:美元)

行政单位名称	月平均工资	人均制造业产值	人均采掘业产值	人均固定资产投资额
别尔哥罗德州	423	5 235	780	1 410
布良斯克州	379	1 981	5	752
弗拉基米尔州	354	3 832	37	860
沃罗涅日州	449	2 456	32	1 686
伊万诺沃州	337	1 315	11	372
卡卢加州	411	6 528	43	1 367
科斯特罗马州	335	2 321	15	601
库尔斯克州	385	1 891	600	938
利佩茨克州	413	6 801	63	1 505
莫斯科州	561	3 968	23	1 306
奥廖尔州	341	1 960	2	1 028
梁赞州	361	2 965	25	714
斯摩棱斯克州	370	2 546	15	933
坦波夫州	374	1 738	2	1 740
特维尔州	350	2 073	10	849
图拉州	392	5 052	54	1 046
雅罗斯拉夫尔州	409	3 394	14	810
莫斯科市	894	5 798	1 056	1 951
中央联邦区	579	4 228	396	1 402
俄罗斯联邦	455	3 370	1 138	1 483

资料来源:俄罗斯联邦国家统计局. 俄罗斯区域社会经济指标(2016). (2017-02)[2017-04-29]. www. gks. ru/wps/wcm/connect/rosstat_main/rosstat/ru/statistics/pubicacion/catalog/cfoc_1138623506156.

注:表中莫斯科州数据不包含莫斯科市数据

从表 3.4 可以看出,中央联邦区主要社会经济指标占俄罗斯的比重中,农业、建筑业和固定资产投资比重与人口比重持平,制造业、水电气的生产、零售业的比重明显高于人口比重,而在进口、出口产业方面则占据了俄罗斯的“半壁江山”,在各项社会经济指标中,采掘业占比最低。总体上看,中央联邦区是以制造业为主的消费型工业区。

表 3.4　中央联邦区主要社会经济指标占俄罗斯的比重　　　（单位：%）

行政单位名称	面积	人口	劳动人口	国民生产总值	采掘业	制造业	水电气的生产
俄罗斯联邦	100	100	100	100	100	100	100
中央联邦区	3.8	26.7	27.7	35.6	9.3	33.48	30.35

行政单位名称	农业	建筑业	零售业	固定资产投资	出口	进口
俄罗斯联邦	100	100	100	100	100	100
中央联邦区	26	27.6	33.7	25.2	49.2	59.5

资料来源：俄罗斯联邦国家统计局. 俄罗斯区域社会经济指标（2016）.（2017-02）[2017-04-29]. www. gks. ru/wps/wcm/
connect/rosstat_main/rosstat/ru/statistics/pubicacion/catalog/cfoc_1138623506156.

　　中央联邦区目前已形成了发达的放射状-环状交通系统。从莫斯科发出有 11 条铁路
和 15 条公路。还有 3 条国际交通运输走廊穿过中央联邦区，分别为西伯利亚大铁路、南
北大通道和泛欧 9 号走廊。截至 2015 年，中央联邦区的铁路运营里程为 17 011.1 km，
硬质公路里程为 226 897.1 km，中央联邦区是各个联邦区中交通最发达的（表 3.5）。

表 3.5　中央联邦区主要交通运输方式运量及密度

统计项目	统计范围	年份						
		2005	2010	2011	2012	2013	2014	2015
铁路货运周转量 /10^6 t	俄罗斯联邦	1 273.3	1 312	1 381.7	1 421.1	1 381.2	1 375.4	1 329
	中央联邦区	212	197.5	211	223.8	221.6	218.2	203.6
铁路通行里程密度 /（km/10^4 km^2）	俄罗斯联邦	50	50	50	50	50	50	50
	中央联邦区	262	261	262	262	262	262	262
硬质路面公路通行里程密度 /（km/10^3 km^2）	俄罗斯联邦	31	39	43	54	58	60	61
	中央联邦区	179	232	240	319	337	345	349

资料来源：俄罗斯联邦国家统计局. 俄罗斯区域社会经济指标（2016）.（2017-02）[2017-04-29]. www. gks. ru/wps/wcm/
connect/rosstat_main/rosstat/ru/statistics/pubicacion/catalog/cfoc_1138623506156.

3.2　中央联邦区能源矿产资源

3.2.1　煤炭

　　中央联邦区的煤矿主要分布在莫斯科外围的褐煤盆地内，涉及特维尔州、斯摩棱斯
克州、莫斯科州、梁赞州、图拉州和卡卢加州（图 3.2）。

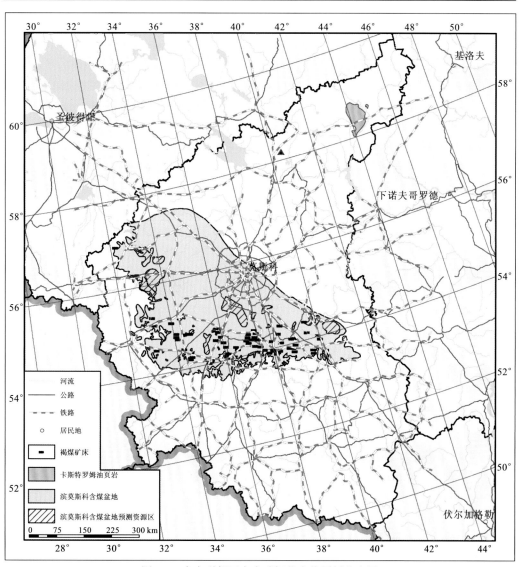

图 3.2　中央联邦区中央碳氢化合物原料分布图

　　莫斯科外围褐煤盆地面积在 12×10^4 km² 左右，分布在莫斯科向斜的南翼和西翼。下石炭统维杰伊群巴波里科夫含煤层和图拉砂质-黏土质含煤层厚约 50 m，下伏和上覆均为碳酸盐岩沉积物。含煤层倾伏延伸到向斜中心部位，含有 14 层煤层或煤的夹层，其中具有工业价值的有 4 层。不同类型的煤沉积在盆地的大部分地区，形成了一个结构复杂且平均厚度为 1.4～2.8 m（最大达 12 m）的煤层。在向斜南翼的中心部位煤层厚度最大，在西部、东部和北部急剧减薄。煤炭的最高热量燃烧值为 6 750 Cal[①]，最低热量燃烧值为 2 720 Cal。

---

① 1 Cal = 4 186.8 J

中央联邦区煤炭储量情况：根据 2016 年国家储量平衡表的数据，中央联邦区共计 59 处煤矿床的探明 A＋B＋C_1 级储量为 33.39×10^8 t，C_2 级储量为 4.53×10^8 t，表外储量为 11.49×10^8 t。中央联邦区的煤矿床基本为中小型。其中较大的有卡卢加州的沃洛德斯克（Воротынское）矿床，A＋B＋C1＋C_2 级储量为 4.66×10^8 t；图拉州的尼库林（Никулинское）矿床，储量为 1.67×10^8 t；卡兹纳且耶夫（Казначеевское）矿床，储量为 1.51×10^8 t；梁赞州的马林科夫（Малинковское）矿床，储量为 0.82×10^8 t。

中央联邦区煤炭储量的分布情况：其中 A＋B＋C_1 级储量主要分布于图拉州，为 13.35×10^8 t，占中央联邦区的 40%。其次为卡卢加州，为 12.38×10^8 t，占中央联邦区的 37.1%。斯摩棱斯克州，为 3.60×10^8 t，占 10.8%。梁赞州储量为 3×10^8 t，占中央联邦区的 9%。特维尔州储量为 1.05×10^8 t，占中央联邦区的 3.1%。

在中央联邦区适合露天开采的煤炭储量为 $1\,248.9 \times 10^4$ t，主要分布在图拉州。图拉州集中了中央联邦区 77.94% 的露天开采储量，为 973.4×10^4 t。剩余露天开采储量位于梁赞州，为 275.5×10^4 t。

中央联邦区煤炭的开发利用情况：2015 年，梁赞州的利沃夫（Львовское）煤矿开采 27.4×10^4 t 煤炭。2016 年，中央联邦区煤炭探明储量中的 12.76×10^8 t（占中央联邦区总储量的 38.2%）处于开发中或正在准备开发。其中已配置 $1\,749.2 \times 10^4$ t，用于开采的探明储量为 275.5×10^4 t，用于矿山扩建储量为 $1\,473.7 \times 10^4$ t。后备勘探储量为 12.58×10^8 t。远期勘探储量为 20.63×10^8 t（占中央联邦区总储量的 61.78%）。

3.2.2　油页岩

在中央联邦区，油页岩主要分布在科斯特罗马州，科斯特罗马页岩区中央页岩盆地的上侏罗统中（Жарков，2011）。已发现的矿床包括 20 世纪 30 年代勘探的曼图罗夫（Мантуровское）矿床、马卡洛夫（Макаровское）矿床、乌索里（Усольское）矿床、列季诺-阿法纳西耶夫（Ледино-Афанасьевское）矿床、嘉里科夫（Голиковское）矿床、吴格尔（Угорское）矿床（Жарков，2011）。

根据 2016 年国家储量平衡表的数据，科斯特罗马州油页岩 A＋B＋C_1 级平衡储量为 61.48×10^8 t，C_2 级储量为 362.3×10^8 t。

3.2.3　铀矿

在中央联邦区，国家储量平衡表中没有列入铀矿床。但在中央联邦区，铀仍然具有较大的远景。中央联邦区铀的远景主要分布在沃罗涅日州和梁赞州。

沃罗涅日州的地质-地球物理综合调查结果显示，沃罗涅日州存在一个潜在的含铀远景区，位于沃罗涅日结晶基底的东部。并且，现有证据表明，这个远景区可能存在两种地质-工业类型的铀矿床。一为含铀砂岩型，在基底和地台盖层、上覆砂岩盖层的不整合面上；二为脉状-网脉状型。目前在该远景区已发现的矿石中，测得铀平均品位在 0.1%

左右。该远景区还可以分出博布罗夫（Бобровское）、普罗霍罗夫（Прохоровское）和安诺夫（Анновское）三个次级远景区。2015 年俄罗斯的预测评价工作结果显示安诺夫次级远景区 P_3 级预测资源量为 $2×10^4$ t。

梁赞州铀矿资源主要集中在斯克宾（Скопинский）远景区，该远景区的预测资源量为：P_1 级 5 000 t、P_2 级 $1×10^4$ t、P_3 级 $2×10^4$ t。该远景区分布有布里凯特诺-热尔图辛（Брикетно-Желтухинское）矿化，该矿化经评价预测资源量为：P_1 级 40 t、P_2 级 300 t。梁赞州已发现含铀砂岩矿石含铀平均品位为 0.5%。

3.3　中央联邦区金属矿产资源

3.3.1　铁矿

从整个俄罗斯铁矿的储量和开采量上看，中央联邦区在俄罗斯居于主要地位。中央联邦区 $A+B+C_1$ 级铁矿储量占俄罗斯的比重为 57.7%，开采量占俄罗斯的 54.9%。俄罗斯是世界几个最大的铁矿石资源国之一（郭艳玲，2008；Leksin et al.，2016）。

中央联邦区全部的铁矿储量都集中在世界级的大型铁矿集区——库尔斯克（Курский）磁异常区（Ershova et al.，2016），主要分布在奥廖尔州、库尔斯克州、别尔哥罗德州。在库尔斯克磁异常区分布有 3 个铁矿区［米哈伊洛夫（Михайловский）铁矿区、奥斯克利铁矿区、别尔哥罗德铁矿区］、19 个铁矿床及图拉州的 1 处铁矿床。中央联邦区 2016 年列入国家储量平衡表的铁矿床有 20 处，$A+B+C_1$ 级铁矿总储量为 $337.428×10^8$ t，C_2 级铁矿储量为 $347.508×10^8$ t，铁矿表外储量为 $50.948×10^8$ t（表 3.6）。

表 3.6　中央联邦区主要矿产平衡储量及预测资源量

矿种	储量单位	平衡储量			开采量	预测资源量		
		$A+B+C_1$ 级	C_2 级	表外		P_1 级	P_2 级	P_3 级
铁矿	$×10^6$ t	33 742.8	34 750.8	5 094.8	183.5	5512	170.4	—
钛（TiO_2）	$×10^6$ t	6.609	0.024	14.363	—	63.7	50.5	—
锆（ZrO_2）	$×10^3$ t	854.3	3.5	2 408	—	2 980	7 398	—
煤	$×10^6$ t	3 339	453.4	1 149	0.255	—	—	—
磷（P_2O_5）	$×10^6$ t	58.7	53.5	53.8	—	221.600	15.9	—
石膏	$×10^6$ t	2 619.7	965.1	—	2.9	—	—	—
石盐	$×10^6$ t	611.6	—	—	0.13	—	—	—
白垩	$×10^6$ t	982.6	201.1	266.4	6.2	—	—	—
石英砂	$×10^6$ t	207.2	106.4	21.6	2.6	639.6	239	218
建筑石材	$×10^9$ m³	3.5	2.4	0.06	0.03	—	—	—
型砂	$×10^6$ t	642.1	358.8	13.3	3.3	—	—	—

在米哈伊洛夫铁矿区分布有3处铁矿床,分别为奥廖尔州的新雅尔金(Новоялтинское)矿床、库尔斯克州的米哈伊洛夫矿床和库尔巴金(Курбакинское)矿床(表3.7),米哈伊洛夫铁矿区 A+B+C₁级铁矿储量为 79.632×10^8 t,C₂级铁矿储量为 47.538×10^8 t,表外储量为 9.26×10^8 t。

表 3.7　中央联邦区固体矿产类主要大型矿床

矿床名称	矿种	储量单位	品位单位	平衡储量		平均品位/%	开采量
				A+B+C₁级	C₂级		
沃洛德斯克(Воротынское)	煤	10^6 t	—	409.6	56		
尼库林(Никулинское)	煤	10^6 t	—	166.6	0		
卡兹纳且耶夫(Казначеевское)	煤	10^6 t	—	146.6	4.7		
马林科夫(Малинковское)	煤	10^6 t	—	81.5	2.6		
利沃夫(Львовское)	煤	10^6 t	—	21.675	0		0.27
米哈伊洛夫(Михайловское)	铁矿	10^6 t	%	7 963.2	4 753.8	39.51	97.1
雅科夫列夫(Яковлевское)	铁矿	10^6 t	%	1 860.5	7 740.5	60.5	0.759
格斯其谢夫(Гостищевское)	铁矿	10^6 t	%	2 595.8	7 559	61.66	
斯托伊列斯克(Стойленское)	铁矿	10^6 t	%	6 473.1	4 644.9	29.96	32.3
列别金斯克(Лебединское)	铁矿	10^6 t	%	3 580.8	1 786.7	34.59	33.2
	白垩	10^6 t	—	202.1	—	—	4.3
斯托伊尔-列别金斯克(Стойло-Лебединское)	铁矿	10^6 t	%	2 183.1	108.6	35	15.3
卡拉波科夫(Коробковское)	铁矿	10^6 t	%	2 937.01	671	33.18	4.8
维斯洛夫(Висловское)	铝土矿	10^6 t	%	153.425	48.965	49.5	
中央(Центральное)	钛(TiO₂)	10^6 t	kg/m³	6.396	—	24.06	
	锆(ZrO₂)	10^3 t	kg/m³	830.2	—	3.1	
新莫斯科(Новомосковское)	石膏	10^6 t	%	1 630.2	—	76~87	2.9
	食盐	10^6 t	%	565	—	5.42	0.002
新得博科夫(Новозыбковское)	石英砂(SiO₂)	10^6 t	%	29.4	—	87.0~98.5	—
楚尔科夫(Чулковское)	石英砂(SiO₂)	10^6 t	%	14.6	—	90.1~99.2	1.3
维利科德沃尔斯克(Великодворское II)	石英砂(SiO₂)	10^6 t	—	33.5	37.9	—	—
师库尔拉托夫(Шкурлатовское)	建筑石材	10^6 m³	—	358.4	143.1	—	3.06

　　米哈伊洛夫采选联合企业开放式股份公司目前正在开采米哈伊洛夫矿床（许可日期为 2001~2034 年）。在 2015 年开采 145.8×10^4 t 含铁达 50.6% 的富矿石。按照年产 170×10^4 t 富矿石的规模计算，米哈伊洛夫采选联合企业开放式股份公司的资源保障程度可达 25 年。2015 年米哈伊洛夫矿床未氧化（磁铁矿）的含铁石英岩的开采量为 4830.5×10^4 t。含铁石英岩的勘探储量按照年产 4400×10^4 t 的规模计算，储量保障程度超过 100 年。

　　在奥斯克利铁矿区包含 9 处铁矿床，$A+B+C_1$ 级铁矿储量为 196.37×10^8 t，C_2 级铁矿储量为 80.88×10^8 t，表外储量为 41.58×10^8 t。

　　在别尔哥罗德铁矿区包含有 7 处铁矿床，$A+B+C_1$ 级铁矿储量为 59.13×10^8 t，C_2 级铁矿储量为 218.89×10^8 t。

　　库尔斯克磁异常区的矿石主要为含铁石英岩和铁质石英岩风化壳。主要矿石矿物为赤铁矿、菱铁矿、假象赤铁矿。在探明储量中，富矿不超过总储量的 20.6%。

　　此外在图拉州尚有 1 处未配置的铁矿床——图拉（Тульский）矿床，矿床的矿石是褐铁矿，图拉矿床 $A+B+C_1$ 级铁矿储量为 2040×10^4 t，占中央联邦区铁矿储量的 0.1%。

　　2015 年在库尔斯克州和别尔哥罗德州共开采铁矿 1.84×10^8 t。列入储量平衡表的 20 处矿床中有 5 处矿床正在开采，分别为斯托伊列斯克（Стойленское）矿床、列别金斯克（Лебединское）矿床、斯托伊尔-列别金斯克（Стойло-Лебединское）矿床、米哈伊洛夫矿床、卡拉波科夫（Коробковское）矿床（表 3.7）。有 2 处矿床正准备开发，分别为雅科夫列夫（Яковлевское）矿床、格斯其谢夫（Гостищевское）矿床。其余 13 处矿床处于未配置状态。

　　13 处未配置铁矿床的储量情况为：$A+B+C_1$ 级铁矿储量为 118.75×10^8 t，C_2 级储量为 237.46×10^8 t，表外储量为 28.94×10^8 t。在 13 处未配置的矿床中只有 1 处为褐铁矿床，即位于图拉州的图拉矿床。

　　目前米哈伊洛夫、斯托伊列恩、列别金斯克等采选联合企业通过露天开采和地下开采的方式正在开采相应的矿床。在雅科夫列夫矿床，正在建设矿山基础设施，根据该矿床的储量和设计生产能力计算，可保障开采超过 100 年。

　　列别金斯克和米哈伊洛夫采选联合企业开放式股份公司多年来的铁矿产品主要供应金属投资公司、奥斯克里电力金属冶炼工厂开放式股份公司，乌拉尔钢铁开放式股份公司，还有乌拉尔地区的车里雅宾斯克金属冶炼厂和磁山金属冶炼厂，图拉州的科索格尔金属冶炼厂和图拉金属-钒开放式股份公司，利佩茨克州的新利佩茨克金属冶炼厂和斯沃博德内索科尔金属冶炼厂。此外铁矿产品产量的 1/3 用于出口。

　　2013~2015 年，在库尔斯克磁异常区，未配置的维斯洛夫铁-钒矿床完成了富矿选区的普查-评价研究工作。在 2016 年完成了普查富铁矿的地质-勘探工作，完成了奥利霍瓦特（Ольховатское）矿床别列尼辛（Беленихинское）段的开发富铁矿的地质-经济评价工作。这两处矿床是未来中央联邦区铁矿开发的重点。

　　除了列入国家储量平衡表的铁矿床，中央联邦区铁矿的远景也都集中在库尔斯克磁异常区（叶锦华 等，2010；Мошковцев и др.，2008）。中央联邦区的铁矿资源量几乎占俄罗斯铁矿资源量的62%，总资源量达 $820.32×10^8$ t。其中 P_1 级资源量 $805.42×10^8$ t，P_2 级资源量 $14.90×10^8$ t。主要分布在奥廖尔州的沃罗涅茨（Воронецкое）矿床和奥尔洛夫（Орловское）矿床，库尔斯克州的亚采斯克（Яценское）矿床、列夫-托尔斯托夫（Лев-Толстовское）矿床，别尔哥罗德州的北沃罗托夫（Северо-Волотовское）矿床、奥林匹克（Олимпийское）矿床、塔沃尔让（Таволжанское）矿床、索罗维耶夫（Соловьевское）矿床、奥利哈瓦特（Ольховатское）矿床和乌沙科夫（Ушаковское）矿床。

3.3.2　钛矿与锆矿

中央联邦区 TiO_2 和 ZrO_2 的储量分布在两处砂矿床中：布良斯克州的新得博科夫矿床和坦波夫州的中央矿床（表3.7）。

2016年，列入国家储量平衡表的 A＋B＋C_1 级砂矿储量为 $2.80×10^8$ m³（含 TiO_2 $660.9×10^4$ t，ZrO_2 $85.43×10^4$ t），C_2 级储量为 $180.2×10^4$ m³（含 TiO_2 $2.4×10^4$ t，ZrO_2 $0.35×10^4$ t），表外储量为 $6.4×10^8$ m³（含 TiO_2 $1436.3×10^4$ t，ZrO_2 $240.8×10^4$ t）。

目前这两处矿床中已配置的储量为：C_1 级 TiO_2 储量 $98.9×10^4$ t，表外储量 $9.4×10^4$ t。未配置储量为：C_1 级 TiO_2 储量 $562×10^4$ t，C_2 级储量 $2.4×10^4$ t。

坦波夫州的大型锆石-金红石-钛铁矿中央矿床赋存了中央联邦区主要的 TiO_2 和 ZrO_2 储量。中央矿床属于森诺曼阶的滨海相-海相砂矿。矿床分为三个区段：东段、西段和南段。其中，东段进行了详细勘探，特征是品位高。东段北部的储量已经配置。东段西部和南部的储量未配置。

根据2016年数据，中央矿床含有 A＋B＋C_1 级钛锆砂矿储量 $2.66×10^8$ m³（A＋B＋C_1 级 TiO_2 $639.6×10^4$ t，A＋B 级 ZrO_2 $83.02×10^4$ t，钛锆砂矿表外储量 $6.4×10^8$ m³（TiO_2 $1\,436.3×10^4$ t，ZrO_2 $240.8×10^4$ t）。

目前 ГПК 钛有限责任公司正在准备开发中央矿床东段的北部地区，这部分储量已经配置，共计有 $3\,683.8×10^4$ m³ 钛锆砂矿，含 A＋B＋C_1 级 TiO_2 $98.9×10^4$ t，A＋B＋C_1 级 ZrO_2 $13.49×10^4$ t。目前计划建设一系列工厂，最大加工产能达到 $200×10^4$ m³/a，生产周期为40年。计划采用露天的方式，矿山日产能为 $9\,000$ m³/d。通过加工砂矿获取钛铁矿、金红石和锆精矿。2014年已经开展了砂矿综合加工的选矿工艺研究。

中央矿床的其余大部分储量均未配置，计有钛锆砂矿 $22\,895.1×10^4$ m³，含 A＋B＋C_1 级 TiO_2 $540.7×10^4$ t，ZrO_2 $69.53×10^4$ t。

布良斯克州的新得博科夫矿床的钛锆砂矿储量目前未配置，该砂矿床含有钛铁矿、金红石、锆石和白锆石。新得博科夫矿床的储量情况为：C_1 级钛锆砂矿储量为 $1\,409.4×10^4$ m³（含 TiO_2 $21.3×10^4$ t，ZrO_2 $2.41×10^4$ t），C_2 级钛锆砂矿储量为 $180.2×10^4$ m³（含 TiO_2 $2.4×10^4$ t，ZrO_2 $0.35×10^4$ t）。

中央联邦区钛的预测资源量集中在11处预测区，分布在别尔哥罗德州、布良斯克州、沃罗涅日州、库尔斯克州、利佩茨克州、梁赞州和坦波夫州。这些预测区的钛矿通常为砂矿或一些独立的砂矿化，属于滨海相或海相型砂矿。其中沃罗涅日州巴甫洛夫区的火山沉积型砂矿曾进行过评估。中央联邦区 TiO_2 的资源量为 1.14×10^8 t（占俄罗斯的12.2%）；其中 P_1 级 6350×10^4 t，P_2 级 5050×10^4 t（表 3.8）。

中央联邦区锆的预测资源量主要集中在别尔哥罗德州、库尔斯克州和坦波夫州，其中 P_1 级 298×10^4 t，P_2 级 739.8×10^4 t（约占俄罗斯总预测资源量的 13%）。其中坦波夫州是最有远景的地区。

表 3.8 中给出了中央联邦区钛和锆的预测资源量的分布情况。

表 3.8　中央联邦区钛、锆预测资源量

联邦主体	远景区	P_1 级资源量（TiO_2 /ZrO_2）	P_2 级资源量（TiO_2 /ZrO_2）	资源量单位	平均品位/（kg/m^3）
别尔哥罗德州	布托夫（Бутовское）砂矿区	6.4/2480	—	10^6 t/10^3 t	13/3.66
	伊斯托布尼亚（Истобнянское）砂矿区	9.8/—	—	10^6 t	12.8/—
	诺瓦斯克利（Новооскольское）砂矿区	—	1.9/—	10^6 t	41.5/—
	马拉尔热维茨（Малоржавецкое）矿化	—	—/136	10^3 t	—
布良斯克州	斯塔罗木土布（Стародубское）砂矿区	24/—	—	10^6 t	32.15/—
	乌涅奇（Унечское）砂矿区	13/—	—	10^6 t	18.79/—
沃罗涅日州	巴甫洛夫（Павловская）远景区	—	12.72/—	10^6 t	10/—
库尔斯克州	维索科夫（Высоковское）砂矿区	—	3.0/1 592	10^6 t/10^3 t	11.7/3.58
利佩茨克州	别尔瓦马依（Первомайское）砂矿区	—	3.1/—	10^6 t	23.4/—
梁赞州	米拉斯拉夫（Милославское）砂矿区	0.5/—	0.8/—	10^6 t	P2 – 10.61 /— P1 – 11.7 /—
坦波夫州	基尔萨诺夫（Кирсановское）矿化 基尔-萨诺夫（Кир-сановского）砂矿区	9.8/500	—	10^6 t/10^3 t	48.2/2.15
	中央（Центральное）砂矿区	—	29.0/5670	10^6 t/10^3 t	27.0/3.25
	中央联邦区合计	63.5/—	50.5/—	10^6 t	—

资料来源：2015 年俄罗斯固体矿产预测资源量数据

3.3.3　铜矿、镍矿与钴矿

2016 年中央联邦区沃罗涅日州的两处铜-镍矿床首次列入国家储量平衡表中，分别为宜兰（Еланское）矿床和伊尔金（Елкинское）矿床。

这两个矿床均分布在沃罗涅日结晶基底上。在成因上与镁铁质-超镁铁质侵入岩紧密联系。

目前，铜山 MCK 有限责任公司正在勘探宜兰矿床和伊尔金矿床，并获得了两个许可区域开采铜、镍、钴元素。

根据矿床主要成分的储量规模划分，这两个矿床均属于小型矿床。矿床的主要有用组分是镍，伴生的元素有铜、钴、金、银、铂、钯、硫等。

宜兰矿床：宜兰镍矿成因上与规模不大的苏长岩-闪长岩侵入体（4.4 km²）相关，分布在宜兰侵入岩的北东向接触带上。矿床结构复杂。在矿床范围内，存在几个不连续的厚的硫化物矿化带。这些矿化带集中分布在火山-侵入岩体接触带的中心部位。一共包括 7 个矿体，矿石的主要储量集中在 2 号和 3 号矿体中。矿体以呈透镜状、脉状为主。矿体中有用组分的分布并不均匀。矿体厚 0.3～68 m，沿走向长 300～670 m，延深在 500～1 100 m，倾角在 65～90°。

宜兰矿床的矿石矿物主要包括黄铜矿、镍黄铁矿、雌黄铁矿。矿石的主要特征是铜含量低，以及副矿物中镍、钴、钼等元素的砷化物和硫化物广泛出现。

矿石中镍的平均品位为 1.22%，铜的平均品位为 0.14%，钴的平均品位为 0.046%，金的平均品位为 0.11 g/t，银的平均品位为 1.81 g/t，铂的平均品位为 0.09 g/t，钯的平均品位为 0.06 g/t。矿石的体积密度为 3.07～3.26 g/cm³。

宜兰矿床已核实的 C_2 级储量组成为：矿石量 3 240.1×10⁴ t，铜 4.17×10⁴ t，金 5 272 kg（按平均品位 0.163 g/t 计算），铂族 5 229 kg（按平均品位 0.161 g/t 计算），其他无数据。

伊尔金矿床分布在距离宜兰矿床 10 km 处，与宜兰矿床相比品位低且储量小。它分布在一个同名岩体的北西部，位于闪长岩脉切穿的闪长岩和硅化苏长岩里，侵入岩北西部与变质砂岩围岩的接触带上。

伊尔金矿床的铜镍硫化物矿化集中分布在一个延长超过 1 000 m 的矿化带内，在这个带内富矿石形成大的（延长 500 m，厚达 40 m）不规则的矿体。该矿床共有 2 个矿体，其中 1 号矿体集中了这个矿床超过 90% 的储量。矿体呈陡倾的矿石柱状，延深到地面以下 750 m。矿体的平均厚度为 24.3 m。

伊尔金矿床矿石中镍的平均品位为 0.879%，铜的平均品位为 0.128%，钴的平均品位为 0.038%，金的平均品位为 0.07 g/t，银的平均品位为 2.15 g/t，铂的平均品位为 0.03 g/t，钯的平均品位为 0.04 g/t。矿石的体积密度为 3.17 g/cm³（1 号矿体）和 3.08 g/cm³（2 号矿体）。

伊尔金矿床已核实的 C_2 级储量组成：矿石量为 1 179.6×10⁴ t，铜为 15 270 t，金为 2 079 kg（按平均品位 0.176 g/t 计算），铂族 1 005 kg（按平均品位 0.85 g/t 计算），其他无数据。

研究表明，上述两个矿床矿石的矿物组成十分相近，矿石成分高镍低铜。矿石特征是砷质量分数高（达到 0.065%）。其他的有害杂质的含量，对于冶炼过程来说并不高。

利用综合浮选法对铜镍硫化物矿石进行初加工，得到镍质量分数为 9.5%、铜质量分数为 1.06%、钴质量分数为 0.37%、硫质量分数为 28.09%、金质量分数为 0.73 g/t、银质量分数为 17.94 g/t 的精矿。

两个矿床的矿石送往同一个加工工厂富选，该工厂的加工能力为 150×10⁴ t 矿石/a。加工的精矿将送到由乌拉尔电解铜开放式股份公司建设的多金属生产的一个新的冶炼分厂。主要的冶炼产品有阴极镍、阴极钴、化学提纯铂和钯、硫酸、含金和银的粗铜。为了得到精炼铜和贵金属，粗铜将被送往乌拉尔电解铜开放式股份公司位于上贝世马市的另一个分厂冶炼加工，得到阴极铜、化学提纯金和银。

3.4 中央联邦区非金属矿产资源

3.4.1 铝土矿

在中央联邦区的别尔哥罗德州分布着库尔斯克铝土矿省，该成矿省含有别尔哥罗德铝土矿区，该区域分布有高质量的红土型铝土矿，形成于古元古代库尔斯克群绢云母和绿泥石片岩的大倾角褶皱带的褶皱风化壳里，围岩为含铁石英岩和富铁矿石（Гальянов и др.，2012）。

中央联邦区 2016 年国家储量平衡表中列入两处铝土矿床：维斯洛夫（Висловское）矿床和梅利霍沃-舍别金（Мелихово-Шебекинское）矿床（Leksin，2016）。别尔哥罗德州维斯洛夫矿床的储量最大，占俄罗斯铝土矿总储量的 13.5%。

维斯洛夫矿床的 $B+C_1$ 级铝土勘探储量为 $15\,342.5 \times 10^4$ t，C_2 级铝土勘探储量为 $4\,896.5 \times 10^4$ t。矿石平均含有 49.5% 的 Al_2O_3 和 8.3% 的 SiO_2。维斯洛夫矿床的铝土矿品质高，主要矿物成分为鲕绿泥石-勃姆石（少量的鲕绿泥石-三水铝石）。矿体延深 $500\sim600$ m，需地下开采。矿床的水文地质和矿山地质条件十分复杂。

梅利霍沃-舍别金矿床含有 C_2 级铝土勘探储量 $3\,074 \times 10^4$ t。其中 Al_2O_3 的平均品位为 54.1%，SiO_2 为 10%。

维斯洛夫矿床和梅利霍沃-舍别金矿床储量都属于未配置储量。

3.4.2 磷矿

中央联邦区列入 2016 年国家储量平衡表的磷灰石矿床共计 20 处(18 处矿床为胶结型，2 处矿床为砂-粒型)，主要分布在斯摩棱斯克州（1 处矿床）、莫斯科州（2 处矿床）、图拉州（1 处矿床）、布良斯克州（2 处矿床）、坦波夫州（1 处矿床）、库尔斯克州（11 处矿床）、卡卢加州（2 处矿床）。中央联邦区 $A+B+C_1$ 级磷灰石矿石平衡储量为 5.605×10^8 t（含 $5\,870 \times 10^4$ t P_2O_5），占俄罗斯磷灰石矿石平衡储量的 25.9%，C_2 级储量为 7.109×10^8 t（含 $5\,350 \times 10^4$ t P_2O_5）。2015 年中央联邦区磷灰石仅开采布良斯克州的一个矿床。

在未配置的矿床中，莫斯科州磷灰石的储量在俄罗斯各州中是最大的，分别为伊戈尔耶夫（Егорьевское）矿床和北方（Северское）矿床，磷灰石矿石储量占俄罗斯的 10.5%，P_2O_5 储量占俄罗斯的 13.7%。

在已配置的矿床中，图拉州的基莫夫（Кимов）矿床和坦波夫州的中央矿床储量已核实。基莫夫矿床的 $A+B+C_1$ 级矿石量为 307.6×10^4 t，P_2O_5 储量为 33.4×10^4 t。中央矿床的表外储量矿石量为 $2\,692.4\times10^4$ t，P_2O_5 储量为 86.6×10^4 t。

上述两个矿床正在准备开发，基莫夫矿床由中央矿山封闭式股份公司开发，而中央矿床由"ГПК"钛有限责任公司开发。

已开采的矿床仅布良斯克州的巴尔金（Полпинское）矿床 1 处，属于含磷灰石泥浆的尾矿库。在 2015 年开采量为 5×10^4 t 泥浆，目前企业的储量资源保障程度为 0.5 年。

3.4.3　石膏与白垩

2016 年中央联邦区共计有 6 处石膏矿床列入国家储量平衡表，总储量占俄罗斯石膏总储量的 56.64%。

截至 2016 年，中央联邦区的 A＋B＋C$_1$ 级石膏储量为 26.197×10^8 t，C$_2$ 级 9.651×10^8 t。储量的大部分都集中分布在大型的新莫斯科（Новомосковское）石膏矿床（表 3.7）中，该矿床的储量为 16.158×10^8 t，占俄罗斯储量的 37.5%。

中央联邦区已配置的石膏矿床有两处，均已开采，分别为梁赞州的拉金斯克（Лазинское）矿床和图拉州的新莫斯科矿床的 1 号段，已配置的 A＋B＋C$_1$ 级储量为 13.554×10^8 t，C$_2$ 级总储量为 2.189×10^8 t。

"КНАУФ"新莫斯科石膏有限责任公司开采图拉州的新莫斯科矿床。在 2015 年石膏的开采量为 286.6×10^4 t，占俄罗斯开采量的 20.66%。企业的保障程度按照工业储量和年产 500×10^4 t 石膏的情况下，保障程度超过 85 年。

新莫斯科矿床的北东段储量正在准备开发，其 A＋B＋C$_1$ 级储量为 6.093×10^8 t。

梁赞州的拉金斯克矿床的 A＋B＋C$_1$ 级储量为 1.421×10^8 t，C$_2$ 级储量为 2.189×10^8 t。聂鲁达-C 有限责任公司拥有该矿床的开采权，但 2015 年该矿床并没有开采。

中央联邦区未配置的石膏矿有卡卢加州的普列特涅夫（Плетневское）矿床、图拉州的巴拉霍夫（Болоховское）矿床、奥巴列斯克（Оболенское）矿床、斯库拉托夫（Скуратовское）矿床和新莫斯科矿床的 2 号矿段。未配置的石膏矿床的 A＋B＋C$_1$ 级储量为 12.644×10^8 t，C$_2$ 级储量为 7.461×10^8 t。

据 2015 年储量数据资料，中央联邦区集中了俄罗斯 56% 的白垩勘探储量。它们主要分布在卡卢加州（2 处矿床）、布良斯克州（17 处矿床）、奥廖尔州（1 处矿床）、库尔斯克州（11 处矿床）、别尔哥罗德州（20 处矿床）、沃罗涅日州（12 处矿床）。其中大部分储量位于沃罗涅日州和别尔哥罗德州，储量分别占俄罗斯总储量的 23.5% 和 20.8%。

2015 年中央联邦区共计有 63 处白垩矿床列入国家储量平衡表，A＋B＋C$_1$ 级总储量为 10.4×10^8 t，C$_2$ 级储量为 2.43×10^8 t，表外储量为 3.03×10^8 t。其中布良斯克州的和平（Мирское）矿床、库尔斯克州的雷基诺（Рындино）矿床和卡卢加州的奥格立（Огорьское）矿床在 2015 年首次列入国家储量平衡表。

在中央联邦区有 24 处白垩矿床已配置，已配置 A＋B＋C$_1$ 级总储量为 4.54×10^8 t，C$_2$ 级总储量为 $4\,302.7\times10^4$ t，表外储量为 1.46×10^8 t。

在中央联邦区有 39 处白垩矿床未配置，未配置 $A+B+C_1$ 级总储量为 $5.86×10^8$ t，C_2 级总储量为 $2×10^8$ t，表外储量为 $1.57×10^8$ t。

别尔哥罗德州列别金矿床的产量和储量占中央联邦区的首位，$A+B+C_1$ 级储量占中央联邦区的 11.5%，开采量占中央联邦区的 58.8%。该矿床在 2014 年由列别金采选联合工厂开放式股份公司开采，开采量为 $389.9×10^4$ t。

中央联邦区开采了俄罗斯 92% 的白垩，其中 $432.6×10^4$ t 产自别尔哥罗德州，$143.6×10^4$ t 产自沃罗涅日州，分别占中央联邦区产量的 62% 和 21%。中央联邦区 2014 年白垩的产量为 $632.6×10^4$ t。

3.4.4　水泥原料与玻璃原料

据 2015 年储量数据资料，中央联邦区 2015 年共计有 42 处水泥原料矿床列入国家储量平衡表：其中 35 处为碳酸盐岩矿床，6 处为黏土原料矿床，1 处为砂矿床。$A+B+C_1$ 级平衡储量为 $48.35×10^8$ t，C_2 级储量为 $32.01×10^8$ t，表外储量为 $2.425×10^8$ t。

水泥原料的储量集中在梁赞州（占中央联邦区的 23%，5 处矿床）、别尔哥罗德州（占中央联邦区的 13%，2 处矿床）、弗拉基米尔州（占中央联邦区的 12%，4 处矿床）、布良斯克州（占中央联邦区的 12%，3 处矿床）、沃罗涅日州（占中央联邦区的 9%，1 处矿床）、莫斯科州（占中央联邦区的 9%，3 处矿床），以及图拉州、利佩茨克州、库尔斯克州、特维尔州、奥廖尔州和斯摩棱斯克州。

2015 年中央联邦区首次列入国家储量平衡表的水泥原料矿床有：卡卢加州的比亚托夫（Пятовский）矿床、图拉州的上亚晒夫（Верхнеяшевское）矿床、奥谢特洛夫（Осетровское）矿床和梁赞州的卡拉列夫（Королевское）矿床。

中央联邦区有 20 处水泥原料矿床已配置，19 处碳酸盐岩矿床和 1 处黏土原料矿床，其中 13 处已开采，7 处矿床准备开发。已配置 $A+B+C_1$ 级平衡储量为 $25.81×10^8$ t，C_2 级储量为 $8.06×10^8$ t，表外储量为 $2.36×10^8$ t。

中央联邦区有 22 处水泥原料矿床未配置，16 处碳酸盐岩矿床和 5 处黏土原料矿床、1 处砂矿床。未配置 $A+B+C_1$ 级平衡储量为 $22.54×10^8$ t，C_2 级储量为 $23.95×10^8$ t，表外储量为 $653.4×10^4$ t。

中央联邦区别尔哥罗德州的斯托伊列斯克（Стойленское）矿床和沃罗涅日州的巴德格列（Подгоренское）矿床是最大的水泥原料矿床。

2014 年中央联邦区的水泥原料开采量为 $3\ 447.3×10^4$ t。其中莫斯科州为 $627.7×10^4$ t，卡卢加州为 $2\ 32.1×10^4$ t，梁赞州为 $424.4×10^4$ t，布良斯克州为 $913.4×10^4$ t，利佩茨克州为 $26.4×10^4$ t，别尔哥罗德州为 $996.5×10^4$ t，沃罗涅日州为 $226.8×10^4$ t。

据 2015 年储量数据资料，中央联邦区共计有 31 处玻璃原料矿床列入国家储量平衡表。玻璃原料的 $A+B+C_1$ 级总平衡储量为 $3.04×10^8$ t，C_2 级总储量为 $1.06×10^8$ t。

中央联邦区的玻璃原料矿床中：29 处为石英砂矿床，$A+B+C_1$ 级总平衡储量为

2.05×10^8 t，占俄罗斯储量的 15%，C_2 级总储量为 1.06×10^8 t；1 处为白云石矿床，为梅列霍沃-费德托夫（Мелехово-Федотовское）矿床，$A+B+C_1$ 级平衡储量为 9 599.7$\times 10^4$ t，占俄罗斯储量的 7.3%；1 处为碳酸岩矿床，为阿尔费罗夫（Алферовское）矿床，$A+B+C_1$ 级平衡储量为 329.4$\times 10^4$ t，占俄罗斯储量的 0.25%。

中央联邦区玻璃原料储量集中在特维尔州（4 处矿床）、莫斯科州（5 处矿床）、弗拉基米尔州（8 处矿床）、卡卢加州（5 处矿床）、梁赞州（3 处矿床）、布良斯克州（3 处矿床）、库尔斯克州（1 处矿床）、沃罗涅日州（1 处矿床）。

中央联邦区有 16 处玻璃原料矿床已配置，已配置 $A+B+C_1$ 级平衡储量为 2.13×10^8 t，C_2 级储量为 3 898$\times 10^4$ t。其中 15 处为石英砂矿床，$A+B+C_1$ 级平衡储量为 1.17×10^8 t，C_2 级储量为 3 898$\times 10^4$ t；1 处为梅列霍沃-费德托夫矿床。

已配置矿床中有 10 处玻璃原料矿床已开采，其中 9 处为石英砂矿床，$A+B+C_1$ 级平衡储量为 6 074.9$\times 10^4$ t，占俄罗斯储量的 5.63%，C_2 级总储量为 1 781.1$\times 10^4$ t；1 处为梅列霍沃-费德托夫白云石矿床。

中央联邦区在 2014 年开采玻璃原料 304.6$\times 10^4$ t，石英砂开采 201.6$\times 10^4$ t，白云石开采 103$\times 10^4$ t。其中 127.7$\times 10^4$ t 的石英砂开采于莫斯科州的楚尔科夫（Чулковский）矿床，所有者莱蒙采选联合工厂是俄罗斯最大的玻璃原料精炼厂。在梁赞州的穆拉耶夫尼亚（Мураевня）矿床开采石英砂 47.5$\times 10^4$ t，在弗拉基米尔州的红十月（Красный Октябрь）矿床开采石英砂 11.3$\times 10^4$ t，在特维尔州的亚伊科夫（Яйковское）矿床开采石英砂 8.6$\times 10^4$ t。在布良斯克州、卡卢加州和沃罗涅日州也进行了小规模的开采，开采量分别为 4$\times 10^4$ t、2.2$\times 10^4$ t、3 000 t。

在弗拉基米尔州的梅列霍沃-费德托夫矿床开采白云石，开采量为 103$\times 10^4$ t，占俄罗斯白云石开采量的 15.3%。

中央联邦区准备开发的玻璃原料矿床有 6 处，均为石英砂矿床，$A+B+C_1$ 级平衡储量为 5 630$\times 10^4$ t，C_2 级储量为 2 120$\times 10^4$ t。

中央联邦区有 15 处未配置的玻璃原料矿床，其中 14 处为石英砂，1 处为碳酸岩，$A+B+C_1$ 级平衡储量为 8 820$\times 10^4$ t，C_2 级储量为 6 740$\times 10^4$ t。

3.4.5 饰面石材与建筑石材

据 2015 年储量数据资料，中央联邦区共计有 4 处饰面材料矿床列入国家储量平衡表，主要分布在特维尔州、弗拉基米尔州和莫斯科州。$A+B+C_1$ 级平衡储量为 654.6$\times 10^4$ m³，C_2 级储量为 10.8$\times 10^4$ m³。

目前有 2 处矿床已配置，分别为弗拉基米尔州的克鲁托夫（Крутовское）矿床和梅列霍沃-费德托夫矿床。已配置 $A+B+C_1$ 级平衡储量为 21.7$\times 10^4$ m³，C_2 级储量为 10.8$\times 10^4$ m³。

克鲁托夫白云石矿床由阿尔德 MPK 有限责任公司开采，在 2014 年开采 $1.8 \times 10^4 \, m^3$ 石材。梅列霍沃-费德托夫矿床由花岗岩有限责任公司开采，2014 年开采量为 $3\,000 \, m^3$。

中央联邦区未配置的矿床有 2 处，分别为特维尔州的莫洛科夫（Молоковское）碳酸岩矿床和莫斯科州的卡拉布切夫（Коробучевское）碳酸岩矿床。莫洛科夫矿床的 $A＋B＋C_1$ 级平衡储量为 $149.4 \times 10^4 \, m^3$。卡拉布切夫矿床的 $A＋B＋C_1$ 级平衡储量为 $483.5 \times 10^4 \, m^3$。

中央联邦区 2016 年共计有 160 处建筑石材矿床列入国家储量平衡表，$A＋B＋C_1$ 级平衡储量为 $40.941 \times 10^8 \, m^3$，$C_2$ 级储量为 $19.077 \times 10^8 \, m^3$，占俄罗斯的 16%。中央联邦区超过 40% 的建筑石材勘探储量集中在图拉州（$7.56 \times 10^8 \, m^3$）和别尔哥罗德州（$13.08 \times 10^8 \, m^3$）。

在中央联邦区有 92 处建筑石材矿床已配置，$A＋B＋C_1$ 级平衡储量为 $30.154 \times 10^8 \, m^3$，$C_2$ 级储量为 $13.863 \times 10^8 \, m^3$，表外储量为 $1\,190 \times 10^7 \, m^3$。其中有 9 处建筑石材矿床首次列入国家储量平衡表，分别为弗拉基米尔州的米吉诺（Митино）矿段，卡卢加州的马鹿赫金（Марухтинское）矿床，图拉州的沃尔让卡（Волжанка）矿床、卡列索夫卡（Колесовка）矿床、留里科夫（Рюриковское）矿床、梅谢林（Мещеринское）矿床、西托夫（Ситовское）矿段、哈林斯基（Харинское）矿段，利佩茨克州的下布鲁西洛夫（Нижнебрусиловский）矿床。这 9 处矿床的 $A＋B＋C_1$ 级平衡储量为 $9.850 \times 10^7 \, m^3$，C_2 级储量为 $0.650 \times 10^7 \, m^3$。

已配置的矿床中有 89 处矿床正在开采，$A＋B＋C_1$ 级平衡储量为 $30.154 \times 10^8 \, m^3$，$C_2$ 级储量为 $13.863 \times 10^8 \, m^3$。

已配置的矿床中有 3 处矿床正准备开发，这 3 处矿床的 $A＋B＋C_1$ 级平衡储量为 $1.24 \times 10^8 \, m^3$，C_2 级储量为 $2.68 \times 10^8 \, m^3$。

在中央联邦区有 68 处建筑石材矿床未配置，这 63 处矿床的 $A＋B＋C_1$ 级平衡储量为 $9.547 \times 10^8 \, m^3$，C_2 级储量为 $2.534 \times 10^8 \, m^3$，表外储量为 $5.250 \times 10^7 \, m^3$。

3.4.6　食用盐

在中央联邦区共计有 7 处石盐岩矿床，其中 6 处位于图拉州，仅有 1 处位于卡卢加州。石盐的 $A＋B＋C_1$ 级勘探储量为 $6.115 \times 10^8 \, t$（占俄罗斯的 1.4%），基本上储量都集中在图拉州。

中央联邦区已配置的石盐矿床有 4 处：卡卢加州的沃罗比耶夫（Воробьевское）矿床和图拉州的葛斯杰耶夫（Гостеевское）矿床、共青城（Комсомольское）矿床、新莫斯科矿床。

中央联邦区已配置的 $A＋B＋C_1$ 级石盐储量为 $3\,750.7 \times 10^4 \, t$，未配置的 $A＋B＋C_1$ 级石盐储量为 $5.74 \times 10^8 \, t$，其中约 $5.65 \times 10^8 \, t$ 分布在图拉州新莫斯科矿床中的未配置部分。

2015 年中央联邦区的石盐产量为 $12.8 \times 10^4 \, t$，其中 $12.5 \times 10^4 \, t$ 来自新莫斯科矿床的已配置部分，由新莫斯科氯有限责任公司开采。

第4章

西北联邦区
矿产资源

西北联邦区位于俄罗斯欧洲部分的北部区域，是俄罗斯面积第四、人口第五的联邦区。西北联邦区是经济发达、基础设施完善，以制造业和零售业为主的经济发达地区。西北联邦区的能源矿产以油气和煤炭最为重要，其中油气资源主要集中在巴伦支海大陆架上，尤其是天然气矿产，储量超过 $5 \times 10^{12} \, \mathrm{m}^3$，煤炭则以焦煤为主，储量近 $30 \times 10^8 \, \mathrm{t}$。西北联邦区是俄罗斯重要的金属矿产原料基地，西北联邦区的稀有金属矿产尤其是锂铍矿在俄罗斯占有主要地位，铜镍矿也是西北联邦区的优势矿产。西北联邦区有 7 种非金属矿产储量居俄罗斯各联邦区的第一位，其中摩尔曼斯克州的卡夫达尔蛭石-金云母矿床、加里宁格勒州的滨海琥珀矿床更是同类矿床中世界上最大的。西北联邦区的钛、铬、锰、重晶石、铂、黄金和金刚石矿床同样具有非常大的远景。

4.1　西北联邦区基本概况

　　俄罗斯西北联邦区位于俄罗斯欧洲部分，包括北乌拉尔以西、波罗的海地盾以东、俄罗斯平原以北的辽阔地域，西面半环绕波罗的海并与欧盟国家接壤，北面濒临巴伦支海。西北联邦区是俄罗斯欧洲部分的第一大联邦区，俄罗斯的第四大联邦区。西北联邦区由 11 个州级单位构成（图 4.1），分别为圣彼得堡市、列宁格勒州、沃洛格达州、诺夫哥罗德州、阿尔汉格尔斯克州、涅涅茨自治区、加里宁格勒州、摩尔曼斯克州、普斯科夫州、科米共和国、卡累利阿共和国，行政中心为圣彼得堡市，面积为 168.69×10^4 km^2，占俄罗斯总面积的 9.87%。西北联邦区人口 1 385.37 万人，约占俄罗斯总人口的 9.49%。在俄罗斯八个联邦大区中人口占第五位（表 4.1）。

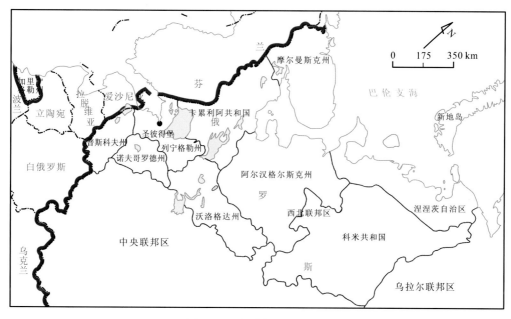

图 4.1　西北联邦区分布略图

表 4.1　西北联邦区主体构成

编号	联邦主体	面积/10^4 km^2	人口/万人
1	卡累利阿共和国	18.05	62.99
2	科米共和国	41.68	85.68
3	阿尔汉格尔斯克州（含涅涅茨自治区）	58.99	117.41
4	沃洛格达州	14.45	118.77
5	加里宁格勒州	1.51	97.64

续表

编号	联邦主体	面积/10^4 km^2	人口/万人
6	列宁格勒州	8.39	177.88
7	摩尔曼斯克州	14.49	76.22
8	诺夫哥罗德州	5.45	61.57
9	普斯科夫州	5.54	64.64
10	圣彼得堡市	0.14	522.57

资料来源：俄罗斯联邦国家统计局.俄罗斯区域社会经济指标（2016）.（2017-02）[2017-04-29].www.gks.ru/wps/wcm/connect/rosstat_main/rosstat/ru/statistics/pubicacion/catalog/cfoc_1138623506156.

西北联邦区拥有丰富的石油、天然气、煤、铝、磷、石灰岩、泥炭、铜、镍等自然资源，西北联邦区的磷灰石、蛭石、霞石、石英-长石原料、金云母、琥珀和高岭土的储量与产量更是位居俄罗斯各联邦区中的第一位。西北联邦区是俄罗斯机械制造中心及木材加工、造纸及酒类生产的重要基地，能源、电力、造船、光学、化工、冶金业十分发达。

2016年俄罗斯西北联邦的地区生产总值为882.81亿美元（表4.2），约占俄罗斯国内生产总值的10%。从各个联邦主体来看，圣彼得堡市的地区生产总值为395.83亿美元，占西北联邦区的44.8%，其余10个联邦主体的地区生产总值在18.1亿～106.56亿美元，显示出西北联邦区经济发展极度不均衡的特点。

表4.2　西北联邦区主要经济结构构成　　　　（单位：亿美元）

行政单位名称	地区生产总值	采掘业	制造业	水电气的生产	农业	建筑业	零售业
卡累利阿共和国	27.71	6.70	10.59	3.64	0.92	0.04	15.50
科米共和国	71.77	44.07	25.77	6.39	1.65	0.03	23.72
阿尔汉格尔斯克州（含涅涅茨自治区）	80.62	32.78	25.44	5.03	1.90	0.06	34.18
沃洛格达州	57.97	0.06	71.92	6.00	4.27	0.13	23.48
加里宁格勒州	45.71	2.20	59.58	3.45	4.82	0.18	21.19
列宁格勒州	106.56	1.80	122.25	14.61	14.64	0.35	46.47
摩尔曼斯克州	47.80	15.87	20.79	8.45	0.32	0.00	22.94
诺夫哥罗德州	30.74	0.50	28.07	2.37	4.19	0.05	15.97
普斯科夫州	18.10	0.17	11.25	1.55	3.86	0.05	15.17
圣彼得堡市	395.83	2.29	295.32	25.86	0.00	0.45	170.84
西北联邦区	882.81	106.43	670.97	77.37	36.58	1.35	389.46

资料来源：俄罗斯联邦国家统计局.俄罗斯区域社会经济指标（2016）.（2017-02）[2017-04-29].www.gks.ru/wps/wcm/connect/rosstat_main/rosstat/ru/statistics/pubicacion/catalog/cfoc_1138623506156.

注：水电气的生产属于制造业的一部分，也属于零售业的一部分

从总的产值结构上看（表 4.2），制造业和零售业是西北联邦区的主要产业。西北联邦区的人均工资水平（483 美元）略微高于俄罗斯人均工资水平（455 美元）（表 4.3），在俄罗斯各联邦区中位列第四，仅次于中央联邦区、远东联邦区，与位列第三的乌拉尔联邦区相差不大。人均制造业产值位列全国第二，仅次于乌拉尔联邦区，为 4843 美元。而人均采掘业产值则明显低于全国水平，反映该区采掘业在经济结构中所占比重不大的特点。西北联邦区的人均固定资产投资额超过全国的平均水平（表 4.3）。总体上看，西北联邦区为以制造业和零售业为支柱产业的发达地区。

表 4.3　西北联邦区人均经济指标 （单位：美元）

行政单位名称	月平均工资	人均制造业产值	人均采掘业产值	人均固定资产投资额
卡累利阿共和国	384	1 681	1 063	767
科米共和国	497	3 008	5 144	3 050
阿尔汉格尔斯克州（含涅涅茨自治区）	487	2 167	2 792	2 078
沃洛格达州	382	6 055	5	1 060
加里宁格勒州	387	6 102	225	952
列宁格勒州	369	6 872	101	1 676
摩尔曼斯克州	550	2 728	2 082	1 979
诺夫哥罗德州	385	4 559	80	1 775
普斯科夫州	324	1 741	26	613
圣彼得堡市	596	5 651	44	1 489
西北联邦区	483	4 843	768	1 551
俄罗斯联邦	455	3 370	1 138	1 483

资料来源：俄罗斯联邦国家统计局. 俄罗斯区域社会经济指标（2016）.（2017-02）[2017-04-29]. www. gks. ru/wps/wcm/connect/rosstat_main/rosstat/ru/statistics/pubicacion/catalog/cfoc_1138623506156.

从表 4.4 可以看出，西北联邦区主要社会经济指标占俄罗斯的比重中，水电气的生产、零售业、固定资产投资和出口的比重与人口比重持平，制造业、建筑业和进口所占比重明显高于人口比重，而在采掘业和农业方面的比重则明显低于人口比重，反映了采掘业和农业在西北联邦区相对不发达的特点。

表 4.4　西北联邦区主要社会经济指标占俄罗斯的比重 （单位：%）

行政单位名称	面积	人口	劳动人口	国民生产总值	采掘业	制造业	水电气的生产
俄罗斯联邦	100	100	100	100	100	100	100
西北联邦区	9.9	9.5	9.8	10	6.38	13.59	10.72

续表

行政单位名称	农业	建筑业	零售业	固定资产投资	出口	进口
俄罗斯联邦	100	100	100	100	100	100
西北联邦区	4.7	13.1	9.5	9.9	11.6	18.6

资料来源: 俄罗斯联邦国家统计局. 俄罗斯区域社会经济指标(2016). (2017-02)[2017-04-29]. www. gks. ru/wps/wcm/connect/rosstat_main/rosstat/ru/statistics/pubicacion/catalog/cfoc_1138623506156.

西北联邦区是连接北欧与俄中部地区的交通枢纽, 联邦区的铁路、航空、海运、公路均较发达。从表 4.5 可以看出, 西北联邦区的铁路和硬质路面公路的通行里程密度均高于或持平全国平均水平, 尤其是铁路, 平均高于全国水平的 56%。在铁路货运周转量方面, 西北联邦区和全国的货运周转量近几年呈现出先上升, 在 2012 年达到顶峰, 随后开始下降的趋势(表 4.5)。2015 年西北联邦区的铁路货运周转量为 148×10^6 t, 与其他联邦区相比, 位列远东联邦区、中央联邦区、伏尔加河沿岸联邦区之后。

表 4.5 西北联邦区主要交通运输方式运量及密度

统计项目	统计范围	年份						
		2005	2010	2011	2012	2013	2014	2015
铁路货运周转量 /10^6 t	俄罗斯联邦	1 273.3	1 312	1 381.7	1 421.1	1 381.2	1 375.4	1 329
	西北联邦区	160.7	153.3	162.5	166	163.9	156.7	148
铁路通行里程密度/ ($km/10^4 km^2$)	俄罗斯联邦	50	50	50	50	50	50	50
	西北联邦区	77	78	78	78	78	78	78
硬质路面公路通行里程密度 / ($km/10^3 km^2$)	俄罗斯联邦	31	39	43	54	58	60	61
	西北联邦区	40	45	47	56	60	61	61

资料来源: 俄罗斯联邦国家统计局. 俄罗斯区域社会经济指标(2016). (2017-02)[2017-04-29]. www. gks. ru/wps/wcm/connect/rosstat_main/rosstat/ru/statistics/pubicacion/catalog/cfoc_1138623506156.

4.2 西北联邦区能源矿产资源

西北联邦区的能源矿产具有区域意义的主要为油气和煤炭, 此外, 还分布有油页岩、铀矿和泥炭矿产。西北联邦区的油气矿产以气为主, 主要集中分布在巴伦支海大陆架上。西北联邦区的煤炭以焦煤为主, 且集中分布于伯朝拉含煤盆地中。西北联邦区天然气和煤炭的开发与利用对俄罗斯欧洲部分西部与北部地区的能源工业与钢铁工业意义重大。

4.2.1 油气

截至 2016 年, 西北联邦区的石油储量为 1405×10^6 t, 大约占俄罗斯石油储量的

7.66%；天然气和凝析液的储量分别为 6 492.42×10^8 m^3 和 4 629.9×10^4 t，分别占俄罗斯天然气和凝析液储量的 1.29%和 2.09%（表 4.6）。

表 4.6 西北联邦区碳氢化合物储量与开采量

矿种	储量	储量占俄罗斯总储量的比例/%	开采量	开采量占俄罗斯总开采量的比例/%
石油	1 405×10^6 t	7.66	28.21×10^6 t	5.64
天然气	6 492.42×10^8 m^3	1.29	25.76×10^8 m^3	0.42
凝析液	4 629.9×10^4 t	2.09	10×10^4 t	0.47

2014 年，西北联邦区共开采石油 2 821×10^4 t，占俄罗斯总开采量的 5.64%；开采天然气 25.76×10^8 m^3，占俄罗斯天然气开采量的 0.42%；开采凝析液 10×10^4 t，占俄罗斯凝析液开采量的 0.47%（表 4.6）。

西北联邦区的油气储量主要分布在陆上的吉姆诺-伯朝拉油气省和中欧油气省，以及海上的波罗的海大陆架和巴伦支海大陆架上（Malyutin et al.，2016；Белонин и др.，2005）。

吉姆诺-伯朝拉油气省具有十分复杂的地质结构。吉姆诺-伯朝拉油气省的特征是含有多类型多层系的油气田。在大地构造单元上（盆地、拗陷、断陷等）地层的完整性、厚度、沉积物的岩性与岩相特征具有显著的差异。吉姆诺-伯朝拉油气省的沉积厚度从南向北和从西向东规律性的增加，从俄罗斯地台边部的 6 km 增加到乌拉尔前缘凹陷的8～12 km 厚。吉姆诺-伯朝拉油气省油气的主要探明储量集中在泥盆纪沉积物中，以及石炭—二叠系、志留系和奥陶系中。油气的赋存层位深度为 50～4 500 m。

吉姆诺-伯朝拉油气省的北部区域，可以分为涅涅茨自治区的哈列伊威尔-莫列由斯克（Хорейвер-Мореюский）油气区和伯朝拉-卡里温（Печоро-Колвинский）油气区。在这两个区域内的石油基本上多是轻质石油，密度为 0.87 g/cm^3，占吉姆诺-伯朝拉油气省总储量的 57%，属于中-低硫、低黏度原油。

吉姆诺-伯朝拉油气省的南部区域，可以分为科米共和国的哈列伊威尔拗陷和科米共和国中部的易日马-伯朝拉（Ижма-Печоро）拗陷。这两个拗陷的石油更多的是重质原油，密度超过 0.9 g/cm^3。南部区域的重质原油储量占南部区域储量的 54.1%，南部区域的轻质原油储量占南部区域储量的 38%。南部区域的中硫石油储量为 2.967 6×10^8 t，占南部区域储量的 49.4%，南部区域的高黏稠的石油储量为 3.44×10^8 t，占南部区域储量的 57.2%。

目前在吉姆诺-伯朝拉油气省中共发现了 7 处大型油田，分别为哈利亚金（Харьягинский）油田、罗曼特列布萨（им.Романа Требса）油田、乌辛斯克（Усинский）油田、托博伊斯科-米亚特谢伊（Тобойско-Мядсейский）油田、南-黑里丘尤（Южно-Хыльчуюский）油田、亚列格（Ярегский）油田和下邱金斯克（Нижнечутинский）油田。

哈利亚金油田是吉姆诺-伯朝拉油气省中最大的油田。吉姆诺-伯朝拉油气省中轻质石油和中密度石油的大部分储量在哈利亚金油田中，该油田属于吉姆诺-伯朝拉油气省的伯朝拉-卡里温油气区。其发现于 1970 年，开始开采于 1982 年。

哈利亚金油田含油层位深 1 240 m～3 960 m，位于上泥盆统—下三叠统碳酸盐岩的陆源沉积物中。目前哈利亚金油田的整体采收率不超过 28%，但是个别层位的采收率却达到 72%（如上二叠统陆源沉积物中）。哈利亚金油田不同硫含量原油的产油层位也不同，低硫石油主要产在上三叠统和二叠系沉积物中，硫质量分数低于 0.5%，中硫石油主要产自下三叠统沉积物中。卢克-科米有限责任公司和俄罗斯道达尔勘探和开发公司持有哈利亚金油田的开采许可证。目前该油田大部分的储量并未配置。

吉姆诺-伯朝拉油气省的第二大油田为亚列格油田，储量平衡表中的储量数据为 1.07×10^8 t。油田分布在科米共和国的易日马-伯朝拉拗陷。该油田赋存在一个厚的近水平的石英砂岩储层中，大部分为重油，并含有钛矿。主要的工业石油赋存在中—晚泥盆统深 100 m～180 m 的碎屑岩中。亚列格油田的石油也很独特，其密度特别重，超过 0.94 g/cm^3，并表现为高黏稠性。亚列格油田的石油可以提炼非常好的铺路沥青、各类油（变压器油、制冷油、医疗用油）的油料，以及生产燃料油、聚合物和其他产品的原料。该油田的勘探和开发许可证持有人为卢克-科米有限责任公司、毕特兰开放式股份公司、亚列格石油钛开放式股份公司和亚列格矿石开放式股份公司。该油田的部分储量未配置。

在吉姆诺-伯朝拉油气省中有 4 处大型天然气田，它们都分布在涅涅茨自治区，分别为拉亚沃日（Лаявожский）天然气田、库姆任（Кумжинский）天然气田、瓦涅伊维斯（Ванейвисский）天然气田和瓦希尔科夫（Василковский）天然气田。

拉亚沃日油气田的天然气储量最大，为 1380×10^8 m^3。该油气田发现于 1971 年，发现了三个储层，分别为天然气储层、天然凝析气储层和凝析油气储层。储层深度在 1 465 m～2 425 m。主要的储层为凝析气储层，包括三个含油气层，有效厚度为 14.6 m，主要赋存于 2 225 m～2 405 m 深的下二叠统中。目前该油气田准备由伯朝拉油气工业封闭式股份公司进行工业开发。

吉姆诺-伯朝拉油气省生产了西北联邦区全部的天然气和大部分的石油。在涅涅茨自治区的伯朝拉-卡里温油气区和哈列伊威尔-莫列由斯克油气区共有 33 处油田在开采，主要是南-黑里丘尤油田、哈利亚金油田、哈森列伊（Хасырейский）油田。石油的产量超过 100×10^4 t 的企业分别为纳里扬马尔油气有限责任公司、卢克-科米有限责任公司、俄罗斯石油开放式股份公司、俄罗斯道达尔勘探和开发公司。天然气的开采在瓦希尔科夫天然气田和亚列伊尤斯油气田进行有限的开发。

在吉姆诺-伯朝拉油气省北部油气的开发过程中长期受限于交通基础设施的缺乏。2008 年卢克开放式股份公司在瓦兰杰市的石油卸载终端投入运营，同时南哈利丘尤-瓦兰杰石油管道的建设使得吉姆诺-伯朝拉油气省北部的原油可以出口。

在中欧油气省的分布范围中，仅有部分区域位于西北联邦区，其中在加里宁格勒州的中寒武统碎屑沉积物中含有工业石油。石油的储藏与背斜褶皱、更小的构造、复杂的单向斜结构有关。产油层的深度为 1 500～2 500 m。在中欧油气省中的油气田，在规模上基本都属于小型。

在中欧油气省的加里宁格勒州，由加里宁格勒石油开放式股份公司开采维谢洛夫

（Веселовский）油气田、新银（Новосеребрянский）油气田、谢切诺夫（Сеченовский）油气田，卢克-加里宁格勒海上石油有限责任公司开采中欧油气省区域的其他油气田。

波罗的海大陆架 2016 年列入国家储量平衡表的油田有 6 处，石油 C_1 级可采储量为 1 677.9×10^4 t，C_2 级储量为 1 526.9×10^4 t，其中已配置的 C_1 级储量为 319.6×10^4 t。工业含油层位于中寒武统碎屑沉积岩中，油田属于轻质、低硫、低黏度油田。波罗的海大陆架的 6 处油田中目前 1 处已开发，4 处正在勘探，1 处储备。波罗的海大陆架天然气 C_1 级可采储量为 5.26×10^8 m^3，C_2 级储量为 4.3×10^8 m^3（表 4.7）。

表 4.7　大陆架碳氢化合物储量和资源量

大陆架名称	矿种	单位	C_1 级储量	C2 级储量	已配置储量（C_1）	已配置储量（C_2）
波罗的海大陆架	油田	10^4 t	1 677.9	1 526.9	319.6	—
	气田	10^8 m^3	5.26	4.3	—	—
巴伦支海大陆架	油田	10^4 t	12 708.3	31 802.7	12 707.1	31 800.2
	气田	10^8 m^3	41 918.44	5 908.71	41 276.74	5 188.51

2015 年，卢克-加里宁格勒海上石油有限责任公司开采波罗的海大陆架上的克拉夫佐夫油气田共获得 39.4×10^4 t 石油和 0.07×10^8 m^3 的天然气。按照 2015 年的生产水平，该公司的储量保障程度为 8 年。

巴伦支海大陆架 2016 年列入国家储量平衡表的油田有 5 处（4 处油田、1 处油气凝析液田），C_1 级可采储量为 12 708.3×10^4 t，C_2 级储量为 31 802.7×10^4 t，其中已配置的 C_1 级储量为 12 707.1×10^4 t（占 C_1 级总可采储量的 99.99%），C_2 级储量为 31 800.2×10^4 t（占 C_1 级总可采储量的 99.99%）（表 4.7）。

巴伦支海大陆架工业油气赋存在广泛分布的下二叠统—上石炭统的碳酸盐岩—碎屑岩沉积物中。油田主要为重油、高硫油田。

巴伦支海大陆架 2016 年列入国家储量平衡表的天然气田有 7 处，天然气 C_1 级储量为 41 918.44×10^8 m^3，C_2 级储量为 5 908.71×10^8 m^3，其中已配置的 C_1 级天然气储量为 41 276.74×10^8 m^3（占 C_1 级总可采储量的 98.47%），C_2 级储量为 5 188.51×10^8 m^3（占 C_1 级总可采储量的 87.81%）。

截至 2016 年，巴伦支海大陆架天然气的 C_1 级储量超过 300×10^8 m^3 的气田有列多夫（Ледов）气田、鲁德洛夫（Лудловский）气田、摩尔曼斯克（Мурманский）气田、史托克曼诺夫（Штокмановский）气田。巴伦支海大陆架天然气储量占俄罗斯大陆架中储量的 44.53%。俄罗斯最大的天然气田为史托克曼诺夫气田，属于超大型，储量占俄罗斯大陆架的 42.07%。

巴伦支海大陆架有 4 处凝析田，C_1 级凝析气储量为 40.32×10^8 m^3，C_2 级储量为 3.59×10^8 m^3，工业的含气层位于石炭系和侏罗系中。C_1 级凝析液的总可采储量为 5 742.4×10^4 t，C_2 级储量为 497.9×10^4 t。4 处凝析田的储量均已配置。

俄罗斯海上油气主要位于俄罗斯的西北诸海中，包括巴伦支海、伯朝拉海和喀拉海，其次为鄂霍次克海、东西伯利亚海和里海（Дмитриевский，2006）。

西北联邦区的天然气主管道穿过科米共和国和加里宁格勒州，运输开采的陆上天然气。西北联邦区开采的石油通过哈利雅佳-乌萨（Харьяга-Уса）主石油管道运输。

在油气加工方面，卢克开放式股份公司在西北联邦区科米共和国的乌赫塔炼油厂的加工能力为 415×10^4 t，天然气工业加工厂有限责任公司的索斯诺格尔（Сосногорский）加工厂加工能力为 30×10^8 m^3/a，卢克-科米有限责任公司的乌辛斯克（Усинский）加工厂加工能力为 7×10^8 m^3/a。

4.2.2　煤炭与泥炭

在西北联邦区的科米共和国和涅涅茨自治区分布有伯朝拉含煤盆地，该含煤盆地大部分位于北极圈内。

伯朝拉含煤盆地与二叠系伯朝拉群和沃尔库金群含煤沉积岩建造相关。在该盆地已发现 30 处石煤矿床和煤矿化。目前伯朝拉含煤盆地有 11 处煤矿床列入国家储量平衡表。伯朝拉盆地煤炭的特征是具工业级开发的煤炭储量不足，目前仅在科米共和国开采 4 处矿床，分别为沃尔库特（Воркутский）矿床、沃尔加邵尔（Воргашорский）矿床、尤尼亚金（Юньягинский）矿床、因金斯克（Интинский）矿床。伯朝拉盆地大部分地区属于多年冻土区，煤炭的甲烷含量高、二氧化硅含量高，还具有假顶板与底板等现象，开采难度较大。

截至 2016 年，西北联邦区伯朝拉盆地 A＋B＋C$_1$ 级煤炭储量为 70.19×10^8 t，其中42%为焦煤，C$_2$ 级储量为 4.85×10^8 t，表外储量为 58.6×10^8 t。伯朝拉盆地的煤炭储量中 98.4%分布在科米共和国，其余分布在涅涅茨自治区。

西北联邦区仅在科米共和国进行煤炭的开采，2015 年产量为 972.9×10^4 t，与 2014年相比增加了 67.5×10^4 t。

西北联邦区的煤炭对于发展俄罗斯欧洲部分和乌拉尔联邦区的能源工业与炼焦工业的大型基地来说十分重要，西北联邦区整体上煤炭勘探的研究程度低。目前，伯朝拉的煤炭主要供应俄罗斯的北部区域和西北区域，以及乌拉尔联邦区和中央联邦区的部分地区。供应对象主要是炼钢厂和能源企业。

截至 2016 年，西北联邦区的国家储量平衡表中列入了 5 777 处泥炭矿床。A＋B＋C$_1$级储量为 64.23×10^8 t，占俄罗斯泥炭储量的 34.5%，C$_2$ 级储量为 13.53×10^8 t，开采量为 30.3×10^4 t。

4.2.3　油页岩

西北联邦区的油页岩集中分布在吉姆诺-伯朝拉油页岩盆地和滨波罗的海油页岩盆地。截至 2016 年，西北联邦区油页岩的 A＋B＋C$_1$ 级平衡储量为 10.74×10^8 t，其中 92.8 %的油页岩储量位于列宁格勒州。C$_2$ 级平衡储量为 6.8×10^8 t。表外储量为 $3\,285 \times 10^4$ t，表外储量主要在科米共和国。

西北联邦区 2015 年油页岩并未开采。

4.2.4　铀矿

截至 2016 年，西北联邦区的铀矿储量平衡表上只有 1 处，即中巴德玛（Средняя Падма）铀矿床，该矿床目前未配置。中巴德玛铀矿床的 $A+B+C_1$ 级铀储量为 1 553 t，C_2 级铀储量为 1 513 t。矿床的主要的矿物有钒云母、含钒赤铁矿、沥青铀矿、辉钼矿、黄铜矿和斑铜矿。矿床中的有益组分主要是钒和少量贵金属，矿床中的贵金属主要呈自然态、合金态和硒、硫的同构异象体存在。主要的脉石矿物有石英、钠长石和方解石。矿石中钒的分布是不均匀的，铀、铜和钼的分布十分不均匀，贵金属的分布是极度的不均匀。

4.3　西北联邦区金属矿产资源

西北联邦区的稀有金属矿产在俄罗斯占有十分重要的位置，稀有金属的储量都集中在少数几个大型的矿床中，科米共和国正在开发的石英脉型热拉内矿床中集中了俄罗斯稀有金属储量的 77.6%。西北联邦区的锂矿储量集中在摩尔曼斯克州的 3 处矿床，占俄罗斯总储量的 55%。摩尔曼斯克州的 3 处铍矿床储量占俄罗斯的 16.3%。有色金属矿产中，摩尔曼斯克州两个铜镍硫化物矿床的储量和产量位列俄罗斯的第二位，储量分别占俄罗斯铜的 19.7% 和镍的 17.8%。此外，西北联邦区的钛矿、铂族金属和铬矿储量也非常大（图 4.2）。西北联邦区是俄罗斯重要的稀有金属原料生产及加工基地。

4.3.1　金及铂族金属矿产

截至 2016 年，西北联邦区计有 62 处金矿床的储量列入国家储量平衡表，其中 16 处为伴生金矿床，5 处为原生金矿床，41 处为砂金矿床。它们的 $A+B+C_1$ 级金储量为 59.478 t，C_2 级金储量为 67.312 t，金表外储量为 13.15 t。这些矿床主要分布在摩尔曼斯克州、卡累利阿共和国和科米共和国。

西北联邦区的金储量主要由科米共和国的砂金储量构成，占西北联邦区金 $A+B+C_1$ 级金储量的 74.3%。但是目前西北联邦区所有开采的金都来源于摩尔曼斯克州日大诺夫（Ждановское）矿床和极地（Заполярн）矿床的伴生金元素，这两处矿床由科拉采冶联合企业有限公司开采，2015 年的开采量为 99 kg。

西北联邦区准备开发的金矿和含金矿床有 11 处，其中 6 处为摩尔曼斯克州的铜-镍矿床的伴生金[分别为卫星（Спутник）矿床、激流（Быстринск）矿床、苔原（Тундровое）

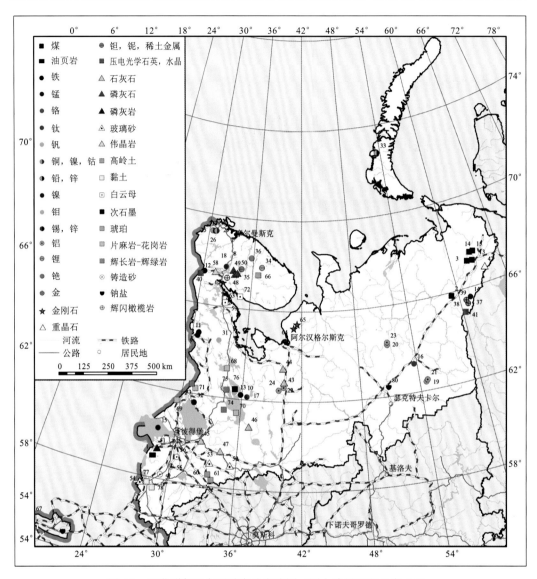

图 4.2 西北联邦区主要矿产分布略图（图上编号注释见表 4.8）

表 4.8 西北联邦区主要矿产名称及规模

图 4-2 编号	矿床名称	矿床规模	图 4-2 编号	矿床名称	矿床规模
1	列宁格勒	中型	6	伏尔加绍尔	大型
2	因金斯克	大型	7	沃尔库特	大型
3	谢伊金斯克	大型	8	奥列涅戈尔	大型
4	乌辛斯克	大型	9	科斯塔姆克什	大型
5	阿依尤文斯克	中型	10	布多日山	大型

图 4-2 编号	矿床名称	矿床规模	图 4-2 编号	矿床名称	矿床规模
11	卡尔班戈	大型	46	白鲁切伊斯科	大型
12	科夫达尔综合矿（磷灰石-磁铁矿）	大型	47	皮卡洛夫	大型
13	中巴德玛	大型	48	普拉托-拉斯乌姆乔尔	大型
14	巴尔诺克	小型	49	巴尔托姆乔尔	大型
15	芬兰湾铁锰结核	小型	50	奥列宁河	大型
16	亚列格	大型	51	金吉谢普	中型
17	阿甘湖	中型	52	萨佐诺夫	中型
18	萨普且湖	中型	53	聂巴尔琴斯克	中型
19	季姆邵尔	大型	54	浦斯科夫	中型
20	瓦让尤-瓦雷克维	大型	55	克鲁别里	大型
21	普自林斯克	中型	56	诺威斯克	大型
22	普列谢茨克	大型	57	斯特鲁格卡拉斯涅斯克	大型
23	上修格尔	大型	58	库鲁-瓦剌	大型
24	伊可辛	大型	59	赫托拉姆比诺	大型
25	卫星	大型	60	奥克拉德涅夫	中型
26	极地	大型	61	西巴托夫	中型
27	费德洛娃·盾德拉	大型	62	哈波湖	中型
28	威尔和	大型	63	马林诺瓦-瓦拉卡	中型
29	日大诺夫	大型	64	罗蒙诺索夫	中型
30	卡特谢里瓦拉-卡米继维	大型	65	格里布	小型
31	柳巴石	大型	66	普拉斯卡格尔	大型
32	吉杰里	中型	67	滨海	大型
33	巴甫洛夫	大型	68	乌罗斯湖	大型
34	卡尔姆湖	大型	69	库兹涅奇-1	大型
35	列夫湖	大型	70	卡什纳-葛拉	大型
36	瓦辛-梅里克	中型	71	利亚斯凯利亚	大型
37	大塔夫罗塔	大型	72	库兹列切斯克	中型
38	巴尔巴尼尤	大型	73	卡卡米亚基	大型
39	塔夫罗塔	大型	74	卡拉达伊-葛拉	大型
40	别尔恰特卡	中型	75	利热姆斯克	大型
41	热兰	大型	76	扎若金斯克	中型
42	霍伊琳	中型	77	别乔尔斯克	大型
43	萨维斯克	中型	78	鲁科夫斯克	中型
44	施瓦金斯克	中型	79	古谢夫斯克	大型
45	谢丽错-巴比诺	大型	80	谢列果夫斯克	大型

矿床、威尔和（Верхне）矿床、阿拉列琴（Алареченское）矿床和东方（Востокое）矿床]，5 处为科米共和国的砂金矿 [吉姆杰姆耶里（Димтемъельское）矿床、耶斯托邵尔（Естошорское）矿床、凯沃日（Кыввожское）矿床、中凯沃日（Среднекыввожское）矿床、中凯沃日 1 号（Среднекыввожское 1）矿床]。

西北联邦区正在勘探的金矿床有 4 处，科米共和国的秋得（Чудное）矿床、卡累利阿共和国的老巴什 1 号（Лобаш-1）矿床、新别斯基（Новые Пески）矿床、修尔修里（Хюрсюльское）矿床，以及 3 处摩尔曼斯克州的含金矿床，费德洛娃·盾德拉（Федорова Тундра）矿床、基耶维（Киевей）矿床、北卡梅尼克（Северный Каменник）矿床。

西北联邦区未配置的含金矿床共计 5 处，包括卡累利阿共和国的维克沙（Викша）含金矿床、中巴德玛含金矿床、沙尔湖（Шалозерское）含金矿床，摩尔曼斯克州的乌鲁全维奇（Вуручуайвенч）含金矿床、东秋阿尔维（Чуарвы Восточное）含金矿床，以及 1 处卡累利阿共和国的玛伊斯克（Майское）金矿床。未配置的砂金矿为科米共和国的 36 处砂金矿床。

截至 2016 年,西北联邦区铂族金属的探明储量分布在摩尔曼斯克州和卡累利阿共和国。西北联邦区 A+B+C_1 级铂族金属储量为 272.016 t, C_2 级铂族金属储量为 304.718 t。

在摩尔曼斯克州有 15 处含铂族金属矿床，探明储量为 563.022 t，其中 A+B+C_1 级铂族金属储量为 270.653 t, C_2 级铂族金属储量为 292.369 t, 铂族金属表外储量为 83.482 t。在 2015 年铂族金属开采量为 584 kg。

摩尔曼斯克州的科拉采冶联合企业有限公司拥有 4 处正在开采的含铂矿床和 4 处准备开发的含铂矿床，分别为日大诺夫矿床、极地矿床、卡特谢里瓦拉-卡米继维（Котсельваара-Каммикиви）矿床、谢米列特卡（Семилетка）矿床，以及卫星矿床、激流矿床、苔原矿床、威尔和矿床。谢米列特卡矿床含铂族元素的矿石已被采完，从 2014 年开始开采的铜镍硫化物矿石中不含铂族金属。

塞萨尔-51 有限责任公司拥有 2 处正准备开发的含铂族元素的铜镍硫化物矿床，为阿拉列琴矿床和东方矿床。

摩尔曼斯克州正在勘探的含铂族元素的矿床有 3 处：北卡梅尼克矿床、费德洛娃·盾德拉矿床和基耶维矿床。

摩尔曼斯克州未配置的含铂族元素矿床有东秋阿尔维矿床和乌鲁全维奇矿床 2 处。

摩尔曼斯克州中的铂族金属储量依据大小排列主要分布在费德洛娃·盾德拉矿床（品位 1.37 g/t）、基耶维矿床（3.65 g/t）、东秋阿尔维矿床（6.68 g/t）、乌鲁全维奇矿床（1.2 g/t）、北卡梅尼克矿床（4.48 g/t）。

卡累利阿共和国铂族金属的 C_1 级储量为 1 363 kg, C_2 级储量 12 349 kg, 表外储量为 16 624 kg。卡累利阿共和国列入国家储量平衡表的矿床有沙尔湖矿床（C_1 级铂族金属平衡储量为 269 kg, C_2 级铂族金属平衡储量为 2 166 kg）、中巴德玛矿床（C_2 级铂族金属平衡储量 1 418 kg）及维克沙矿床。

4.3.2　铁矿、锰矿与钛矿

截至 2016 年，西北联邦区列入国家储量平衡表的铁矿床共计有 25 处，其中 $A+B+C_1$ 级储量总计 27.42×10^8 t，C_2 级储量总计为 10.58×10^8 t。西北联邦区铁矿 $A+B+C_1$ 级储量占俄罗斯的 4.7%，产量占俄罗斯的 19.4%。

西北联邦区目前已发现的大型铁矿床有 3 处，分别为克累利阿共和国的科斯塔姆克什（Костомукшское）铁矿床、摩尔曼斯克州的奥列涅戈尔（Оленегорское）铁矿床和科夫达尔（Ковдорское）铁矿床（Печенкин，2013）。

西北联邦区铁矿床按照铁矿石类型划分，可以分为磷灰石-磁铁矿型、铁质磷灰石型（科夫达尔矿床）、磁铁矿型、赤铁矿-磁铁石英岩型［奥列涅戈尔矿床、基罗沃格尔（Кировогорское）矿床、共青矿床、科斯塔姆克什矿床等］、石英-赤铁矿-磁铁矿型及磷灰石-霞石型矿石［尤克斯巴尔（Юкспорское）矿床、库吉斯乌木丘尔（Кукисвумчоррское）矿床、普拉托·拉斯乌木丘尔（Плато Расвумчорр）矿床、阿巴基托维茨尔克（Апатитовый Цирк）矿床、克阿史文（Коашвинское）矿床、尼奥尔克巴赫克（Ньоркпахкское）矿床和乌恰斯托克·伊奥里托维·奥特罗格（Участок Ийолитовый отрог）矿床］。

西北联邦区目前正在开采的铁矿床有 11 处。铁矿床的开采企业有奥尔康开放式股份公司、卡累利阿球粒开放式股份公司和科夫多尔采选联合企业。

西北联邦区摩尔曼斯克州的乌恰斯托克·伊奥里托维·奥特罗格矿床和卡累利阿共和国的南卡尔班戈（Южно-Карпангское）矿床的储量第一次列入国家铁矿储量平衡表，目前正在准备开发。

西北联邦区的南卡赫湖（Южно-Кахозерское）矿床的东部地段部分已勘探完毕。

西北联邦区未开发铁矿床有阿纳马里（Аномальное）矿床、南卡赫湖矿床的中部、别切古波（Печегубское）矿床、布多日格尔（Пудожгорское）矿床、东南格列米亚哈（Юго-Восточн Гремяха）矿床和梅日湖矿床。

此外，科米共和国巴尔诺克（Парнокское）锰铁矿床的铁矿储量也被统计到 2016 年铁矿储量平衡表中，该矿床的铁目前未利用。

截至 2016 年，西北联邦区国家储量平衡表中锰矿石的 $A+B+C_1$ 级储量为 156.5×10^4 t，C_2 级储量为 44.5×10^4 t，表外储量为 352.5×10^4 t。

西北联邦区科米共和国目前正在准备开发巴尔诺克锰铁矿床的富锰矿石，该矿床的锰储量占整个俄罗斯锰矿石储量的 1.1%。由于巴尔诺克锰铁矿床菱锰矿矿石的磷含量低，该矿床属于特别稀缺的低磷型。巴尔诺克锰铁矿床深部菱锰矿的资源量评价为 $2\,900 \times 10^4$ t。矿石中锰的品位高达 31.29%。在 2015 年，该矿床没有进行工业开采。车里雅宾斯克电冶炼厂开放式股份公司的选冶工艺试验结果表明，矿石需要经过初步富集之后才能被冶炼。

此外，在西北联邦区阿尔罕格尔斯克州南岛群岛的罗佳切夫-塔伊宁（Рогачевско-Тайнинское）锰矿区，发现有菱锰矿和氧化锰矿石。

截至 2016 年，在芬兰湾地区有 4 处铁锰结核矿床列入国家储量平衡表，分别为卡巴尔（Копорское）铁锰结核矿床、库尔家里（Кургальское）铁锰结核矿床、维和列夫（Вихрев）铁锰结核矿床和隆多（Рондо）铁锰结核矿床。这 4 处铁锰结核矿床 C_1 级总储量为 $7.9×10^4$ t，C_2 级总储量为 $215.2×10^4$ t。芬兰湾的铁锰结核矿床是一种新型的锰矿原料，它的形成与浅海盆地的形成相关。

2016 年，经俄罗斯专家预测，西北联邦区菱锰矿的 P_2 级预测资源量为 $2.6×10^8$ t，MnO_2 矿石的 P_2 级预测资源量评价为 $500×10^4$ t。

截至 2016 年，西北联邦区列入国家储量平衡表中的钛（含钛）矿床共计 11 处，分别为罗沃杰尔（Ловозерское）矿床、尤克斯巴尔矿床、库吉斯乌木丘尔矿床、东南格列米亚哈矿床、普拉托·拉斯乌木丘尔矿床、巴尔托姆乔尔（Партомчоррское）矿床、亚列格矿床、阿巴基托维茨尔克矿床、克阿史文矿床、尼由奥尔科巴赫（Ньюоркпахское）矿床、乌恰斯托克·伊奥里托维·奥特罗格矿床。乌恰斯托克·伊奥里托维·奥特罗格矿床是首次列入国家储量平衡表。

西北联邦区储量最大的钛（含钛）矿床是亚列格矿床，储量十分巨大，它主要分布在乌赫塔工业区（松江，2008）。亚列格矿床属于在中泥盆统的含油砂岩里周期性蕴藏的古砂矿。目前一共发现三层钛含矿层，平衡表的全部储量都集中在下部砂岩层，厚 4～32 m，平均厚 14 m，平均 TiO_2 质量分数为 11.21%。

西北联邦区 TiO_2 的 A＋B＋C_1 级储量为 $14\,769.8×10^4$ t，C_2 级储量为 $26\,324.7×10^4$ t，表外储量为 $3\,708.6×10^4$ t。

2015 年西北联邦区共计开采 TiO_2 为 $34.8×10^4$ t。西北联邦区目前正在开采的钛（含钛）矿床为罗沃杰尔矿床，罗沃杰尔采选联合工厂有限责任公司加工罗沃杰尔矿床的矿石并从钛精矿中提炼钛。

4.3.3 钒矿与铬矿

截至 2015 年，在西北联邦区的西北部共发现 7 处钒（含钒）矿床，西北联邦区钒 A＋B＋C_1 级储量为 $76.66×10^4$ t，占俄罗斯钒储量的 5.2%，C_2 级钒储量为 $16.77×10^4$ t。钒主要赋存在钛磁铁矿矿床、铀-钒矿床和铝土矿矿床中。

西北联邦区的含钒钛磁铁矿矿床有摩尔曼斯克州的布多格日（Пудогожское）矿床和东南格列米亚哈矿床，均属于未配置的矿床，矿石中 V_2O_5 的平均品位为 0.19%。

西北联邦区的铀-钒矿床有卡累利阿共和国的中巴德玛矿，该矿床也属于未配置的矿床，属于钠长石-碳酸盐-云母交代型矿床，矿石中 V_2O_5 的平均品位为 2.78%。

西北联邦区的含钒铝土矿床有阿尔汉格尔斯克州的伊可辛（Иксинское）矿床（C_1 级钒储量为 $16.6×10^4$ t）及科米共和国的瓦雷克维（Ворыквинской группы）矿群（A＋B＋C_1 级储量为 $7.38×10^4$ t，C_2 级为 $2\,700$ t）。钒在氧化铝矿物中作为同构异象存在。季马娜铝土矿开放式股份公司开采该矿床的铝土矿，但并没有回收钒。

截至 2016 年，西北联邦区国家储量平衡表列入 3 处铬铁矿床，其中 1 处位于摩尔曼斯克州，2 处位于卡累利阿共和国（Ershova et al.，2016）。A＋B＋C_1 级铬铁矿平衡储量为 1 291.9×10^4 t，C_2 级铬铁矿平衡储量为 2 478.3×10^4 t，西北联邦区铬铁矿的储量占俄罗斯的 73.2%。

摩尔曼斯克州的萨普日湖（Сопчеозерское）铬铁矿床，B＋C_1 级平衡储量为 480.8×10^4 t，C_2 级储量为 470.6×10^4 t。北方铬矿企业有限责任公司拥有该矿床资源的使用权。2015 年该矿床没有开采。企业目前正在编写矿床东南翼的普查与评价工作总结报告。

卡累利阿共和国的 2 处铬铁矿床分别为阿甘湖（Аганозерское）铬铁矿床和沙尔湖铬铁矿床，B＋C_1 级总平衡储量为 811.1×10^4 t，C_2 级储量为 2 007.7×10^4 t。卡累利阿金属开放式股份公司拥有阿甘湖铬铁矿床资源的使用权，但 2015 年该矿床没开采。沙尔湖铬铁矿床的储量目前未配置并没有进行开发。

此外，阿尔汉格尔斯克州的伊可辛铝土矿床含铬铁矿石，铬铁矿作为伴生组分，C1 级铬铁矿储量为 87.9×10^4 t。

4.3.4　铜矿、镍矿与钴矿

截至 2016 年，西北联邦区共计有 22 处原生铜矿床列入国家储量平衡表，其中 3 处矿床只有表外储量。矿床主要分布在摩尔曼斯克州和卡累利阿共和国。但是几乎所有的铜储量都集中在摩尔曼斯克州，卡累利阿共和国铜储量仅占西北联邦区 A＋B＋C_1 级储量的 3.2%、C_2 级储量的 16%、表外储量的 5.1%。西北联邦区原生铜矿床的 A＋B＋C_1 级储量为 137.7×10^4 t，C_2 级储量为 83.49×10^4 t，表外储量为 60.88×10^4 t。2015 年在摩尔曼斯克州开采铜 1.84×10^4 t。

根据矿石的矿物成分，西北联邦区的原生铜矿床可以分为铜镍硫化物型铜矿床、含铜矿床（低硫化物-铂金属型、铜-金型和铀-钒型）两大类，在含铜矿床中铜作为伴生组分存在。

西北联邦区大部分的铜平衡储量来自铜-镍硫化物矿床，西北联邦区铜-镍硫化物矿床中最大的是日大诺夫矿床，该矿床的 A＋B＋C_1 级储量占西北联邦区 A＋B＋C_1 级储量的 52.2%，开采量占西北联邦区开采量的 67.9%。

西北联邦区低硫化物-铂金属型矿床中费德洛娃·盾德拉矿床是最大的，该矿床总储量占西北联邦区 A＋B＋C_1 级原生铜矿储量的 13.8%。

目前，西北联邦区共开发了 15 处原生铜矿床和 1 处含铜尾矿矿床。资源利用企业开发了日大诺夫、极地、卡特谢里瓦拉-卡米继维和谢米列特卡原生铜矿床，以及阿特瓦尔·阿拉列琴（Отвалы Аллареченское）含铜尾矿矿床。

西北联邦区目前正在准备开发的原生铜矿床有卫星、激流、苔原、威尔和阿拉列琴和东方。

西北联邦区正在勘探的原生铜矿床有拉夫湖（Ловнозерское）、费德洛娃·盾德拉、北卡梅尼克、基耶维、老巴什-1 号。

西北联邦区未配置的原生铜矿床有索普全维奇（Сопчуайвенч）、纽段维奇

（Нюдуайвенч）、乌鲁全维奇、索吴凯尔（Соукер）、沙尔湖、维克沙、中巴德玛矿床，以及正在开发的日大诺夫矿床的部分储量。

截至 2016 年，西北联邦区共计有 20 处原生镍矿床列入国家储量平衡表，其中 3 处只有表外储量。西北联邦区镍的大部分储量和开采量都集中在摩尔曼斯克州。西北联邦区原生镍的 A＋B＋C_1 级储量为 257.71×10^4 t，C_2 级储量为 123.56×10^4 t，表外储量为 125.25×10^4 t。2015 年在摩尔曼斯克州开采镍 4.68×10^4 t。

西北联邦区大部分的镍储量都来自铜镍硫化物矿床，其中最大的铜镍硫化物矿床为日大诺夫矿床，该矿床镍的储量占西北联邦区原生镍 A＋B＋C_1 级总储量的 60.8%，开采量占西北联邦区总开采量的 71.1%。

截至 2016 年，西北联邦区共计有 14 处原生钴矿床列入国家储量平衡表，其中 2 处只有表外储量。西北联邦区钴矿床的 A＋B＋C_1 级钴储量为 83 798 t，C_2 级储量为 43 735 t，表外储量为 56 704 t。西北联邦区 2015 年开采钴 1 596 t。

西北联邦区的 14 处钴矿床根据矿石矿物特征划分均属于含钴型矿床(主要为铜镍硫化物型矿床和低硫化物-铂金属型矿床)，钴作为上述矿床的伴生组分存在。

4.3.5 锡矿与钼矿

截至 2016 年，西北联邦区的卡累利阿共和国共计有 2 处钼（含钼）矿床：老巴什网脉状钼矿床和中巴德玛铀-钒型矿床。西北联邦区钼 C_1 级平衡储量为 5.7×10^4 t，C_2 级平衡储量为 7.14×10^4 t，分别占俄罗斯储量的 4.04% 和 9.83%。

老巴什矿床的钼矿石品质中等，钼平均品位为 0.069%。老巴什矿床的 A＋B＋C_1 级钼储量为 5.64×10^4 t，C_2 级钼储量为 7.12×10^4 t。卡累利阿钼业有限责任公司曾是该矿床的所有者。但该矿床未进行开采。

中巴德玛矿床目前未配置，矿床钼的平均品位为 0.041%，储量不大。

截至 2016 年，西北联邦区卡累利阿共和国有 1 处锡矿床（吉杰里锡矿床）列入了国家储量平衡表，吉杰里锡矿床 C_1 级锡矿石储量为 106.4×10^4 t，锡金属量为 5 930 t，C_2 级锡矿石储量为 13×10^4 t，锡金属量 456 t，表外锡矿石储量 61×10^4 t，锡金属为 1 322 t。

吉杰里锡矿床目前未配置。该矿床的储量核实于 1984 年，且至今未改变。

吉杰里锡矿床属于夕卡岩型矿床，是目前在乌克辛—比特季亚兰—吉杰里锡矿带北部滨拉多日地区发现的锡矿化群中唯一勘探的矿床。该地区共有 4 处不大的锡矿化。矿化的类型分别属于夕卡岩型和夕卡岩-云英岩型，最有前景的是比特季亚兰（Питкяранта）矿化和乌克辛（Уксинское）矿化。吉杰里锡矿床的矿体分布十分不均匀，矿体的厚度变化也十分剧烈。

4.3.6 铅矿与锌矿

截至 2016 年，西北联邦区卡累利阿共和国和阿尔汉格尔斯克州有 2 处铅锌矿床列入国家储量平衡表，A+B+C$_1$ 级锌储量为 6×10^4 t，C$_2$ 级锌储量为 191.29$\times10^4$ t，表外储量为 3 700 t。

卡累利阿共和国的吉杰里（Кительское）矿床目前未配置，该矿床 C$_1$ 级锌平衡储量为 2 500 t，C$_2$ 级锌平衡储量为 3 200 t，表外储量为 3 700 t。吉杰里矿床目前作为梁赞有色金属工厂的后备资源正在详勘。

阿尔汉格尔斯克州的巴甫洛夫（Павловское）铅锌矿床目前已配置，该矿床 C$_1$ 级锌平衡储量为 5.75×10^4 t。C$_2$ 级锌平衡储量为 190.97$\times10^4$ t。矿床位于南新地群岛的西北部，距离巴伦支海岸（无名岸）16～18 km，可以划分为 3 个矿化区：东部、西部和中部。矿床由第一矿业封闭式股份公司勘探。2015 年第一矿业封闭式股份公司完成了名为"新地群岛无名河流域无名矿结巴甫洛夫铅锌矿床地质勘探"的勘探工作。完成了选矿工艺实验，以及露天开采条件下的常驻勘探可行性研究。

4.3.7　稀有金属矿

西北联邦区摩尔曼斯克州是目前俄罗斯唯一开采稀有金属矿产的州（Saveleva，2011；Бахур и др.，2014）。在摩尔曼斯克州集中了俄罗斯稀有金属矿产储量的 72.1% 和开采量的 100%（Smirnova，2012）。截至 2016 年，摩尔曼斯克州共有 11 处稀有金属矿床的储量列入国家储量平衡表，其中 A+B+C$_1$ 级储量为 1 249.19$\times10^4$ t，C$_2$ 级储量为 646.74$\times10^4$ t，表外储量为 564.57$\times10^4$ t。列入储量平衡表的所有稀有金属矿床的稀有金属都是作为伴生组分存在。

西北联邦区摩尔曼斯克州正在开发稀有金属矿床有 7 处，储量占俄罗斯的 46.3%。

西北联邦区正在准备开发的稀有金属矿床有 3 处，这 3 处矿床的储量占俄罗斯储量的 8.8%，其中 2 处位于摩尔曼斯克州，为巴尔托姆乔尔矿床、乌恰斯托克·伊奥里托维·奥特罗格矿床，1 处在科米共和国，为亚列格矿床，矿体位于含油饱和砂岩的底部砂层中。

西北联邦区未配置的稀有金属矿床包括摩尔曼斯克州拉夫湖矿床的部分储量和科米共和国亚列格矿床的部分储量，储量占俄罗斯储量的 15.5%。

2016 年，科米共和国有 1 处未开采的稀有金属矿床列入国家储量平衡表，为亚列格油-钛矿床，含有 C$_1$ 级稀有金属储量为 21.94$\times10^4$ t，C$_2$ 级稀有金属储量为 81.17$\times10^4$ t。稀有金属矿化和含钛砂矿关系密切，赋存在含油砂岩层中，稀有金属矿化可以分为三个部分，每个部分都包含一个含钛砂矿。据此划分为上部、中部和底部砂矿。稀有金属的储量只是计算下部砂矿的富矿石的储量。

4.3.8　锶矿

俄罗斯 12 处锶（含锶）矿床的 10 处位于西北联邦区的摩尔曼斯克州。西北联邦区 10 处锶矿床 Cs$_2$O 的 A+B+C$_1$ 级平衡储量为 3 510$\times10^4$ t，占俄罗斯储量的 99.8%，C$_2$

级储量为 502×10^4 t。锶的储量作为伴生组分来自铈铌钙钛矿矿石和磷灰石-霞石矿石中。在 2015 年，西北联邦区 Cs_2O 的总开采量为 30.74×10^4 t。

拉夫湖采选联合工厂有限责任公司正在开采拉夫湖铈铌钙钛矿矿床的卡尔纳苏尔特段和凯德克维尔巴赫克段，主要采用地下开采的方式。2015 年共开采了 15.9×10^4 t 矿石和 200 t Cs_2O。此外从拉夫湖矿床中的富选铈铌钙钛矿矿石中提炼铈铌钙钛矿精矿，在铈铌钙钛矿精矿中并未提炼锶。

黑滨（Хибинской группы）磷灰石-霞石矿群的 6 处矿床由磷灰石股份公司开发。通过露天开采和地下开采两种方式开发。2015 年，磷灰石股份公司开采 $2\,429.2 \times 10^4$ t 矿石，含 Cs_2O 24.71×10^4 t。

所有开采的黑滨磷灰石-霞石矿群中的矿石都被送到磷灰石股份公司的富选工厂中生产磷灰石精矿和霞石精矿。2015 年磷灰石股份公司获得了乌恰斯托克·伊奥里托维·奥特罗格矿床的磷灰石-霞石矿石的地质研究、勘探和开采权。

西北磷业有限公司正在开发奥列宁河（Олений Ручей）矿床和准备开发巴尔托姆乔尔矿床。在 2015 年采用露天的方式开采奥列宁河矿床 426.3×10^4 t 矿石，含 6.01×10^4 t Cs_2O。

巴尔托姆乔尔矿床按照许可证协议的条款，计划不晚于 2022 年初要进入矿业开采阶段，按照矿床开发技术方案确定的产能进行生产。

4.3.9　微量元素矿产

截至 2016 年，在西北联邦区集中了俄罗斯镓探明储量的 89.9%，Rb_2O 探明储量的 57.4%，以及 Cs_2O 探明储量的 3.7%。在西北联邦区开采了俄罗斯 97.2% 的镓，98.4% 的 Rb_2O，74% 的 Cs_2O，50% 的硒和碲。

西北联邦区有 13 处磷灰石-霞石矿床和铝土矿矿床中含有镓，镓的 $A+B+C_1$ 级储量为 $9\,303.6 \times 10^4$ t，C_2 级为 $1\,020.8 \times 10^4$ t。磷灰石股份公司开发了黑滨矿群的含磷灰石-霞石矿石的 6 处矿床。在比卡列夫氧化铝精炼厂从加工过的霞石精矿和商品中回收镓。2014 年共获得了 552.6 t 的镓。未配置的伊可辛铝土矿矿床中含镓的 $A+B+C_1$ 级储量为 8 500 t，拉登矿床中的镓表外储量为 16 200 t。

西北联邦区黑滨矿群中 9 处磷灰石-霞石矿床中含 $A+B+C_1$ 级 Rb_2O 的储量为 27.88×10^4 t，C_2 级储量为 4.28×10^4 t；Cs_2O 的 $A+B+C_1$ 级储量为 2 700 t，C_2 级储量为 2 600 t。在矿石中 Rb_2O 的平均品位为 92.1 g/t，Cs_2O 的平均品位为 0.9 g/t。2014 年磷灰石股份公司开采了 2 166.8 t Rb_2O 和 20.5 t 的 Cs_2O。在未配置的苔原乌鸦（Вороньетундровское）矿床的 C_2 级储量中含 Rb_2O 2 700 t，Cs_2O 2 300 t。

在西北联邦区的别琴格（Печенгской группы）矿群的铜镍硫化物矿床中含有硒和碲，统计 $A+B+C_1$ 级硒储量为 38.5 t，C_2 级硒储量为 2.6 t；$A+B+C_1$ 级碲储量为 11.7、C_2 级碲储量为 321.7 t。矿石中硒的平均品位为 9.9 g/t，碲的平均品位为 3.03 g/t。科拉采冶联合企业开放式股份公司开发日大诺夫、极地、卡特谢里瓦拉-卡米继维、谢米列特卡矿床，2015 年共获得硒金属 40.3 t 和碲金属 5.7 t。

科米共和国的巴尔诺克锰铁矿床中含有锗，统计锗的表外储量为 73 t。在锰矿石中锗的平均品位为 13.36 g/t。车里雅宾斯克电冶炼厂开放式股份公司正准备开发该矿床。

4.4　西北联邦区非金属矿产资源

西北联邦区的非金属矿产中黑滨矿床群中集中了大约俄罗斯磷灰石储量的 80%。宝石类矿产中，科米共和国的哈萨瓦尔卡（Хасаварка）矿床集中了俄罗斯紫晶储量的 55.7%，阿尔汉格尔斯克州的罗蒙诺索夫金刚石矿床的产量占俄罗斯金刚石产量的 14%。

4.4.1　铝土矿与高岭土矿

在西北联邦区的阿尔汉格尔斯克州和科米共和国集中了西北联邦区 58.8% 的铝土矿开采量及西北联邦区 31.6% 的 A＋B＋C_1 级铝土矿平衡储量。截至 2016 年，西北联邦区列入国家储量平衡表的铝土矿共计有 11 处，A＋B＋C_1 级铝土矿的平衡储量为 58 217.7×10^4 t，C_2 级铝土矿储量为 3 845.3×10^4 t，表外铝土矿储量为 35 329.8×10^4 t。2015 年西北联邦区开采铝土矿 332.9×10^4 t。

截至 2016 年，阿尔汉格尔斯克州列入国家储量平衡表的铝土矿床有伊可辛矿床和杰尼斯拉夫（Дениславское）矿床、普列谢茨克（Плесецкое）矿床。A＋B＋C_1 级铝土矿的平衡储量为 25 385.4×10^4 t，表外铝土矿储量为 34 269.6×10^4 t。

伊可辛矿床属于高岭石-三水铝石-勃姆石型，该矿床中除了氧化铝列入储量表外，还有铬、钒和镓元素的储量也列入了储量表。目前，北奥涅加铝土矿山开放式股份公司正在露天开发伊可辛矿床白水储层的西部地段，在 2015 年开采铝土精矿 44.3×10^4 t。北奥涅加铝土矿山开放式股份公司年设计生产能力为 54.15×10^4 t。按照设计的生产能力及伊可辛矿床白水储层的西部地段的 B＋C_1 级储量保障程度为 22 年。

杰尼斯拉夫矿床与普列谢茨克矿床的储量未配置，目前未被开发。

截至 2016 年，科米共和国列入国家储量平衡表的铝土矿床包括中基曼矿区和南基曼矿区的 6 处矿床。B＋C_1＋C_2 级铝土矿平衡储量为 36 568.7×10^4 t，其中 B＋C_1 级为 32 723.4×10^4 t，表外储量为 1 031.2×10^4 t。

中基曼铝土矿矿区的铝土矿是红色赤铁矿-勃姆石型、杂色赤铁矿-鲕绿泥石-勃姆石型，属于中-上泥盆统风化壳。而南基曼铝土矿是高岭石-勃姆石型、高岭石-三水铝石型、高岭石-勃姆石-三水铝石型，属于下石炭统红色和灰色风化壳。

在中基曼铝土矿区已配置的铝土矿矿床有瓦让尤-瓦雷克维（Вежаю-Ворыквинское）矿床、上修格尔（Верхне-Щугорское）矿床、东方（Востокое）矿床。还有 1 处未配置的铝土矿矿床斯威特林（Светлинское）矿床。

截至 2016 年，列宁格勒州有 2 处未配置的铝土矿矿床，其一为小山（Малогорское）矿床，C1 级铝土矿储量为 108.9×10^4 t，其二为拉登（Радынское）矿床，表外储量为 29×10^4 t。

截至 2016 年，西北联邦区的高岭土矿床共有 11 处，A＋B＋C_1 级高岭土储量为 11 697.9×10^4 t，C_2 级高岭土储量为 2 914.7×10^4 t。其中 2 处矿床已开发，分别为马里诺维茨克（Малиновецкое）矿床和奥克拉德涅夫（Окладневское）矿床。这两处矿床的 A＋B＋C_1 级高岭土储量为 2 316.3×10^4 t，C_2 级高岭土储量为 2.2×10^4 t。博罗维奇耐火材料厂有限公司开发马里诺维茨克矿床和奥克拉德涅夫矿床。2016 年博罗维奇耐火材料厂有限公司更名为图干钛铁矿采选联合工厂有限公司。西北联邦区 2015 年总共开采 19.6×10^4 t 高岭土。

西北联邦区未配置的高岭土矿床有 9 处，A＋B＋C_1 级平衡储量为 9 381.6×10^4 t，C_2 级为 2 912.5×10^4 t，表外储量为 68.6×10^4 t。

4.4.2　磷灰石与磷矿

俄罗斯磷灰石矿主要的储量都集中在摩尔曼斯克州，包括黑滨矿群的磷灰石-霞石矿（占储量的 37.1%）矿床和卡夫达尔矿群的磷灰石-磁铁矿矿床。

截至 2016 年，西北联邦区列入国家储量平衡表的磷灰石矿共计 9 处，分别为奥列宁河矿床、库吉斯乌木丘尔矿床、尤克斯巴尔矿床、阿巴基托维茨尔克矿床、普拉托·拉斯乌木丘尔矿床、克阿史文矿床、黑滨矿群的尼奥尔克巴赫克矿床、卡夫达尔斜锆石-磷灰石-磁铁矿矿床，以及 1 处尾矿型矿床。2015 年共开采磷灰石矿石 4 840.5×10^4 t，含 P_2O_5 537.4×10^4 t。此外，在尾矿型矿床中开采 14.3×10^4 t 磷灰石矿石，含 P_2O_5 1.3×10^4 t。

黑滨矿群的 6 处磷灰石-霞石矿床由磷灰石有限公司开发，包括基洛夫矿山、拉斯乌木丘尔矿山和东方矿山。开采方式有露天开采和地下开采。2015 年黑滨矿群开采的磷灰石矿石总量为 2 721.3×10^4 t。其中，基洛夫矿山开采库吉斯乌木丘尔矿床和尤克斯巴尔矿床。拉斯乌木丘尔矿山通过地下开采的方式开发阿巴基托维茨尔克矿床和普拉托·拉斯乌木丘尔矿床的地下部分。东方矿山通过露天开采的方式开采克阿史文矿床和尼奥尔克巴赫克矿床。

磷灰石有限公司矿山开采的矿石被送到富选工厂加工成精矿，部分被储存。2015 年磷灰石有限公司开采 2 429.2×10^4 t 磷灰石-霞石矿石，含 P_2O_5 326.7×10^4 t。

磷灰石有限公司的精矿被送往俄罗斯的许多企业进行加工及出口。2015 年磷灰石有限公司共生产了 785.33×10^4 t 磷灰石精矿。

此外磷灰石有限公司拥有乌恰斯托克·伊奥里托维·奥特罗格矿床的地质研究、勘探和磷灰石-霞石矿的开采权。乌恰斯托克·伊奥里托维·奥特罗格矿床的磷灰石-霞石储量是第一次列入国家储量平衡表。截至 2016 年，该矿床核实的适于露天开采的磷灰石-霞石矿 B＋C_1 级储量为 175.4×10^4 t，含 P_2O_5 24.8×10^4 t。

卡夫达尔采选联合工厂有限公司拥有开发卡夫达尔斜锆石-磷灰石-磁铁矿矿床的许可证，以及开发卡夫达尔尾矿型矿床的许可证。

2015 年，卡夫达尔采选联合工厂有限公司共开采 1 848.7×10^4 t 矿石，含 P_2O_5 134.8×10^4 t。卡夫达尔采选联合工厂有限公司的选矿厂加工磷灰石矿石和磁铁矿矿石，并生产三种产品：磁铁矿精矿、磷灰石精矿和斜锆石粉末。

西北磷业有限公司拥有奥列宁河矿床和巴尔托姆乔尔矿床的许可证。根据许可证的协议条款，巴尔托姆乔尔矿床应不晚于 2022 年 4 月进入开采阶段，达到设计产能应不晚于 2023 年 4 月。

截至 2016 年，列宁格勒州金吉谢普（Кингисеппское）磷矿床的 $A+B+C_1$ 磷矿石储量为 $21\,585.8\times10^4$ t（P_2O_5 $1\,430.9\times10^4$ t），C_2 级磷矿石储量为 $2\,774.9\times10^4$ t（P_2O_5 208.4×10^4 t）。该矿床从 2006 年开始至今未开采。

在西北联邦区的科米共和国还有 1 处磷矿床。目前其储量未配置。已核实的磷富矿储量为：$B+C_1$ 级 4.2×10^4 t，C_2 级 3.9×10^4 t；其中含 P_2O_5 $B+C_1$ 级 $8\,000$，C_2 级 $8\,000$ t。

4.4.3 霞石矿

在摩尔曼斯克州，磷灰石-霞石矿主要分布在黑滨碱性岩地块上，其霞石储量占俄罗斯霞石储量的 80.7%。截至 2016 年，共计有 12 处霞石矿床。霞石的 $A+B+C_1$ 级储量为 33.79×10^8 t，C_2 级储量为 4.46×10^8 t，表外储量为 7×10^8 t。

在摩尔曼斯克州目前开发 7 处磷灰石-霞石矿床的霞石矿，储量为 22.73×10^8 t，占俄罗斯的 54.3%。2015 年开采霞石矿石 $2\,855.5\times10^4$ t，占俄罗斯开采量的 90.9%。

摩尔曼斯克州霞石矿开采和加工的企业主要有磷灰石有限公司和西北磷业有限公司。

目前正在准备开发的磷灰石-霞石矿床有 2 处，分别为巴尔托姆乔尔矿床和乌恰斯托克·伊奥里托维·奥特罗格矿床，这 2 处矿床的 $A+B+C_1$ 级霞石平衡储量为 7.5×10^8 t，C_2 级霞石平衡储量为 1.29×10^8 t，表外储量为 2.39×10^8 t。

目前未开发的霞石矿床有 3 处，其中 2 处矿床为磷灰石-霞石矿床，1 处为磷灰石-铈铌钙钛矿矿床（只有表外储量 $3\,906\times10^4$ t）。这 3 处矿床的 $A+B+C_1$ 级霞石平衡储量为 3.56×10^8 t，C_2 级霞石平衡储量为 $1\,205\times10^4$ t，表外储量为 $8\,290\times10^4$ t。

4.4.4 钾盐与镁盐

截至 2016 年，西北联邦区有 2 处钾盐和镁盐矿床列入国家储量平衡表，分别为科米共和国的牙克什（Якшинск）钾盐-镁盐矿床和加里宁格勒州的尼维斯克（Нивенск）钾盐-镁盐矿床。其中 C_1 级原盐储量为 3.755×10^8 t（含 MgO $3\,442.6\times10^4$ t），C_2 级原盐储量为 5.886×10^8 t（含 MgO $4\,964.5\times10^4$ t），表外原盐储量为 43.418×10^8 t（含 MgO 3.358×10^8 t）。

牙克什钾盐-镁盐矿床，光卤石原盐表外储量为 43.2×10^8 t（含 MgO $33\,390.8\times10^4$ t）。工业贸易服务有限责任公司拥有牙克什矿床的开发权。在 2015 年完成了矿床勘查项目。目前正在开展水文地质的工作。储量截至 2016 年一直没有发生变化。

尼维斯克钾盐-镁盐矿床未配置。2016 年尼维斯克矿床的尼维斯克 2 号矿段储量首次列入国家储量平衡表。该矿段 C_1 级核实储量为 1.05×10^8 t（含 MgO 942.3×10^4 t），C_2 级储量为 3.64×10^8 t（含 MgO $3\ 158.1 \times 10^4$ t）。尼维斯克矿床目前正在勘探。截至 2016 年，该矿床的硫酸盐-氯化盐的储量情况如下：C_1 级原盐储量 3.76×10^8 t（含 MgO $3\ 442.6 \times 10^4$ t），C_2 级原盐储量为 5.89×10^8 t（含 MgO $4\ 964.5 \times 10^4$ t），表外原盐储量为 $2\ 141.7 \times 10^4$ t（含 MgO 193.2×10^4 t）。

4.4.5 宝石矿

截至 2016 年，西北联邦区阿尔汉格尔斯克州的滨海金刚石含矿区（Ivanov，2016）共有 7 个金伯利岩筒列入国家储量平衡表，A＋B＋C_1 级平衡储量为 $25\ 994.1 \times 10^4$ C，C_2 级平衡储量为 $1\ 972.39 \times 10^4$ C，表外储量为 $1\ 881.53 \times 10^4$ C。

罗蒙诺索夫（им. Ломоносов）矿床包含 6 个金伯利岩筒，属于北方金刚石公司，位于阿尔汉格尔斯克州行政中心阿尔汉格尔斯克市西北 90 km 处。2015 年在矿床南部的阿尔汉格尔斯克（Архангельская）岩筒和卡尔宾 1 号（им. Карпинская I）岩筒开展了矿山工作。同年，阿尔汉格尔斯克岩筒进入运营阶段，开采平衡储量矿石 209.6×10^4 t，含金刚石 100.58×10^4 C，开采表外储量 22.55×10^4 t 矿石，含金刚石 1.6×10^4 C。卡尔宾 1 号岩筒在运营中开采平衡储量矿石 207.3×10^4 t，含金刚石 114.91×10^4 C，表外矿石 267.3×10^4 t，含金刚石 17.64×10^4 C。

格里布（Гриба）岩筒位于阿尔汉格尔斯克州梅津区，在罗曼诺索夫矿床北东向 30 km 处，北北东向距离阿尔汉格尔斯克市 115 km。阿尔汉格尔斯克地质开采有限公司拥有该岩筒的开采权，在 2015 年矿床完成了矿山开采准备工作并开采了金刚石，共开采平衡储量矿石 490.7×10^4 t，含金刚石 293×10^4 C。

西北联邦区具有较大潜力的金刚石预测区有 3 处：僧浮屠格（Сывтугск）预测区，预测 P_3 级金刚石资源量为 $1\ 500 \times 10^4$ C；白湖（Белозерск）预测区，预测 P_3 级金刚石资源量为 $2\ 000 \times 10^4$ C；斯捏古洛奇卡（Снегурочка）预测区，预测 P_1 级金刚石资源量为 670×10^4 C。

西北联邦区摩尔曼斯克州有 3 处碧玉矿床，A＋B＋C_1＋C_2 级平衡储量为 $1\ 200$ t。摩尔曼斯克州还有 1 处普拉斯科格尔（Плоскогорск）天河石矿床，C_1＋C_2 级平衡储量为 $4\ 700$ t。西北联邦区涅涅茨自治区有 3 处玛瑙矿床，C_1 级平衡储量为 105.6 t，C_2 级储量为 152。西北联邦区科米共和国有 1 处紫水晶矿床，为哈萨瓦尔卡（Хасаварка）矿床，C_1 级储量为 22.7 t，C_2 级储量为 3.2。西北联邦区加里宁格勒州有 3 处琥珀矿床，A＋B＋C_1＋C_2 级储量为 16.56×10^4 t。

第5章

南部联邦区
矿产资源

南部联邦区位于俄罗斯的西南部，农业和轻工业发达，公路、铁路和水运均较发达。南部联邦区是俄罗斯重要的能源基地，其中以天然气和煤炭最为重要。南部联邦区的天然气初始资源总量超过 10^{13} m^3，以阿斯特拉罕超大型气田最为著名。南部联邦区的顿涅茨克含煤盆地是世界知名的煤炭基地，该盆地集中了俄罗斯无烟煤储量的 80% 以上和俄罗斯无烟煤产量的 50% 以上。南部联邦区金属矿产资源不发育，非金属矿产资源中，具有优势地位的是钾盐和镁盐。南部联邦区的钾盐（K_2O）储量超过 9×10^8 t，镁盐（MgO）储量超过 $8\,000\times10^4$ t，且分布高度集中，主要集中在少数几个矿床中，目前正在准备大规模开发。总体上看，南部联邦区的优势矿产资源以能源为主，非金属矿产资源为辅，尤其是天然气、煤炭和镁盐、钾盐，这几种资源还具有非常大的资源远景。

5.1 南部联邦区基本概况

南部联邦区位于俄罗斯最西南部,介于乌克兰和哈萨克斯坦之间,包括阿迪格共和国、阿斯特拉罕州、伏尔加格勒州、卡尔梅克共和国、克拉斯诺达尔边疆区、罗斯托夫州六个联邦主体(图 5.1,表 5.1),行政中心城市为罗斯托夫市,罗斯托夫市人口111.98 万人。南部联邦区现有领域面积 $42.09 \times 10^4 \, \text{km}^2$,人口 1 404.46 万人。

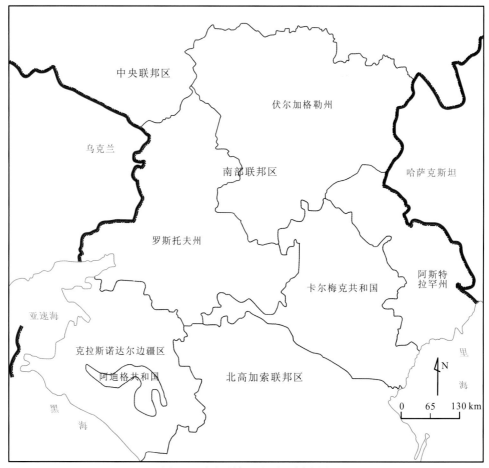

图 5.1　南部联邦区行政区划略图

表 5.1　南部联邦区主体构成

联邦主体	行政中心	面积/$10^4 \, \text{km}^2$	人口/万人
阿迪格共和国	迈科普	0.78	45.15
卡尔梅克共和国	埃利斯塔	7.47	27.88

续表

联邦主体	行政中心	面积/10^4 km^2	人口/万人
克拉斯诺达尔边疆区	克拉斯诺达尔	7.55	551.38
阿斯特拉罕州	阿斯特拉罕	4.9	101.86
伏尔加格勒州	伏尔加格勒	11.29	254.59
罗斯托夫州	罗斯托夫	10.10	423.6

资料来源:俄罗斯联邦国家统计局.俄罗斯区域社会经济指标(2016).(2017-02)[2017-04-29]. www. gks. ru/wps/wcm/ connect/rosstat_main/rosstat/ru/statistics/pubicacion/catalog/cfoc_1138623506156.

南部联邦区具有经济意义的部门有农业、旅游-休闲业、交通运输业和贸易,轻工业发展显著,冶金和机械制造业个别制品也具有较大竞争力。

南部联邦区的农业高度发达,占俄罗斯农业产值的 15.9%,其中,克拉斯诺达尔边疆区的农业占南部联邦区农业产值的 44.57%。采掘业产值不高,占俄罗斯采掘业产值的 2.03%,其中,阿斯特拉罕州的采掘业占南部联邦区采掘业产值的 55.04%(表 5.2、表 5.3)。南部联邦区的燃料-能源与矿物原料资源包括天然气(占俄罗斯的 5.8%)、煤炭(占俄罗斯的 3.4%)、石油和凝析气(占俄罗斯的 0.24%)、气态硫(占俄罗斯的 90%)、玻璃原料(占俄罗斯的 7%)、食用盐(占俄罗斯的 15%)、建筑材料等。里海、黑海和亚速海是多种水生生物资源的栖息地。

表 5.2　南部联邦区主要经济结构构成　　　　(单位:亿美元)

联邦主体	地区生产总值	采掘业	制造业	水电气的生产	农业	建筑业	零售业	固定资产投资
阿迪格共和国	11.63	0.29	6.09	0.37	3.06	0.04	10.93	2.32
卡尔梅克共和国	6.87	0.19	0.12	0.41	3.15	0.02	2.67	2.40
克拉斯诺达尔边疆区	267.47	4.07	117.08	16.08	54.59	0.69	173.22	86.55
阿斯特拉罕州	43.13	18.66	8.76	3.80	5.80	0.09	26.01	16.65
伏尔加格勒州	106.72	7.28	91.91	9.37	19.40	0.14	51.78	28.86
罗斯托夫州	149.29	3.41	90.53	17.85	36.47	0.36	123.12	43.44

资料来源:俄罗斯联邦国家统计局.俄罗斯区域社会经济指标(2016).(2017-02)[2017-04-29]. www. gks. ru/wps/wcm/ connect/rosstat_main/rosstat/ru/statistics/pubicacion/catalog/cfoc_1138623506156.

表 5.3　南部联邦区主要社会经济指标占俄罗斯的比重　　　(单位:%)

行政单位名称	面积	人口	劳动人口	国民生产总值	采掘业	制造业	水电气的生产
俄罗斯联邦	100	100	100	100	100	100	100
南部联邦区	2.5	9.6	9.0	6.6	2.03	6.37	6.64

行政单位名称	农业	建筑业	零售业	固定资产投资	出口	进口
俄罗斯联邦	100	100	100	100	100	100
南部联邦区	15.9	8.4	9.4	8.3	4.0	4.1

资料来源:俄罗斯联邦国家统计局.俄罗斯区域社会经济指标(2016).(2017-02)[2017-04-29]. www. gks. ru/wps/wcm/ connect/rosstat_main/rosstat/ru/statistics/pubicacion/catalog/cfoc_1138623506156.

在俄罗斯各联邦主体中，南部联邦区的人均固定资产投资额为俄罗斯联邦的平均值的 2 倍，而人均采掘业产值不及俄罗斯联邦的平均值的一半，但阿斯特拉罕州的人均采掘业产值较高，是俄罗斯联邦的平均值的 3.77 倍（表 5.4）。

表 5.4　南部联邦区人均经济指标　　　　　　　　（单位：美元）

行政单位名称	月平均工资	人均制造业产值	人均采掘业产值	人均固定资产投资额
阿迪格共和国	337	4 085	194	1 555
卡尔梅克共和国	212	112	173	2 157
克拉斯诺达尔边疆区	469	5 040	175	3 727
阿斯特拉罕州	360	2 016	4 293	3 830
伏尔加格勒州	324	7 527	596	2 363
罗斯托夫州	396	4 760	179	2 284
南部联邦区	403	5 121	552	2 934
俄罗斯联邦	448	5 000	1 138	1 478

资料来源：俄罗斯联邦国家统计局. 俄罗斯区域社会经济指标（2016）.（2017-02）[2017-04-29]. www. gks. ru/wps/wcm/ connect/rosstat_main/rosstat/ru/statistics/pubicacion/catalog/cfoc_1138623506156.

南部联邦区近年来天然气、石油、煤炭和镍的产量比较稳定，黑色金属产量增加幅度较大，2015 年产量比 2010 年增加了近 3.5 倍（表 5.5）。

表 5.5　南部联邦区主要矿产产品数量

矿产品种	单位	2010 年	2011 年	2012 年	2013 年	2014 年	2015 年
天然气	$10^6 \ m^3$	16 262	16 923	17 148	17 118	16 680	16 481
煤炭	$10^3 \ t$	4 725	5 281	5 634	4 736	5 869	5 198
石油	$10^3 \ t$	8 829	9 152	9 358	9 559	9 224	9 273
黑色金属	$10^3 \ t$	363	693	1 074	1 393	1 913	1 632
原铝产量	$10^3 \ t$	95.5	93.6	92.5	51.4	—	—
镍产量	$10^3 \ t$	100.2	102.4	98.2	100.9	97.0	118.3

资料来源：俄罗斯联邦国家统计局. 俄罗斯区域社会经济指标（2016）.（2017-02）[2017-04-29]. www. gks. ru/wps/wcm/ connect/rosstat_main/rosstat/ru/statistics/pubicacion/catalog/cfoc_1138623506156.

南部联邦区公路运输比较发达，普遍采用硬质路面（包括街道），总长度达 87 302 km，2015 年硬质路面公路通行里程密度是俄罗斯平均密度值的 3.4 倍（表 5.6）。南部联邦区通行的联邦公路有 A-260、M-4（顿河）、A-290、A-146、A-160、P-217 （高加索）、P-216、M-6（里海）、M-21（伏尔加格勒-乌克兰边界）、P-221（M6-埃利斯塔）、P-228（塞兹兰-萨拉托夫-伏尔加格勒）。

表 5.6　南部联邦区主要交通运输方式运量及密度

统计项目	统计范围	年份						
		2005	2010	2011	2012	2013	2014	2015
铁路货运周转量 /10^6 t	俄罗斯联邦	1 273.3	1 312	1 381.7	1 421.1	1 381.2	1 375.4	1 329
	南部联邦区	80.5	101.6	109.1	111.1	102.7	87.7	85.0
铁路通行里程密度 / （km/10^4 km²）	俄罗斯联邦	50	50	50	50	50	50	50
	南部联邦区	154	154	154	154	156	156	156
硬质路面公路通行里程密度/（km/10^3 km²）	俄罗斯联邦	31	39	43	54	58	60	61
	南部联邦区	75	132	144	187	204	207	210

资料来源：俄罗斯联邦国家统计局. 俄罗斯区域社会经济指标（2016）.（2017-02）[2017-04-29]. www. gks. ru/wps/wcm/ connect/rosstat_main/rosstat/ru/statistics/pubicacion/catalog/cfoc_1138623506156.

铁路运输在南部联邦区十分重要，2015 年铁路通行里程密度是俄罗斯平均密度值的 3 倍（表 5.6）。北高加索铁路是本区国内和国际、货运和客运的主要载体。南部联邦区连接着俄罗斯的中部、西部和南部区域，处理各类货物的接收与发送业务，南部联邦区运营的铁路里程长度为 6 548 km。

航空运输承担区域间和国际间货物与乘客的运输，南部联邦区的国际机场分布在顿河畔罗斯托夫、克拉斯诺达尔、索契、阿纳帕、伏尔加格勒和阿斯特拉罕等城市，机场有 30 家航空公司的 50 条定期航线提供服务。

水运在南部联邦区也非常重要，克拉斯诺达尔边疆区、罗斯托夫州和阿斯特拉罕州分布着 17 个海港和河港，运输船只允许在黑海、里海和亚速海通航，海港和河港能够服务 5 000 t 的海-河联运船，其航行区域可直达直布罗陀。克拉斯诺达尔边疆区港口的海运可运输俄罗斯超过 40%的货物。经博斯普鲁斯海峡可通往地中海各沿岸国家，经顿河和莱茵河通往多瑙河各沿岸国家。顿河和伏尔加河下游经顿河-伏尔加运河通航。本区为非洲、中东、近东各航运国家与欧洲各国的港口运输提供了便利条件。

5.2　南部联邦区能源矿产资源

南部联邦区是俄罗斯重要的油气产区，南部联邦区的初始资源总量约 14.5×10^8 t，其中超过 60%的石油储量分布在北高加索-曼格什拉克油气省。南部联邦区的天然气初始资源总量约 10.4×10^{12} m³，其中超过 90%的天然气和凝析液分布在里海油气省。南部联邦区的油气产量和储量在俄罗斯均占有重要的位置，油气输运管道及油气加工能力也十分发达。南部联邦区也是俄罗斯重要的煤炭产区，集中了俄罗斯无烟煤储量的 80%和产量的 50%（图 5.2）（Романав，2009）。

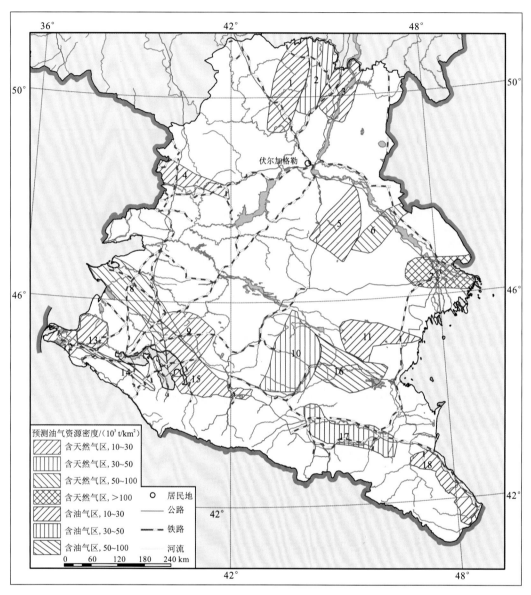

图 5.2　北高加索联邦区和南部联邦区油气资源预测图

1. 维尔霍夫；2. 日尔诺夫；3. 卡梅申；4. 北顿巴斯；5. 里海沿岸中心区；6. 卡拉库里斯克-斯穆什科夫；7. 阿斯特拉罕；
8. 卡涅夫斯克-别列赞；9. 西斯塔夫罗波尔；10. 东斯塔夫罗波尔；11. 东马内奇；12. 塔曼；13. 克拉斯诺达尔；14. 沙浦
苏格斯克-爱普萨罗斯克；15. 东库班；16. 普利库姆；17. 杰尔斯克-松让；18. 南达吉斯坦

5.2.1　油气

南部联邦区目前已发现的大部分油田位于北高加索-曼格什拉克油气省（阿迪格共和国、卡尔梅克共和国、克拉斯诺达尔边疆区）和伏尔加-乌拉尔油气省（伏尔加格勒州），其余油田位于第聂伯河-普利比亚特油气省（罗斯托夫州）和里海油气省（阿斯特拉罕州）。天然气和凝析液的平衡储量主要分布在里海油气省（阿斯特拉罕州、卡尔梅克共和国、伏尔加格勒州）。

北高加索-曼格什拉克油气省集中了南部联邦区超过 62%的石油探明储量和 5%的天然气储量。该油气省的石油具有低硫、蜡质和烃烷的特征，密度和蜡质变化大，在新生代地层中密度和蜡质增加。天然气和凝析气的成分比重为 CH_4 占 72%～99%，N_2 占 0%～5%，CO_2 达 6%，H_2S 占 0%～1.8%。按照北高加索-曼格什拉克油气省的可采储量计算，该油气省的油田均属小型。

伏尔加-乌拉尔油气省是一个跨联邦区的油气省，该油气省的一小部分延伸到南部联邦区的伏尔加格勒州。南部联邦区的伏尔加-乌拉尔油气省的大部分油田的含油层位为古生代地层（上二叠统、上泥盆统、下中石炭统），深度从 600 m［日尔诺夫（Жирновское）凝析油-凝析气田］到 5 000 m［列其（Речное）油田］。石油的大部分探明储量集中在上泥盆统的碳酸岩岩层中（超过 65%）。油田的石油主要是轻质油（占探明储量的 95.2%）、低硫（94%）、低黏稠。油气田中的天然气密度为 0.562～0.833 g/cm³，N_2 体积分数为 0%～8.5%，CO_2 体积分数 0.1%～2%，冷凝液体积分数为 90～452.1 g/m³。按照石油和天然气可采储量计算，南部联邦区内伏尔加-乌拉尔油气省的所有油气田也均为小型。

第聂伯河-普利比亚特油气省位于南部联邦区罗斯托夫州的西北部，该地区发现了小型石炭系油气田，以天然气为主，产于 1 000～2 000 m 深的地层中。油气田一般包含 1～2 个层位，天然气的成分特征为重烃体积分数较高（不超过 6%），CH_4 体积分数一般超过 65%，个别达到 98.5%。轻质低硫石油则产于中石炭统中。

里海油气省是一个跨国油气省，该油气省的俄罗斯部分研究程度低，主要的油气远景含在巨厚的含盐层之下，并且地质构造非常复杂。天然气探明储量的开采率仅为 6.9%。主要远景区是位于泥盆系和石炭系盐岩下礁层的天然气、石油和凝析气。南部联邦区超过 93%的天然气探明储量、98%的凝析油探明储量和 4%的石油探明储量都位于里海油气省（阿斯特拉罕州）。里海油气省的沉积盖层分为三个岩性-地层组合：下部盐层（上二叠统）、上部盐层（中-新生界）和中部盐层（下二叠统）。里海油气省的含气层有三叠系和侏罗系的碳酸岩、含煤层碎屑岩，深 1.5～4 km。含油层位于以中侏罗统和上白垩统碎屑岩为主的岩层，深 850～1 650 m。

截至 2016 年，南部联邦区统计有 224 处油田，185 处天然气田，54 处凝析液田，但大部分都处于开采的晚期（表 5.7）。

表 5.7　南部联邦区油气储量结构

矿种	单位	平衡储量				
		油气田数量/处	初始资源总量	A＋B＋C₁ 级	C₂ 级	C₃ 级	D₁＋D₂ 级
石油	10⁴ t	224	145 396	9 841.8	37 919.4	30 107.3	66 023.3
天然气	10⁸ m³	185	104 470	33 287.9	21 765.2	10 625.19	31 168.45
凝析液	10⁴ t	54	140 170	47 295.9	27 841	5 445	51 708.6

南部联邦区天然气的初始资源总量十分巨大，达 $104\,470\times10^8\ m^3$，其中超过70%集中分布在阿斯特拉罕州（表5.7）。根据储量平衡表 $A+B+C_1+C_2$ 级储量数据，天然气田可划分为2个超大型气田（阿斯特拉罕气田和中阿斯特拉罕气田）和1个大型气田（西阿斯特拉罕气田），其他均为小型。

阿斯特拉罕气田位于阿斯特拉罕穹窿内（里海盆地一个大型正向构造中）。该气田发现于1976年，从1987年开始开发。阿斯特拉罕气田的 $A+B+C_1$ 级天然气探明储量和 $A+B+C_1$ 级凝析液探明储量分别为 $30\,756.2\times10^8\ m^3$ 和 $45\,440\times10^4\ t$，C_2 级储量为 $10\,984.2\times10^8\ m^3$ 和 $1\,481.7\times10^4\ t$。其赋存于盐层之下的巴什科尔群碳酸岩地层中，深 $3\,900\sim4\,100\ m$。N_2 和 CO_2 杂质的体积分数不高，分别为5.5%和2%。其由阿斯特拉罕天然气工业开采有限责任公司和阿斯特拉罕油气企业开放式股份公司开发。

南部联邦区凝析液的初始资源总量占俄罗斯第二位，仅次于乌拉尔联邦区，近80%的储量分布于阿斯特拉罕州。储量平衡表中的 $A+B+C_1$ 级可采储量 $47\,295.9\times10^4\ t$，C_2 级储量为 $27\,841\times10^4\ t$（表5.7）。南部联邦区28%的凝析液初始资源总量已开采。南部联邦区的凝析液潜在资源同样大部分集中在阿斯特拉罕州。

南部联邦区的石油初始资源总量不大，仅高于北高加索联邦区，初始资源总量为 $145\,396\times10^4\ t$（表5.7）。石油初始资源总量中的大部分已开采，累积石油产量为 $51\,966.5\times10^4\ t$，占初始资源总量的35.7%。南部联邦区大部分的石油资源与里海油气省盐层下的地层相关（卡尔梅克共和国、伏尔加格勒州）。按照南部联邦区的标准，石油储量较大的油田有伏尔加格勒州的巴米亚特诺-萨索夫（Памятно-Сасовское）油田，$A+B+C_1$ 级储量为 $392.7\times10^4\ t$；克拉斯诺达尔边疆区的阿纳斯塔西耶夫-特洛伊（Анастасиевско-Троицкое）油气田，$A+B+C_1$ 级储量为 $159\times10^4\ t$。这些油气田的含油气性主要与新生代的含油气沉积物相关。

南部联邦区的油气加工企业主要有阿斯特拉罕天然气加工厂（年加工能力为 $120\times10^8\ m^3$）、伏尔加格勒石油炼油厂（年加工能力为 $1\,130\times10^4\ t$ 石油）、克拉斯诺达尔石油加工厂（年加工能力为 $300\times10^4\ t$ 石油）、图阿普谢石油炼油厂（年加工能力为 $1\,200\times10^4\ t$ 石油）、新沙河辛石油制品工厂（年加工能力为 $750\times10^4\ t$ 石油）、卡梅斯克初加工炼油厂（年加工能力为 $15\times10^4\ t$）。其中，阿斯特拉罕天然气加工厂生产的气体硫产量超过俄罗斯硫产量的80%，伏尔加格勒炼油厂生产了南部联邦区90%的汽油和50%的柴油，图阿普谢炼油厂在燃料油生产方面处于领先地位。

管道运输方面，南部联邦区的石油运输主干管道有"田吉兹-新罗西斯克"石油管道，此外还有萨马拉-新罗西斯克石油管道、巴库-新罗西斯克石油管道（在建的绕过车臣共和国的石油管道）、塞兹兰-萨拉托夫石油管道、伏尔加格勒-新罗西斯克石油管道。一些战略性的重要石油管道经过本区，田吉兹油田的石油通过里海管道联盟的石油管道经哈萨克斯坦、卡尔梅克共和国、阿斯特拉罕州、斯塔夫罗波尔和克拉斯诺达尔边疆区到达新罗西斯克出口港。

天然气运输主干管道有"俄罗斯-土耳其"天然气管道，天然气工业斯塔夫罗波里天然气管道有限责任公司的天然气运输主干管道系统的一部分从卡尔梅克共和国通过。中亚-中央天然气管道、联盟天然气管道、奥伦堡-新普斯克天然气管道、乌列戈-新普斯克天然气主干管道从伏尔加格勒州通过。里海管道联盟的石油管道从阿斯特拉罕州通过。

5.2.2　煤炭与泥炭

南部联邦区煤炭的储量和开采量都集中在罗斯托夫州、顿涅茨克（Донецкий）盆地的东部。东顿涅茨克对于俄罗斯的煤炭行业具有重要意义，这里集中了俄罗斯无烟煤储量的 80% 和产量的 50%（Logvinov et al.，2016；Эдер，2012）。根据地质结构特点和工业开发程度，顿涅茨克含煤盆地分为 9 个主要的煤矿区：卡缅斯克-衮多罗夫（Каменско-Гундоровский）、塔茨斯克（Тацинский）、白卡利特瓦（Белокалитвенский）、红顿涅茨克（Краснодонецкий）、古科沃-兹韦列夫（Гуково-Зверевский）、苏利纳-萨德金（Сулино-Садкинский）、沙赫金-聂斯维塔耶夫（Шахтинско-Несветаевский）、扎东斯克（Задонский）和米列罗沃（Миллеровский）。

截至 2016 年，罗斯托夫州共计有 218 处矿山或矿段的煤炭列入国家储量平衡表，储量计算深度 1 500 m，平均绝对高程 1 300 m，另外南卡缅斯克矿床 2 号矿段储量评估到 2 300 m。南部联邦区煤炭的 $A+B+C_1$ 级储量为 $64.952\,72×10^4$ t，C_2 级储量为 $31.579\,26×10^4$ t，表外储量为 $38.146\,7×10^4$ t（表 5.8）。在南部联邦区煤炭的 $A+B+C_1$ 级储量中 86.2% 为无烟煤，13.4% 为石煤，0.4% 为褐煤；焦煤占 $A+B+C_1$ 级储量的 28.9%。2015 年罗斯托夫州生产无烟煤 $359.5×10^4$ t。

表 5.8　南部联邦区矿产储量结构

矿种	矿床数量/处	储量单位	$A+B+C_1$级储量	C_2级储量	表外储量
煤	218	10^4 t	649 527.2	315 792.6	381 467
泥炭*	15	10^4 t	—	92.2	95
溴	3	10^4 t	39.69	20.33	14.05
石膏和硬石膏	23	10^4 t	56 913.9	12 207.9	4 187
膨润土	1	10^4 t	313	1 915	—
碘	3	10^4 m³/d	14.99	8.54	—
化工碳酸盐	2	10^4 t	22 297	14 508	695
石英和石英岩	2	10^6 t	10.06	0.424	0.246
食用盐	32	10^6 t	4 095.27	10 066.72	465.99
钾盐	2	10^6 t	388.8	450.34	81.11
镁盐	4	10^6 t	54.13	24.42	2.71
建筑石材	144	10^6 m³	1 563.3	352.4	35.13

矿种	矿床数量/处	储量单位	A＋B＋C$_1$级储量	C$_2$级储量	表外储量
塑型材料	10	10^6 t	185.44	8.08	—
磷灰石矿	1	10^4 t	124.3	6.6	—
白垩*	19	10^6 t	464.16	269.82	0.366
天然饰面石材*	4	10^4 m^3	203.31	8.95	—
玻璃原料*	7	10^6 t	60.80	199.70	1.62
水泥原料*	17	10^6 t	3 451.67	1 926.92	40.59
铀	1	t	11 800	3 700	3 600
汞	4	t	2 004	959	317
温泉水	18	10^4 m^3/d	5.4851	—	—
饮用水和工业用水		10^4 m^3/d	18.13 （B）；20.24 （C$_1$）	74.38	30.58

资料来源：2016 年，俄罗斯国家储量平衡表

注：*为 2015 年数据

截至 2016 年，罗斯托夫州正在开发和准备开发的 A＋B＋C$_1$ 级储量为 283 682.3×10^4 t。其中正在运营的矿山的储量为 60 771×10^4 t，正在运营的矿山的工业储量保障程度从 2～76 年不等，正在建设的矿山有 5 处，年生产能力为 175×10^4 t，储量为 36 992.3×10^4 t，矿山储备的储量为 185 919×10^4 t。

南部联邦区共有 15 处泥炭矿床，都分布在伏尔加格勒州，南部联邦区泥炭的 C$_2$ 级平衡储量为 92.2×10^4 t，表外储量为 95×10^4 t（表 5.8）。南部联邦区泥炭储量已全部配置（表 5.9）。2014 年并未开采。

表 5.9　南部联邦区已配置矿产储量

矿种	矿床数量/处	储量单位	A＋B＋C$_1$级储量	C$_2$级储量	表外储量
煤	22	10^4 t	100 619.1	1 972.4	29 841.1
泥炭*	15	10^4 t	—	92.2	95
溴	2	10^4 t	16.89	19.08	14.05
石膏和硬石膏	17	10^4 t	43 257	12 207	4 096
膨润土	0	10^4 t	—	—	—
碘	2	10^4 m^3/d	0.26	0.79	—
化工碳酸盐	0	10^4 t	—	—	—
石英和石英岩	0	10^6 t	—	—	—
食用盐	14	10^6 t	1 246.41	32.72	465.99

矿种	矿床数量/处	储量单位	A＋B＋C$_1$级储量	C$_2$级储量	表外储量
钾盐	1	10^6 t	313.26	92.37	15.76
镁盐	3	10^6 t	20.96	24.11	2.43
建筑石材	83	10^6 m^3	763.08	230.18	23.06
塑型材料	4	10^6 t	34.03	2.98	
磷灰石矿	0	10^4 t	—	—	—
白垩*	4	10^6 t	371.77	269.82	
天然饰面石材*	3	10^4 m^3	136.56	—	—
玻璃原料*	2	10^6 t	40.73	82.78*	1.62
水泥原料*	14	10^6 t	2 971.62	1 282.76	40.59
铀	0	t	—	—	—
汞	0	t	—	—	—
温泉水	9	10^4 m^3/d	3.502 4	—	—
饮用水和工业用水	—	10^4 m^3/d	—	—	—

资料来源：2016 年，俄罗斯矿产国家储量平衡表

注：*为 2015 年数据

5.2.3　铀矿

截至 2016 年，南部联邦区卡尔梅克共和国列入国家储量平衡表的铀矿床有 1 处，为草原（Степное）稀土-磷-铀矿床，该矿床未开发。矿化与层状含黄铁矿黑黏土中的含铀磷化的碎屑堆积物有关。该矿床核实的铀平衡储量为：B 级储量 3 500 t，C$_1$ 级储量 8 300 t，C$_2$ 级储量 3 700 t，表外储量 3 600 t（表 5.8）。2015 年卡尔梅克共和国铀矿的地质勘探工作没有进行。该矿床未配置（表 5.9）。

5.3　南部联邦区金属矿产资源

南部联邦区金属矿产资源不发育，主要为几处汞矿床和少量的砂金矿床，储量均不大。此外，南部联邦区存在许多较好的一级和二级金地球化学晕，重砂样品中见有自然金，因此，南部联邦区具有一定的找金潜力（图 5.3）。

截至 2016 年，南部联邦区列入国家储量平衡表的 4 处汞矿床均分布在克拉斯诺达尔边疆区，分别为白石（Белокаменное）矿床、远方（Дальнее）矿床、卡斯卡得（Каскадное）

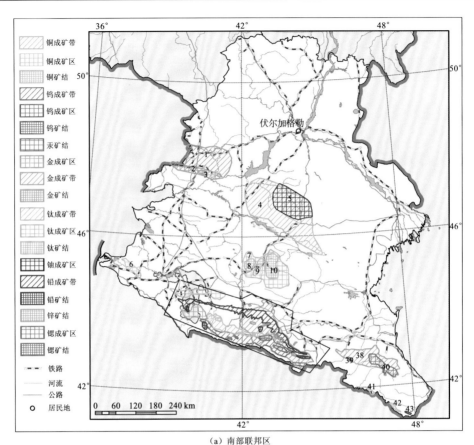

（a）南部联邦区

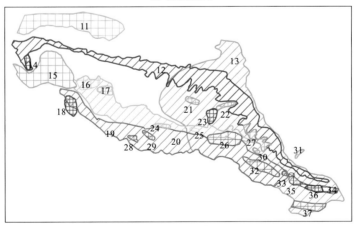

（b）北高加索联邦区

图 5.3　北高加索联邦区和南部联邦区金属矿产预测图

1. 沙赫金（顿巴斯煤田）；2. 别尔西阿诺夫；3. 沙赫金；4. 齐姆良斯克-叶尔格宁；5. 古舒斯科；6. 塔曼砂；7. 斯塔夫罗波尔；8. 塔师林；9. 别什巴吉尔；10. 右岸；11. 阿德格伊；12. 陡峭山岭；13. 中高加索；14. 梅兹玛伊；15. 别拉列切；16. 安得柳克；17. 乌鲁普；18. 别济米扬斯克；19. 主要山脉；20. 山脉前缘；21. 马林；22. 马尔金；23. 德吉尔-马尔金；24. 捷别尔达-库班；25. 胡杰斯；26. 德尔内阿乌兹克斯克；27. 巴克桑-切列克其砂；28. 柯基-基别尔金；29. 基别尔金；30. 胡拉姆；31. 乌鲁赫斯克砂；32. 切格姆-切列克斯克；33. 瓦扎霍霍斯克；34. 撒东；35. 兹基阿达格-法斯纳里；36. 萨东娜-乌纳里；37. 纳洛-马米松；38.达吉斯坦石灰石；39. 安吉科伊；40. 东达吉斯坦；41. 阿瓦尔-安金克斯克；42. 阿赫德恰伊；43. 库鲁什

矿床、萨哈林（Сахалинское）矿床，矿床位于高加索山脊的南北坡的下白垩统碎屑岩中。南部联邦区汞矿的 $A+B+C_1$ 级平衡储量为 2 004 t，C_2 级平衡储量为 959 t，表外储量为 317 t（表 5.8）。目前所有矿床都未配置开发（表 5.9）。

5.4　南部联邦区非金属矿产资源

南部联邦区的非金属矿产资源中，具有优势地位的是钾盐和镁盐，石膏和溴也具有一定的储量规模。南部联邦区的钾盐矿床均分布在伏尔加格勒州，最大的钾盐矿床为列米雅琴矿床，已探明储量超过 4×10^8 t，目前已准备开发（Raspopov et al.，2016）。南部联邦区的镁盐矿床也分布在伏尔加格勒州，大部分矿床正在准备或已经开发。

5.4.1　磷灰石

南部联邦区伏尔加格勒州有结核磷矿矿床 1 处，为卡梅石（Камышинское）矿床。南部联邦区磷矿的 $A+B+C_1$ 级平衡储量为 124.3×10^4 t，C_2 级平衡储量为 6.6×10^4 t（表 5.8），磷矿探明储量占俄罗斯储量的 0.6%，该矿床未配置。

5.4.2　石膏与硬石膏

南部联邦区的石膏和硬石膏主要分布在罗斯托夫州、阿斯特拉罕州、克拉斯诺达尔边疆区、卡尔梅克共和国、阿迪格共和国，截至 2016 年，南部联邦区国家储量平衡表中列入 23 处石膏、石膏-硬石膏和黏土-石膏矿床，$A+B+C_1$ 级储量为 $56\,913.9 \times 10^4$ t，占俄罗斯储量的 12.3%，C_2 级储量为 $12\,207.9 \times 10^4$ t，表外储量为 $4\,187 \times 10^4$ t（表 5.8）。

正在开发的石膏矿床有 5 处，$A+B+C_1$ 级储量为 $19\,448 \times 10^4$ t，C_2 级储量为 $4\,096.3 \times 10^4$ t，表外储量为 $3\,776.1 \times 10^4$ t。2015 年，克拉斯诺达尔边疆区的伊利伊切夫（Ильичевского）矿床从准备开发的矿床转变为正在开发的矿床。

准备开发的有 10 处石膏和黏土-石膏矿床，$A+B+C_1$ 级储量为 $23\,004.8 \times 10^4$ t，C_2 级储量为 $6\,900.9 \times 10^4$ t，表外储量为 320.8×10^4 t。2015 年阿迪格共和国的巴别多夫（Победовского）矿床的石膏和黏土-石膏储量由勘探状态转为准备开发状态。

正在勘探的矿床有 2 处：阿迪格共和国的石膏牧场（Гипсовая Поляна）矿床和法尔索夫 1 号（Фарсовское-1）矿床，$A+B+C_1$ 级储量为 804.8×10^4 t，C_2 级储量为 $1\,210.7 \times 10^4$ t。

未配置的石膏和黏土-石膏矿床有 6 处，$A+B+C_1$ 级储量为 $13\,656.3 \times 10^4$ t，表外储量为 90.4×10^4 t。其中巴斯昆恰克石膏矿床的北部第 3 矿段的 $A+B+C_1$ 级储量为 $12\,700 \times 10^4$ t，6 处黏土-石膏矿床（5 处位于罗斯托夫州，1 处位于卡尔梅克共和国）的 $A+B+C_1$ 级储量为 956.3×10^4 t，表外储量为 90.4×10^4 t（表 5.10）。

表 5.10　南部联邦区石膏和硬石膏矿床一览表

矿床分类	矿床数量/处	A+B+C$_1$级储量/10^4 t	C$_2$级储量/10^4 t	表外储量/10^4 t
在开发的石膏矿床	5	19 448	4 096.3	3 776.1
准备开发的石膏和黏土-石膏矿床	10	23 004.8	6 900.9	320.8
正在勘探的矿床	2	804.8	1 210.7	—
未配置的石膏和黏土-石膏矿床	6	13 656.3	—	90.4

5.4.3　水泥原料与玻璃原料

截至 2015 年，南部联邦区列入国家储量平衡表的水泥原料矿床有 17 处，A+B+C$_1$级平衡储量为 3 451.67×10^6 t，C$_2$级平衡储量为 1 926.92×10^6 t，表外储量为 40.59×10^6 t（表 5.8）。

已配置的矿床有 14 处，含已开发的矿床 7 处，准备开发的矿床 5 处，正在勘探的矿床 2 处。A+B+C$_1$级平衡储量为 29.7×10^8 t，C$_2$级平衡储量为 1 282.76×10^6 t（表 5.9）。2014 年开采水泥原料 1 492.7×10^4 t。

未配置的水泥原料矿床 3 处，同时也未开发。未配置的地下资源的储量：A+B+C$_1$级平衡储量 480.048×10^6 t，C$_2$级平衡储量 64416.2×10^4 t，表外储量 0.4×10^8 t。

截至 2015 年，南部联邦区统计有石英砂矿床（玻离原料）7 处，分布在伏尔加格勒州、罗斯托夫州、阿斯特拉罕州和克拉斯诺达尔边疆区。

已配置矿床 2 处。正在开发的石英砂矿床有 1 处，为伏尔加格勒州的耶尔山（Елшанское）矿床，A+B+C$_1$级平衡储量为 1 390×10^4 t，占俄罗斯的 1.05%，C$_2$级平衡储量为 8 280×10^4 t；准备开发的石英砂矿床有 1 处，为克拉斯诺达尔边疆区的斯塔洛基塔洛夫（Старотитаровское）矿床，A+B+C$_1$级平衡储量为 2 680×10^4 t。

未开发也未配置的石英砂矿床有 5 处，A+B+C$_1$级平衡储量为 2 010×10^4 t，C$_2$级平衡储量为 11 690×10^4 t。

5.4.4　镁盐与钾盐

截至 2016 年，南部联邦区有 2 处钾盐矿床，均分布在伏尔加格勒州，A+B+C$_1$级原盐平衡储量为 150 399×10^4 t（K$_2$O 储量为 388.8×10^6 t），C$_2$级原盐平衡储量为 204 539.7×10^4 t（K$_2$O 储量为 450.34×10^6 t），表外储量为 36 764×10^4 t（K$_2$O 储量为 81.11×10^6 t）（表 5.8）。

欧洲化学-伏尔加钾盐有限责任公司目前正准备开发格列米雅琴（Гремячинское）矿床，该矿床 A+B+C$_1$级 K$_2$O 储量为 313.26×10^6 t，C$_2$级 K$_2$O 储量为 92.37×10^6 t，表外 K$_2$O 储量为 15.76×10^6 t（表 5.9）。格列米雅琴已开展矿床剥离工作，建设采选联合工厂的地面基础设施等工作。

截至 2016 年，南部联邦区有 4 处镁盐矿床，均位于伏尔加格勒州，其中水氯镁石矿床 3 处，湖盐矿床 1 处（表 5.8）。

南部联邦区 3 处水氯镁石矿床镁盐的 $B+C_1$ 级平衡储量为 $11\,058.4×10^4$ t（MgO 储量为 $2\,096.5×10^4$ t），C_2 级平衡储量为 $13\,156.5×10^4$ t（MgO 储量为 $2\,442.6×10^4$ t），表外储量为 $1\,282.3×10^4$ t（MgO 储量为 $243.4×10^4$ t）（表 5.9）。这 3 处镁盐矿床都在准备开发，一些矿床正采用钻井地下溶解法进行工业试采。

埃尔顿湖（Озеро Эльтон）矿床的卤水储量中，B 级储量为 $12\,916$ m^3（MgO 储量为 $3\,316.6×10^4$ t），表外储量为 $81.1×10^4$ m^3（MgO 储量为 $28.1×10^4$ t），该矿床目前未开发也未配置。

2015 年，在伏尔加格勒州开采了 $5.531\,1×10^4$ m^3 的卤水（$5.368×10^4$ t 的水氯镁石含 MgO $9\,979$ t）。

5.4.5 碘与溴

截至 2016，南部联邦区国家储量平衡表中统计了碘水矿床 3 处，分布在阿斯特拉罕州和克拉斯诺达尔边疆区，碘的 $A+B+C_1$ 级储量为 $14.99×10^4$ m^3/d，C_2 级平衡储量为 $8.54×10^4$ m^3/d（表 5.8）。其中已开发的 1 处，准备开发的 1 处，未配置的碘水矿床 1 处。未配置的储量：$A+B+C_1$ 级储量为 $14.73×10^4$ m^3/d，C_2 级平衡储量为 $7.75×10^4$ m^3/d。

截至 2016 年，南部联邦区统计有溴矿床 3 处，分布在伏尔加格勒州和阿斯特拉罕州，溴的 $A+B+C_1$ 级储量占俄罗斯储量的 10.5%，其中卤水占 $22.8×10^4$ t，水氯镁石占 $16.89×10^4$ t。2015 年开采水氯镁石 $4.06×10^4$ t，含溴 594 t。

5.4.6 彩色宝石

南部联邦区 2016 年统计有彩色宝石矿床 3 处，均位于克拉斯诺达尔边疆区，均未配置（表 5.11）。

表 5.11 南部联邦区彩色宝石矿床储量表

矿种	矿床名称	C_2 级储量	特征
缟玛瑙	阿赫梅托夫（Ахметовское）矿床	159.4 t	一般品质
		81.1 t	高品质
硬玉	乌里沃克（Уривок）矿床	360 t	高品质
碧玉	红色牧场（Красная Поляна）矿床	1 010.2 t	高品质

第6章

北高加索联邦区
矿产资源

北高加索联邦区位于俄罗斯西南部，面积较小，人口较少，经济以农业为主，制造业和采掘业不发达，资源枯竭，交通运输情况较好，但整体上社会经济发展较为落后。北高加索联邦区的能源矿产中主要为油气，煤炭资源的储量不大。北高加索联邦区是俄罗斯油气开采最早的地区，但经过多年的开采，大部分油气田已经枯竭，目前北高加索联邦区油气资源已经进入开采的末期，储量和产量均不大。北高加索联邦区的固体金属矿产资源的优势矿种为钨矿，储量占俄罗斯钨总储量的近一半，并且储量主要集中在德尔内阿乌兹斯克矿区内，但矿石矿物以白钨矿为主。其他，如北高加索联邦区的铜、金、钛和锆矿属于具有区域意义的优势矿产资源，也具有一定的储量和远景资源量。北高加索联邦区的其他非金属矿产资源仅具有地区意义，以满足区域的社会经济需要为主。

6.1　北高加索联邦区基本概况

北高加索联邦区位于俄罗斯西南部,包括达吉斯坦共和国、印古什共和国、卡巴尔达-巴尔卡尔共和国、卡拉恰伊-切尔克斯共和国、北奥塞梯-阿兰共和国、车臣共和国和斯塔夫罗波尔边疆区 7 个联邦主体(图 6.1,表 6.1)。北高加索联邦区的面积为 $17.04 \times 10^4 \ \mathrm{km}^2$,占俄罗斯总面积的 1%,人口 971.8 万人,占俄罗斯总人口的 6.6%。北高加索联邦区的行政中心位于皮亚季戈尔斯克市,该市人口 14.55 万人。

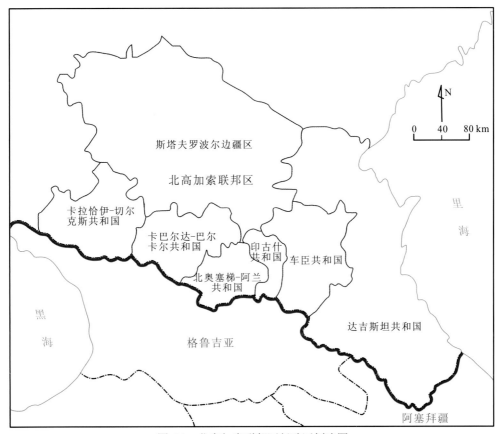

图 6.1　北高加索联邦区行政区划略图

表 6.1　北高加索联邦区主体构成

编号	联邦主体	行政中心	面积/$10^4 \ \mathrm{km}^2$	人口/万人
1	达吉斯坦共和国	马哈奇卡拉	5.03	301.57
2	印古什共和国	马加斯	0.36	47.28

编号	联邦主体	行政中心	面积/$10^4\,km^2$	人口/万人
3	卡巴尔达-巴尔卡尔共和国	纳尔奇克	1.25	86.22
4	卡拉恰伊-切尔克斯共和国	切尔克斯克	1.43	46.78
5	北奥塞梯-阿兰共和国	弗拉季高加索	0.80	70.37
6	车臣共和国	格罗兹尼	1.56	139.42
7	斯塔夫罗波尔边疆区	斯塔夫罗波尔	6.62	280.16

资料来源：俄罗斯联邦国家统计局. 俄罗斯区域社会经济指标(2016). (2017-02)[2017-04-29]. www. gks. ru/wps/wcm/ connect/ rosstat_main/rosstat/ru/statistics/pubicacion/catalog/cfoc_1138623506156.

在俄罗斯大部分联邦区的社会经济结构中，采掘业及其相关行业都起着基础性和支柱性的作用，构成了俄罗斯工业的基础。但是，北高加索联邦区则截然不同。北高加索联邦区的采掘业所占比重并不大。2015 年，北高加索联邦区的采掘业产值为 3.3 亿美元，占俄罗斯采掘业产值的 0.2%。从北高加索联邦区主要的经济门类来看，最主要的是农业，农业产值占北高加索联邦区总产值的 25.7%，其次是制造业，制造业占北高加索联邦区总产值的 22.8%，而采矿业只占北高加索联邦区总产值的 1.4%。

从北高加索联邦区主要经济部门的产值结构上看（表 6.2），农业是北高加索联邦区的主要产业部门。在俄罗斯各主要联邦区中，北高加索联邦区的人均采掘业产值和人均工业产值是最低的。北高加索联邦区的人均采掘业产值仅 34 美元，是俄罗斯人均采掘业产值的 3%。北高加索联邦区的人均制造业产值也仅为 776 美元，是俄罗斯人均制造业产值的 15.5%。人均固定资产投资额也仅为俄罗斯固定资产投资额平均值的一半多。总体上看，北高加索联邦区经济发展较为落后，人均收入也落后于俄罗斯人均收入平均值（表 6.3）。

表 6.2　北高加索联邦区主要经济结构构成　（单位：亿美元）

编号	联邦主体	地区生产总值	采掘业	制造业	水电气的生产	农业
1	达吉斯坦共和国	80.34	0.54	4.43	2.15	14.86
2	印古什共和国	7.78	0.19	0.47	0.24	1.00
3	卡巴尔达-巴尔卡尔共和国	17.63	0.05	4.81	1.16	5.82
4	卡拉恰伊-切尔克斯共和国	10.33	0.38	4.17	0.86	4.55
5	北奥塞梯-阿兰共和国	18.93	0.07	3.02	0.91	3.98
6	车臣共和国	21.09	0.73	0.99	2.02	2.64
7	斯塔夫罗波尔边疆区	80.79	1.33	36.07	11.06	28.14
8	北高加索联邦区	236.88	3.30	53.96	18.41	60.99

资料来源：俄罗斯联邦国家统计局. 俄罗斯区域社会经济指标(2016). (2017-02)[2017-04-29]. www. gks. ru/wps/wcm/ connect/ rosstat_main/rosstat/ru/statistics/pubicacion/catalog/cfoc_1138623506156.

表 6.3　北高加索联邦区人均经济指标　（单位：美元）

行政单位名称	月平均工资	人均制造业产值	人均采掘业产值	人均固定资产投资额
达吉斯坦共和国	403	239	18	1 149
印古什共和国	224	194	40	567
卡巴尔达-巴尔卡尔共和国	284	701	6	537
卡拉恰伊-切尔克斯共和国	254	1 149	80	493
北奥塞梯-阿兰共和国	328	567	10	552
车臣共和国	343	269	52	657
斯塔夫罗波尔边疆区	343	1 731	48	672
北高加索联邦区	343	776	34	776
俄罗斯联邦	448	5 000	1 138	1 478

资料来源：俄罗斯联邦国家统计局. 俄罗斯区域社会经济指标（2016）.（2017-02）[2017-04-29]. www. gks. ru/wps/wcm/ connect/ rosstat_main/rosstat/ru/statistics/pubicacion/catalog/cfoc_1138623506156.

从表 6.4 可以看出，北高加索联邦区主要社会经济指标占俄罗斯的比重除农业外均低于其人口比重，尤其采掘业在俄罗斯八个联邦区中仅占 0.2%，说明北高加索联邦区的采掘业远落后于俄罗斯其他联邦区。除此之外，北高加索联邦区的进出口与制造业比重也非常低。

表 6.4　北高加索联邦区主要社会经济指标占俄罗斯的比重　（单位：%）

行政单位名称	面积	人口	劳动人口	国民生产总值	采掘业	制造业	水电气的生产
俄罗斯联邦	100	100	100	100	100	100	100
北高加索联邦区	1	6.6	5.1	2.6	0.2	1.09	2.55

行政单位名称	农业	建筑业	零售业	固定资产投资	出口	进口
俄罗斯联邦	100	100	100	100	100	100
北高加索联邦区	7.9	4.3	5.5	3.5	0.3	0.6

资料来源：俄罗斯联邦国家统计局. 俄罗斯区域社会经济指标（2016）.（2017-02）[2017-04-29]. www. gks. ru/wps/wcm/ connect/ rosstat_main/rosstat/ru/statistics/pubicacion/catalog/cfoc_1138623506156.

从表 6.5 可以看出，北高加索联邦区近年来主要的矿产产量有所下降，自 2010 年由于北高加索联邦区大部分矿床的开发时间较长，资源枯竭日益严重，主要矿产的产量均有不同程度的波动和下降，尤其以石油和天然气为代表，产量下降分别达到了 33.9% 和 43.5%。

表 6.5　北高加索联邦区主要矿产产品数量

矿产品种	单位	2010	2011	2012	2013	2014	2015
天然气	$10^6\ m^3$	1 165	966	892	812	750	658
煤炭	$10^3\ t$	13 625	13 494	13 732	14 036	13 219	14 681
石油	$10^3\ t$	2 226	2 013	1738	1 588	1 477	1 471
黑色金属	$10^3\ t$	—	—	3.7	3.6	29	21.4
原铝产量	$10^3\ t$	118.9	100.9	80.1	67.2	94.6	101.7
精炼钢产量	$10^3\ t$	99.6	105.5	90.2	101.5	91.1	99
镍产量	$10^3\ t$	100.2	102.4	98.2	100.9	97	118.3

资料来源：俄罗斯联邦国家统计局.俄罗斯区域社会经济指标（2016）.（2017-02）[2017-04-29]. www. gks. ru/wps/wcm/ connect/ rosstat_main/rosstat/ru/statistics/pubicacion/catalog/cfoc_1138623506156.

　　北高加索联邦区的交通以铁路交通为主，以公路及航空运输为辅，整体上看，北高加索联邦区的货物周转量逐年下降（表 6.6），北高加索联邦区铁路货运周转量占俄罗斯的比重由 1.6%下降到 1%。近年来北高加索联邦区的铁路通行里程基本无变化，这与俄罗斯近年来整体铁路发展较慢有直接关系。公路运输方面，俄罗斯的硬质路面公路发展较快，北高加索联邦区甚至稍快于俄罗斯的发展速度，并且北高加索联邦区的硬质路面公路通行里程密度远大于俄罗斯的平均密度值，公路运输是北高加索联邦区的重要的交通运输方式。

表 6.6　北高加索联邦区主要交通运输方式运量及密度

统计项目	统计范围	年份						
		2005	2010	2011	2012	2013	2014	2015
铁路货运周转量 $/10^6\ t$	俄罗斯联邦	1 273.3	1 312	1 381.7	1 421.1	1 381.2	1 375.4	1 329
	北高加索联邦区	20	16	17.4	16.9	15.8	14.5	13.6
铁路通行里程密度/（$km/10^4\ km^2$）	俄罗斯联邦	50	50	50	50	50	50	50
	北高加索联邦区	124	124	123	123	123	123	123
硬质路面公路通行里程密度/（$km/10^3\ km^2$）	俄罗斯联邦	31	39	43	54	58	60	61
	北高加索联邦区	152	221	294	348	367	374	390

资料来源：俄罗斯联邦国家统计局.俄罗斯区域社会经济指标（2016）.（2017-02）[2017-04-29]. www. gks. ru/wps/wcm/ connect/ rosstat_main/rosstat/ru/statistics/pubicacion/catalog/cfoc_1138623506156.

6.2　北高加索联邦区能源矿产资源

北高加索联邦区的能源矿产主要为油气，俄罗斯采油的历史是从北高加索联邦区开始的。现在北高加索联邦区的油气资源已经大部分耗尽。北高加索联邦区石油和天然气累计开采量分别为 6.4776×10^8 t 和 $3\,245\times10^8$ m³（表6.7），占俄罗斯石油和天然气总累计开采量的2.6%和1.8%。北高加索联邦区油气资源均分布于曼格什拉克油气省。

表 6.7　北高加索联邦区碳氢化合物储量与资源量

矿种	储量单位	初始资源总量	A+B+C₁级可采储量	C₂级可采储量	已配置 A+B+C₁+C₂级可采储量	开采量	累积开采量	C₃级储量	D₁+D₂级储量
石油	10^6 t	1 238.10	92.23	48.83	97.93	1.51	647.66	162.53	276.35
天然气	10^8 m³	12 526.00	1 059.42	766.79	1 826.21	3.06	3 245.00	1 667.30	5 756.50
凝析液	10^6 t	39.90	3.22	4.26	1.83	0.02	7.02	0.95	24.15

6.2.1　油气

目前北高加索联邦区所有已发现的油气田均位于曼格什拉克油气省（分布在达吉斯坦共和国、印古什共和国、北奥塞梯-阿兰共和国、车臣共和国、卡巴尔达-巴尔卡尔共和国和斯塔夫罗波尔边疆区）。

整个北高加索联邦区2014年统计有175处油气田，其中104处油田、13处气油田、35处凝析油气田、14处油气田、9处凝析气田。其中93处油气田含有溶解气，北高加索联邦区 A+B+C₁ 级溶解气储量为 106×10^8 m³，C₂ 级溶解气储量为 60.25×10^8 m³。北高加索联邦区的大部分油气田均处于开发-开采的晚期。

北高加索联邦区的石油初始资源总量统计为 $1\,238.10\times10^6$ t（表6.7），主要分布在车臣共和国（石油初始资源总量统计为 4.748×10^8 t）和斯塔夫罗波尔边疆区（石油初始资源总量统计为 1.054×10^8 t）。

北高加索联邦区的石油初始资源量中潜在资源总量占36%，为 4.456×10^8 t，其中初评储量为 1.625×10^8 t。

截至 2015 年，俄罗斯国家储量平衡表中，北高加索联邦区达吉斯坦共和国统计有40 处油气田，其中22处为油田，2处为气油田，16处为凝析油田，石油的 A+B+C₁级可采储量为 737.9×10^4 t，C₂级可采储量为 365×10^4 t（表6.8）。该州的工业油气赋存于新近纪—古近纪和中生代的碎屑岩和碳酸盐岩储层中。

表 6.8　北高加索联邦区主要联邦主体石油储量

联邦主体	油气田数量	储量单位	A+B+C$_1$级可采储量	C$_2$级可采储量
达吉斯坦共和国	40	10^4 t	737.9	365
北奥塞梯-阿兰共和国	4	10^4 t	338.3	
车臣共和国	22	10^4 t	1 114.2	478.2
卡巴尔达-巴尔卡尔共和国	4	10^4 t	717.1	7.2
斯塔夫罗波尔边疆区	47	10^4 t	5 554.2	3 697.8
印古什共和国	7	10^4 t	760.9	335.1

截至 2015 年，俄罗斯国家储量平衡表中，北高加索联邦区北奥塞梯-阿兰共和国的油气储量，涵盖与印古什共和国和卡巴尔达-巴尔卡尔共和国接壤地区北高加索联邦区境内部分的油田储量，包括阿赫洛夫（Ахловское）油田、乍曼库里（Заманкульское）油田、哈尔比日（Харбижинское）油田、北马尔戈别克（Северный Малгобек）油田，石油的 A+B+C$_1$级可采储量为 338.3×10^4 t（表 6.8）。

截至 2015 年，俄罗斯国家储量平衡表中，北高加索联邦区车臣共和国统计有 22 处油气田，其中 18 处为油田，3 处为气油田，1 处为凝析油气田。石油的 A+B+C$_1$级可采储量为 1 114.2×10^4 t，C$_2$级可采储量为 478.2×10^4 t（表 6.8）。已配置的 A+B+C$_1$级可采储量为 1 070.2×10^4 t（96.05%），C$_2$级可采储量为 420.8×10^4 t（88%）。2013 年车臣共和国共开采石油 49.2×10^4 t，车臣共和国在整个开采历史中累积石油产量为 3 324.68×10^4 t。

截至 2015 年，俄罗斯国家储量平衡表中，北高加索联邦区卡巴尔达-巴尔卡尔共和国统计有 4 处油田，分别为阿赫洛夫油田、阿拉克-达拉塔列克（Арак-Далатарекское）油田、哈尔比日油田、库尔斯克（Курское）油田。以及与斯塔夫罗波尔边疆区接壤油田的境内部分储量。石油的 A+B+C$_1$级可采储量为 717.1×10^4 t，C$_2$级可采储量为 7.2×10^4 t。已配置的 C$_1$级可采储量为 683.1×10^4 t，C$_2$级可采储量为 7.2×10^4 t（表 6.8）。卡巴尔达-巴尔卡尔共和国 2013 年石油开采了 0.2×10^4 t。

截至 2014 年，俄罗斯国家储量平衡表中，北高加索联邦区斯塔夫罗波尔边疆区统计有 47 处油气田，其中 39 处为油田，6 处为气油田，2 处为凝析油气田。石油的 A+B+C$_1$级可采储量为 5 554.2×10^4 t，C$_2$级可采储量为 3 697.8×10^4 t（见表 6.8）。其中斯塔夫罗波尔边疆区已配置的 A+B+C$_1$级可采储量为 4 945.6×10^4 t，C$_2$级可采储量为 2 473.5×10^4 t。未配置的 7 处油气田的 A+B+C$_1$级可采储量为 706.8×10^4 t，C$_2$级可采储量为 1 238.3×10^4 t。

截至 2014 年，俄罗斯国家储量平衡表中，北高加索联邦区印古什共和国统计有 7 处油气田，其中 5 处为油田，2 处为气油田。印古什共和国石油的 A+B+C$_1$级可采储量为 760.9×10^4 t，C$_2$级可采储量为 335.1×10^4 t（表 6.8）。其中已配置的 A+B+C$_1$级可采储量为 681.7×10^4 t，C$_2$级可采储量为 335.1×10^4 t。

北高加索联邦区的油气田按照石油储量划分，储量最大的为沃罗比耶夫（Воробьевское）油田（探明储量 526.5×10^4 t，初评储量 850×10^4 t，未配置），其次为切帕科夫（Чепаковское）油田（探明储量 154.5×10^4 t，初评储量 $1\,040 \times 10^4$ t，切帕科夫石油开采企业有限责任公司所属），斯塔夫金斯克-右岸（Ставкинско-Правобережное）油气田（探明储量 670×10^4 t，初评储量 220×10^4 t，俄罗斯石油公司开采）。上述油田均分布在斯塔夫罗波尔边疆区，且最后一个是该州唯一一个正在开发的油田。北高加索联邦区其余的主要油气田由大到小排列分布在车臣共和国并正在开发中的热源（Горячеисточненское）油田、格伊特-卡尔托夫（Гойт-Кортовское）油田。尽管这些油田的资源都严重枯竭，但俄罗斯石油公司还在进行开采。

北高加索联邦区的天然气初始资源总量要小得多，为 $12\,526 \times 10^8$ m^3（表 6.7），占俄罗斯天然气初始资源量的 0.5%，主要分布在达吉斯坦共和国（天然气初始资源总量为 $3\,921 \times 10^8$ m^3）和斯塔夫罗波尔边疆区（天然气初始资源总量为 $5\,332 \times 10^8$ m^3）。天然气初始资源总量的大部分为潜在资源量，为 $7\,424 \times 10^8$ m^3，其中初步评估的约为 $1\,667 \times 10^8$ m^3。

北高加索联邦区的天然气平衡储量不大，为 $1\,826 \times 10^8$ m^3，其中探明 $1\,059 \times 10^8$ m^3。大部分的平衡储量位于达吉斯坦共和国（A+B+C$_1$+C$_2$ 级可采储量为 $1\,100 \times 10^8$ m^3）和斯塔夫罗波尔边疆区（A+B+C$_1$+C$_2$ 级可采储量为 510×10^8 m^3）。

根据目前可采的天然气储量计算，北高加索联邦区只有一处凝析油气田达到中型规模，它就是达吉斯坦共和国的季米特洛夫（Димитровское）凝析油气田，季米特洛夫凝析油气田发现于 1980 年，A+B+C$_1$ 级天然气平衡储量为 269.7×10^8 m^3，C$_2$ 级天然气平衡储量为 344×10^8 m^3。

北高加索联邦区凝析液的初始资源总量为 $3\,990 \times 10^4$ t（表 6.7），其中超过 60% 的初始资源量为 D$_1$+D$_2$ 级资源量。其主要分布在达吉斯坦共和国、斯塔夫罗波尔边疆区和车臣共和国，A+B+C$_1$ 级为 322×10^4 t，C$_2$ 储量为 426×10^4 t。

6.2.2　煤炭

截至 2016 年，在北高加索联邦区的卡拉恰伊-切尔克斯共和国，统计有 3 处未开发的石煤矿床，分别为胡马林（Хумаринское）矿床、卡尔特纠尔特（Картджюртское）（侏罗纪）矿床、阿克萨乌特-杰别尔金（Аксаут-Тебердинское）（中石炭世）矿床。这 3 处石煤矿床的 B+C$_1$ 级平衡储量为 857.2×10^4 t，C$_2$ 级平衡储量为 13.3×10^4 t，表外储量为 626.3×10^4 t。其中胡马林矿床最大，它的 B+C$_1$ 平衡储量为 857.2×10^4 t，C$_2$ 级平衡储量为 13.3×10^4 t，表外储量为 307.9×10^4 t。卡尔特纠尔特矿床只有表外储量为 96.8×10^4 t。阿克萨乌特-杰别尔金石煤矿床的表外储量为 221.6×10^4 t。

6.3　北高加索联邦区金属矿产资源

北高加索联邦区的钨矿储量大且集中，仅德尔内阿乌兹斯克钨矿床的储量就约占俄罗斯探明钨储量的38%。北高加索联邦区的优势固体矿产资源主要为钨矿，具有一定优势的金属矿产资源有铜、钛、锆矿等。此外，北高加索联邦区的钛、锆矿的远景资源量也较大。

6.3.1　金矿与银矿

截至2016年，北高加索联邦区金的总储量包含在9处有色金属矿床（1处为钼-钨矿床、3处为多金属矿床、5处为黄铜矿床）和1处金矿床中。A＋B＋C_1级金平衡储量为8 933 kg，C_2级平衡储量为93 652 kg，表外储量34 974 kg。2015年开采530 kg金。矿床分布在北高加索的卡拉恰伊-切尔克斯共和国、卡巴尔达-巴尔卡尔共和国、北奥塞梯-阿兰共和国和达吉斯坦共和国。

北高加索联邦区的银储量居俄罗斯各联邦第五位。北高加索联邦区的银按储量计算占俄罗斯联邦平衡储量的2.1%，为2 313 t，银的表外储量为211 t。银统计于6处多金属矿床、黄铜矿矿床和铅锌矿床，主要集中在大高加索构造省。按照储量大小，卡拉恰伊-切尔克斯共和国的乌鲁普黄铜矿矿床的银含量属于小型矿床，该矿床的矿石中含 C_2级银储量833.2 t，矿石中的银平均品位为37.4 g/t。

北高加索联邦区约71%的银储量已经配置，绝大多数未配置的银储量均位于北奥塞梯-阿兰共和国境内。

2012年进行银开采的只有乌鲁普（Урупское）矿床，开采了7.8 t银，占俄罗斯银开采量的0.4%。矿石在乌鲁普采选联合工厂里加工，年加工能力为$75×10^4$ t矿石，加工得到浮选的铜精粉和重选的金-铜粗粉。

6.3.2　钛矿与锆矿

斯基夫斯克（Скифское）钛-锆砂矿省的斯塔夫罗波尔砂矿区位于北高加索联邦区的斯塔夫罗波尔边疆区。斯塔夫罗波尔砂矿区的别什巴吉尔（Бешпагирское）锆石-金红石-钛铁矿矿床储量被统计到国家储量平衡表中，该矿床的ZrO_2平衡储量占俄罗斯总储量的2%，TiO_2储量占俄罗斯储量的0.1%，其中B＋C_1级TiO_2储量为$44.1×10^4$ t，B＋C_1级ZrO_2储量为$13.98×10^4$ t，C_2级TiO_2储量为$8.7×10^4$ t，C_2级ZrO_2储量为$2.6×10^4$ t，TiO_2表外储量为$248.8×10^4$ t，ZrO_2表外储量为$67.2×10^4$ t。矿石品位：TiO_2为24.73 kg/m³，ZrO_2为7.84 kg/m³。

别什巴吉尔矿床是沿海-海洋型砂矿，由两个水平的矿体组成。围岩为新近系上萨尔玛特群别什巴吉尔组的长石石英砂。储量大部分位于上部矿层，目前该矿床计划露天开采，下部层预期使用液压钻井的方法开采。

斯塔夫罗波尔砂矿区的 ZrO_2 具有较大的扩储潜力，在该砂矿区目前已发现卡姆布拉特（Камбулатское）矿化、格非茨（Гофицкий）矿化、布拉格达特涅斯克（Благодатненское）矿化和格拉切夫（Грачевское）矿化，P_1 级 ZrO_2 潜力资源量为 160×10^4 t，P_2 级 ZrO_2 潜力资源量为 190×10^4 t，以及 P_1 级 TiO_2 资源量为 440×10^4 t。

6.3.3 铜矿、铅矿与锌矿

截至 2016 年，北高加索联邦区统计有 13 处含铜原生矿床，其中 1 处只有表外储量。矿床分布在卡拉恰伊-切尔克斯共和国、卡巴尔达-巴尔卡尔共和国、北奥塞梯-阿兰共和国和达吉斯坦共和国。铜储量最大的是卡拉恰伊-切尔克斯共和国，占北高加索联邦区 A＋B＋C_1 级铜总储量的 42.6%，C_2 级铜储量的 60.5%，表外铜储量的 58.7%。其次为达吉斯坦共和国，分别占北高加索联邦区 A＋B＋C_1 级铜总储量的 56.7%，C_2 级铜储量的 35.3%，表外铜储量的 27.5%。北高加索联邦区 A＋B＋C_1 级铜总储量为 $1\,823.1\times10^3$ t，C_2 级铜储量为 383.7×10^3 t（表 6.9），表外铜储量为 20.15×10^4 t。2015 年卡拉恰伊-切尔克斯共和国开采了 7 500 t 铜。

表 6.9 北高加索联邦区主要固体矿产储量与开采量情况

矿种	单位	A＋B＋C_1 级	C_2 级	已配置的（A＋B＋C_1＋C_2）	未配置资源	开采量
煤	10^3 t	8572	133	0	6263	0
铜	10^3 t	1823.1	383.7	2201	177.9	7.5
铅	10^3 t	210.1	185.8	89	45.1	0
锌	10^3 t	810.3	464.7	823.6	283	3.9
钨（W_2O_3）	10^3 t	607.7	81.9	0	3.3	0
钼	10^3 t	60.4	2.01	0	101.5	0
锆	10^3 t	139.8	26	165.8	672	0
钛	10^3 t	441	87	0	2.5	0
铋	10^3 t	0.103	3.323	17.7	0.18	0
银	t	732.5	1580.5	1651.1	211	7.8
金	t	8.93	93.65	134.2	5.6	0.53

截至 2016 年，北高加索联邦区统计有 17 处锌（含锌）矿床，B＋C_1 级锌总储量为 81.03×10^4 t，占俄罗斯 A＋B＋C_1 级锌总储量的 1.99%，C_2 级锌储量为 46.47×10^4 t（表 6.9），表外锌储量为 28.3×10^4 t。其中 6 处矿床分布在卡拉恰伊-切尔克斯共和国，A＋B＋C_1 级锌储量占北高加索联邦区锌储量的 54.5%。10 处矿床位于北奥塞梯-阿兰共

和国，A＋B＋C$_1$级锌储量占北高加索联邦区锌储量的42.4%。1处位于达吉斯坦共和国，A＋B＋C$_1$级锌储量占北高加索联邦区锌储量的3.1%。

北高加索联邦区已配置的4处锌（含锌）矿床的B＋C$_1$级储量占北高加索联邦区锌储量的42.9%。

北高加索联邦区正在开采的锌矿床为卡拉恰伊-切尔克斯共和国的乌鲁普（Урупское）矿床，2015年该矿床开采锌3 900 t。

北高加索联邦区准备开发的锌（含锌）矿床有3处，分别为卡拉恰伊-切尔克斯共和国的斯卡利斯特（Скалистое）矿床、五一（Первомайское）矿床和胡杰斯（Худесское）矿床。

北高加索联邦区未配置的锌（含锌）矿床有13处。

北高加索联邦区A＋B＋C$_1$级铅总平衡储量为210.1×10^3 t，C$_2$级平衡储量为185.8×10^3 t（表6.9）。表6.10为北高加索联邦区主要固体矿产预测资源量情况。

表6.10　北高加索联邦区主要固体矿产预测资源量情况

矿种	单位	P$_1$	P$_2$	P$_3$
铜	10^3 t	0	1 500	1 000
铅	10^3 t	148	86	150
钨（W$_2$O$_3$）	10^3 t	—	—	250
锆	10^3 t	2 559	2 574.4	2 976
钛	10^3 t	13 720	13 433	19 426
金	t	31	381.5	285

6.3.4　钨矿与钼矿

北高加索联邦区的钨A＋B＋C$_1$储量为60.77×10^4 t（表6.9），占俄罗斯钨储量的46%，分布在3处钨矿床中，均未配置。其中2处为卡巴尔达-巴尔卡尔共和国的夕卡岩型矿床，分别为德尔内阿乌兹斯克（Тырныаузское）矿床和基特且-德尔内阿乌兹斯克（Гитче-Тырныаузское）矿床，1处为卡拉恰伊-切尔克斯共和国的网脉状矿床，为柯基-基别尔金（Кти-Тибердинское）矿床（表6.11）。德尔内阿乌兹斯克矿床拥有北高加索联邦区超过82%的钨储量。

北高加索联邦区所有的钨矿床中钨都以白钨矿的形式存在。德尔内阿乌兹斯克矿床的白钨矿化发育在夕卡岩化大理岩、角岩和花岗岩里。白钨矿伴生钼元素，矿石的品质不高，WO$_3$的平均品位为0.16%，矿石的类型不同，钨的品位也不同，该矿床钨的品位在0.019%~0.48%变化。除了钼元素，矿石中作为伴生元素存在的还有金、银、铜和铋等元素。在这个矿床的基地内运营着德尔内阿乌兹斯克钨-钼联合厂。

在北高加索联邦区，2016年的国家储量平衡表中，卡巴尔达-巴尔卡尔共和国统计

有钼 $B+C_1$ 级平衡储量 60 449 t，超过俄罗斯钼总储量的 4.2%，C_2 级平衡储量 2 010 t，占俄罗斯的 0.3%，表外储量占俄罗斯的 12.6%，为 101 647 t，这些储量来源于德尔内阿乌兹斯克矿床和基特且–德尔内阿乌兹斯克钨–钼矿床，目前这两处矿床均未配置。

表 6.11 北高加索联邦区主要矿床储量特征表

矿床	矿种（储量单位，品位单位）	$A+B+C_1$	C_2	平均品位	开采量	地下资源利用者
胡马林（Хумаринское）矿床	煤（10^6 t）	8.6	0.13	0	0	未配置
季吉尔-杰尔（Кизил-Дере）矿床	铜（10^3 t，%）	1 038.5	135.5	2.14	0	俄罗斯投资有限责任公司
	锌（10^3 t，%）	24.6	59	2.19	0	
	银（t，g/t）	231.8	51.5	4.77	0	
	金（t，g/t）	7.66	1.44	0.16	0	
胡杰斯（Худесское）矿床	铜（10^3 t，%）	478.5	13.7	1.54	0	乌鲁普采选联合工厂封闭式股份公司
	锌（10^3 t，%）	260.5	8.4	0.84	0	
	银（t，g/t）	0	347.6	11.36	0	
	金（t，g/t）	0	26.59	0.87	0	
乌鲁普（Урупское）矿床	铜（10^3 t，%）	277.7	215.9	2.7	6.8	乌鲁普采选联合工厂封闭式股份公司
	锌（10^3 t，%）	110.6	79.7	1.07	5.2	
	银（t，g/t）	0	833.2	37.41	7.7	
	金（t，g/t）	0	54.65	2.45	0.49	
	镉（t，%）	0	523.4	0.002	31.6	
卡卡杜尔-哈尼克姆（Какадур-Хамикомское）矿床	铅（10^3 t，%）	82.6	65.8	1.95	0	未配置
	锌（10^3 t，%）	82.5	59.4	1.95	0	
	银（t，g/t）	59.3	54.5	14	0	
	金（t，g/t）	0	2.5	0.3	0	
	铋（t，%）	0	368.7	0.004	0	
卡达特-哈姆巴拉达格（Кадат-Хампаладагское）矿床	铅（10^3 t，%）	41.6	45.4	1.19	0	未配置
	锌（10^3 t，%）	85.5	80.4	2.45	0	
	银（t，g/t）	68.3	62.7	19.6	0	
	铋（t，%）	0	603	0.009	0	
植米顿（Джимидонское）矿床	铅（10^3 t，%）	18.7	11.8	3.23	0	萨东矿业公司
	锌（10^3 t，%）	51.7	125.9	8.7	0	
	银（t，g/t）	26.8	66	62.3	0	
	铜（10^3 t，%）	2.8	2.2	0.65	0	
	铋（t，%）	0	240.7	0.010 5	0	

续表

矿床	矿种（储量单位，品位单位）	A＋B＋C$_1$	C$_2$	平均品位	开采量	地下资源利用者
茨基德斯克（Згидское）矿床	铅（10^3 t，%）	16.9	11.3	2.95	0	通用矿业有限责任公司
	锌（10^3 t，%）	15.1	10.5	2.64	0	
	银（t，g/t）	12	8.6	20.9	0	
	铋（t，%）	7.9	5.4	0.001 4	0	
德尔内阿乌兹斯克（Тырныаузское）矿床	钨（WO$_3$）（10^3 t，%）	508.09	60.82	0.16	0	特尔内奥兹采选联合工厂开放式股份公司，未配置
	钼（10^3 t，%）	130.11	13.58	0.04	0	
	铜（10^3 t，%）	26	4.3	0.01	0	
	银（t，g/t）	288.6	48.5	0.91	0	
	铋（t，%）	14 257	3 381	0.004	0	
	金（t，g/t）	32.82	8.05	0.1	0	
柯基-基别尔金（Кти-Тибердинское）矿床	钨（WO$_3$）（10^3 t，%）	88.9	20.9	0.36	0	未配置
别什巴吉尔（Бешпагирское）矿床	锆（10^6 t，kg/m^3）	0.14	0.03	7.84	0	未配置
	钛（10^6 t，kg/m^3）	0.4	0.09	24.7	0	

6.3.5　汞矿、铋矿与镉矿

在北高加索联邦区的北奥塞梯-阿兰共和国，有 1 处尚未配置的汞矿床，名为吉博斯克（Тибское）矿床，含 A＋B＋C$_1$ 级汞储量为 255 t，C$_2$ 级汞储量为 400 t。矿石中的汞平均品位为 0.25%。

截至 2016 年，北高加索联邦区铋的 B＋C$_1$ 级储量为 103.5 t，C$_2$ 级储量为 3 323.2 t。2015 年北高加索联邦区铋未进行开采。

在卡巴尔达-巴尔卡尔共和国统计有 1 处含铋-钼-钨矿床，名为德尔内阿乌兹斯克矿床。在北奥塞梯-阿兰共和国铋的储量统计有 7 处铅锌矿床：阿尔宏（Архонское）矿床、植米顿（Джимидонское）矿床、茨基德斯克（Згидское）矿床、萨顿（Садонское）矿床、卡达特-哈姆巴拉达格（Кадат-Хампаладагское）矿床、卡卡杜尔-哈尼克姆（Какадур-Ханикомское）矿床、左岸（Левобережний）矿床。

截至 2016 年，北高加索联邦区共统计了 14 处含镉矿床（其中 6 处黄铜矿床、4 处多金属矿床和 4 处铅锌矿床），C_1 级镉平衡储量为 2 409.2 t，占俄罗斯 A＋B＋C_1 级储量的 2.3%，C_2 级储量为 3 550.7 t，表外储量为 201 t。镉主要的储量分布在北奥塞梯-阿兰共和国（占北高加索联邦区 88% 的 C_1 级储量和 70% 的 C_2 级储量）的 8 处矿床，其余的储量分布在卡拉恰伊-切尔克斯共和国的 5 处矿床和达吉斯坦共和国的 1 处矿床。2015 年共开采镉 6.9 t。

目前已配置的为卡拉恰伊-切尔克斯共和国的 4 处黄铜矿矿床，C_2 级镉储量为 961.6 t。

6.3.6　铟矿、硒矿与碲矿

截至 2015 年，北高加索联邦区统计了黄铜矿和铅锌矿床中的铟、硒、碲储量。同时进行伴生的硒和碲的开采。

北奥塞梯-阿兰共和国的铟作为伴生组分存在于 5 处铅锌矿床中：阿尔宏矿床、萨顿矿床、茨基得斯克矿床、植米顿矿床、左岸矿床。铟的 A＋B＋C_1 储量为 3.2 t，C_2 级储量为 42.4 t，矿石中铟的平均品位为 6.9 g/t。已配置的矿床有萨顿矿床和阿尔宏矿床，两处矿床均未开采。未配置的矿床有植米顿矿床和左岸矿床，C_2 级铟储量为 31.1 t。

卡拉恰伊-切尔克斯共和国已配置的矿床有乌鲁普矿床、五一矿床、斯卡利斯特矿床、胡杰斯矿床共 4 处黄铜矿矿床，统计矿石中伴生的硒、碲元素，硒的初评估储量为 3 400 t，碲的初评估储量为 3 700 t，硒、碲的平均品位分别为 61.8 g/t 和 66.8 g/t。

2012 年乌鲁普采选联合工厂封闭式股份公司开发了乌鲁普矿床，开采 40.22×10^4 t 矿石，获得 9.9 t 硒和 19.3 t 碲。

达吉斯坦共和国的季吉尔-杰尔（Кизил-Дере）黄铜矿矿床统计硒的 A＋B＋C_1 级储量为 2 300 t，占俄罗斯的 4.6%，C_2 级储量为 400 t。铟的 A＋B＋C_1 级储量为 3.1 t，C_2 级储量为 11.2 t。平均品位硒为 47.6 g/t，铟为 2.76 g/t。

6.4　北高加索联邦区非金属矿产资源

6.4.1　硼矿

在斯塔夫罗波尔边疆区，未开发的库尔干金山（Гора Золотой Курган）矿床的硅硼钙石矿石储量被统计到未配置的储量中，该矿床储量构成了俄罗斯 B＋C_1 级硅硼钙石矿石储量的 0.65%（0.3% 的 B_2O_3 储量）。矿床赋存在石灰质的石榴子石-硅灰石夕卡岩带。矿石属于贫矿石，平均品位为 4.1%～4.6%。

6.4.2　石膏与硬石膏

截至 2016 年，北高加索联邦区国家储量平衡表中统计了 8 处石膏矿床，分布在卡拉恰伊-切尔克斯共和国、卡巴尔达-巴尔卡尔共和国、车臣共和国和达吉斯坦共和国，A＋B＋C_1 级平衡储量为 9 859.9×10^4 t，占俄罗斯储量的 2.13%，C_2 级平衡储量为 2 791.6×10^4 t。

北高加索联邦区正在开发的有 6 处石膏矿床，A＋B＋C_1 级平衡储量为 9 570.7×10^4 t，C_2 级平衡储量为 1 169.4×10^4 t。2015 年开采了 44.9×10^4 t 石膏。

北高加索联邦区准备开发的石膏矿床有 1 处，为达吉斯坦共和国的阿尔黑特（Архитское）矿床，A＋B＋C_1 级平衡储量为 289.2×10^4 t。

卡拉恰伊-切尔克斯共和国有 1 处未配置的石膏矿床，暗光（Темная Балка）矿床。

6.4.3　水泥原料与玻璃原料

截至 2014 年，北高加索联邦区国家储量平衡表中统计了 9 处水泥原料矿床。2015 年格鲁保克（Глубокое）矿床列入国家储量平衡表使得水泥原料储量大幅增加，北高加索联邦区水泥原料 A＋B＋C_1 级平衡储量为 63 694.7×10^4 t，C_2 级平衡储量为 51 025.3×10^4 t。

北高加索联邦区已配置 3 处水泥原料矿床，均正在开采，已配置 A＋B＋C_1 级平衡储量为 52 956.3×10^4 t，C_2 级平衡储量为 34 930.8×10^4 t。还有 1 处水泥原料矿床正在勘探，C_2 级平衡储量为 6 837.4×10^4 t。2014 年北高加索联邦区共开采水泥原料 422.2×10^4 t。

北高加索联邦区未配置 5 处水泥原料矿床，A＋B＋C_1 级平衡储量为 10 708.4×10^4 t，C_2 级平衡储量为 9 257.1×10^4 t。

截至 2015 年，北高加索联邦区统计有 7 处玻璃原料矿床，其中 5 处为石英砂，A＋B＋C_1 级平衡储量为 2 290×10^4 t，C_2 级平衡储量为 460×10^4 t。1 处白云石矿床 [巴斯宁（Боснинское）矿床]，A＋B＋C_1 级平衡储量为 22 640×10^4 t，C_2 级平衡储量为 420×10^4 t。1 处石英砂岩矿床 [谢尔诺（Серное）矿床]，A＋B＋C_1 级平衡储量为 5 710×10^4 t，C_2 级平衡储量为 1 800×10^4 t。

北高加索联邦区目前正在开发的有 3 处玻璃原料矿床，分别为斯塔夫罗波尔边疆区的布拉格达尔涅斯克（Благодарненское）石英砂矿床、斯帕斯（Спасское）石英砂矿床，以及北奥塞梯-阿兰共和国的巴斯宁白云石矿床。在 2012 年布拉格达尔涅斯克矿床开采玻璃原料 13×10^4 t，在斯帕斯矿床开采玻璃原料 19×10^4 t，在巴斯宁矿床开采矿石 25.9×10^4 t。布拉格达尔涅斯克矿床的石英砂由工农业能源有限责任公司开采，斯帕斯矿床由水晶有限责任公司开采，巴斯宁矿床由高加索白云石有限责任公司开采。

北高加索联邦区正在准备开发的玻璃原料矿床有达吉斯坦共和国的谢尔诺石英砂岩矿床。

北高加索联邦区未配置的矿床为 2 处石英砂矿床，阿列克谢耶夫（Алексеевское）矿床和克拉斯诺克柳切夫（Краснаключевское）矿床，C_1 级平衡储量为 790×10^4 t，C_2 级为 60×10^4 t。

6.4.4　珍珠岩、膨润土、耐火黏土

在北高加索联邦区卡巴尔达-巴尔卡尔共和国，2016 年国家储量平衡表中统计了 1 处未配置的珍珠岩矿床，为哈卡尤克（Хакаюкское）矿床右岸矿段，$A+B+C_1$ 级平衡储量为 $80.8×10^4 m^3$，C_2 级平衡储量为 $22.2×10^4 m^3$。

北高加索联邦区 2016 年国家储量平衡表中在卡拉恰伊-切尔克斯共和国统计了 1 处耐火黏土矿床，为红山（Красногорское）2 号矿床，未配置，$A+B+C_1$ 级储量为 $1 015×10^4 t$。

北高加索联邦区 2016 年国家储量平衡表中在卡巴尔达-巴尔卡尔共和国统计了 2 处膨润土矿床，$A+B+C_1$ 级储量为 $662.4×10^4 t$。其中海怡（Xey）矿床正在准备开发，纳尔奇克（Нальчикское）矿床属于未配置未开发的矿床。

奔塔有限责任公司拥有海怡膨润土矿床的开发利用权，该矿床的 C_1 级储量核实为 $170.2×10^4 t$，2017 年来该公司正在准备矿山开发工作。

纳尔奇克矿床的 $A+B+C_1$ 级膨润土储量为 $492.2×10^4 t$。

6.4.5　彩色宝石

北高加索联邦区卡拉恰伊-切尔克斯共和国国家储量平衡表中统计了 1 处未配置的玉髓矿床，名为杰古塔 1 号（Джегута-1）矿床，C_1 级平衡储量为 111 t，C_2 级平衡储量为 57 t。

第7章

伏尔加河沿岸联邦区
矿产资源

    伏尔加河沿岸联邦区位于俄罗斯西南部伏尔加河流域，面积较大，人口较多，是俄罗斯各联邦区中的第二大经济区，加工业及采掘业都较为发达。伏尔加河沿岸联邦区的金属冶炼加工能力和石化加工能力均较为强大。伏尔加河沿岸联邦区的基础设施条件较好，社会经济整体发展水平位于俄罗斯各联邦区的中间位置。伏尔加河沿岸联邦区一直是俄罗斯重要的油气资源基地，经过 70 余年的开采，目前石油可采储量超过 4×10^9 t，天然气可采储量仍然超过 10^{12} m^3。在伏尔加河沿岸联邦区的固体矿产方面，最主要的是黄铁矿型铜矿和铜锌矿，其硫、铜和锌的储量非常大，形成了一批著名的大型矿床。其次，伏尔加河沿岸联邦区的金、银、镍矿产资源也较丰富，属于伏尔加河沿岸联邦区的优势矿产资源。伏尔加河沿岸联邦区还广泛分布膨润土、石膏、水泥原料和玻璃原料等非金属矿产，形成一批非金属矿产的矿物原料基地。

7.1　伏尔加河沿岸联邦区基本概况

伏尔加河沿岸联邦区位于俄罗斯西南部伏尔加河流域，包括巴什科尔托斯坦共和国、楚瓦什共和国、基洛夫州、马里埃尔共和国、莫尔多瓦共和国、下诺夫哥罗德州、奥伦堡州、奔萨州、彼尔姆边疆区、萨马拉州、萨拉托夫州、鞑靼斯坦共和国、乌德穆尔特共和国、乌里扬诺夫斯克州共 14 个联邦主体（图 7.1，表 7.1）。伏尔加河沿岸联邦区面积为 103.8×10^4 km^2，占俄罗斯总面积的 6.06%，人口 2 967.36 万人，占俄罗斯总人口的20.25%，为俄罗斯第二大人口集中区。伏尔加河沿岸联邦区的行政中心为下诺夫哥罗德市，该市人口约 141 万人。

图 7.1　伏尔加河沿岸联邦区行政区划略图

表 7.1 伏尔加河沿岸联邦区主体构成

编号	联邦主体	面积/$10^4\,km^2$	人口/万人
1	巴什科尔托斯坦共和国	14.29	407.11
2	马里埃尔共和国	2.34	68.59
3	莫尔多瓦共和国	2.61	80.74
4	鞑靼斯坦共和国	6.78	386.87
5	乌德穆尔特共和国	4.21	151.72
6	楚瓦什共和国	1.83	123.66
7	彼尔姆边疆区	16.02	263.44
8	基洛夫州	12.04	129.75
9	下诺夫哥罗德州	7.66	326.03
10	奥伦堡州	12.37	199.47
11	奔萨州	4.34	134.87
12	萨马拉州	5.36	320.6
13	萨拉托夫州	10.12	248.75
14	乌里扬诺夫斯克州	3.72	125.76

资料来源：俄罗斯联邦国家统计局. 俄罗斯区域社会经济指标（2016）. （2017-02）[2017-04-29]. www.gks.ru/wps/wcm/connect/ rosstat_main/rosstat/ru/statistics/pubicacion/catalog/cfoc_1138623506156.

　　伏尔加河沿岸联邦区是俄罗斯的第二大经济体，仅次于中央联邦区（表 7.2）。该区经济发展以工业为主，加工制造业产值占俄罗斯的 20.86%，集中了俄罗斯 85% 的汽车制造业、65% 的航空制造业、40% 的石化工业和 30% 的造船工业。采掘业在伏尔加河沿岸联邦区经济结构中也占有较大比重，占俄罗斯的 15.26%，是仅次于乌拉尔联邦区的第二大采掘业地区。伏尔加河沿岸联邦的采掘业以能源-燃料矿产采掘为主，占联邦区采掘业的 95% 以上，同时该区还拥有发达的管道工业和炼铜、炼铝工业及先进的炼油能力，联邦区的石油初级加工能力占俄罗斯的 43%。

表 7.2 伏尔加河沿岸联邦区主要经济结构构成　　　　　　（单位：亿美元）

编号	联邦主体	地区生产总值	采掘业	制造业	水电气的生产	农业	建筑业	零售业
1	巴什科尔托斯坦共和国	186.39	29.51	142.46	17.10	23.80	0.40	117.11
2	马里埃尔共和国	21.51	0.06	19.88	1.61	7.17	0.07	11.43
3	莫尔多瓦共和国	25.51	0.06	19.36	1.74	7.99	0.05	11.63
4	鞑靼斯坦共和国	249.46	63.92	196.33	18.69	32.40	0.36	115.86
5	乌德穆尔特共和国	65.96	24.38	37.60	5.12	10.04	0.10	30.90

续表

编号	联邦主体	地区生产总值	采掘业	制造业	水电气的生产	农业	建筑业	零售业
6	楚瓦什共和国	35.09	0.09	21.88	3.11	6.56	0.12	20.88
7	彼尔姆边疆区	144.46	36.66	129.78	15.29	6.95	0.17	71.35
8	基洛夫州	37.36	0.14	26.61	5.47	5.48	0.11	26.10
9	下诺夫哥罗德州	151.99	0.20	160.22	13.99	10.98	0.19	93.30
10	奥伦堡州	109.15	57.10	39.46	11.52	15.84	0.18	41.55
11	奔萨州	44.43	0.08	24.27	3.16	11.36	0.14	28.56
12	萨马拉州	171.93	36.10	129.58	17.09	13.08	0.33	88.06
13	萨拉托夫州	83.92	4.15	48.93	13.71	19.69	0.17	46.88
14	乌里扬诺夫斯克州	41.65	1.91	33.70	3.76	5.28	0.14	25.22
合计	伏尔加河沿岸联邦区	1 368.82	254.35	1 030.07	131.36	176.63	2.52	728.82

资料来源:俄罗斯联邦国家统计局.俄罗斯区域社会经济指标(2016).(2017-02)[2017-04-29]. www.gks. ru/wps/wcm/connect/ rosstat_main/rosstat/ru/statistics/pubicacion/catalog/cfoc_1138623506156.

在俄罗斯各主要联邦区中,伏尔加河沿岸联邦区人均月平均工资低于俄罗斯平均水平,为 393 美元,人均制造业产值则与俄罗斯水平持平,而人均采掘业产值和人均固定资产投资额则略低于俄罗斯平均水平。总体上看,伏尔加河沿岸联邦区经济发展水平处于俄罗斯的平均水平偏低的位置(表 7.3)。

表 7.3 伏尔加河沿岸联邦区人均经济指标 （单位：美元）

行政单位名称	月平均工资	人均制造业产值	人均采掘业产值	人均固定资产投资额
巴什科尔托斯坦共和国	414	3 499	725	1 161
马里埃尔共和国	277	2 898	9	847
莫尔多瓦共和国	267	2 397	8	968
鞑靼斯坦共和国	480	5 075	1 652	2 381
乌德穆尔特共和国	365	2 479	1 607	790
楚瓦什共和国	276	1 769	8	659
彼尔姆边疆区	478	4 927	1 391	1 229
基洛夫州	331	2 051	10	648
下诺夫哥罗德州	460	4 914	6	1 048
奥伦堡州	343	1 978	2 862	1 263
奔萨州	326	1 799	6	982
萨马拉州	414	4 042	1 126	1 391

行政单位名称	月平均工资	人均制造业产值	人均采掘业产值	人均固定资产投资额
萨拉托夫州	300	1 967	167	833
乌里扬诺夫斯克州	340	2 680	152	1 069
伏尔加河沿岸联邦区	393	3 471	857	1 231
俄罗斯联邦	455	3 370	1 138	1 483

资料来源：俄罗斯联邦国家统计局. 俄罗斯区域社会经济指标（2016）.（2017-02）[2017-04-29]. www. gks. ru/wps/wcm/connect/ rosstat_main/rosstat/ru/statistics/pubicacion/catalog/cfoc_1138623506156.

从表 7.4 可以看出，伏尔加河沿岸联邦区主要社会经济指标占俄罗斯的比重中，制造业、农业和建筑业比重与人口比重持平，国民生产总值、采掘业、水电气的生产、零售业等行业略低于人口比重，而进出口额比重则明显低于人口比重。

表 7.4　伏尔加河沿岸联邦区主要社会经济指标占俄罗斯的比重　　　　（单位：%）

行政单位名称	面积	人口	劳动人口	国民生产总值	采掘业	制造业	水电气的生产
俄罗斯联邦	100	100	100	100	100	100	100
伏尔加河沿岸联邦区	6.1	20.2	20.4	15.6	15.26	20.86	18.21

行政单位名称	农业	建筑业	零售业	固定资产投资	出口	进口
俄罗斯联邦	100	100	100	100	100	100
伏尔加河沿岸联邦区	22.9	20	17.7	16.8	12.2	6.2

资料来源：俄罗斯联邦国家统计局. 俄罗斯区域社会经济指标（2016）.（2017-02）[2017-04-29]. www. gks. ru/wps/wcm/connect/ rosstat_main/rosstat/ru/statistics/pubicacion/catalog/cfoc_1138623506156.

伏尔加河沿岸联邦区的交通运输系统是俄罗斯运输系统的关键组成部分，它位于主要的国际运输走廊带的十字路口。南北向从芬兰、圣彼得堡、莫斯科、阿斯特拉罕、里海、伊朗直达海湾国家/印度，东西向从柏林、华沙、莫斯科、叶卡捷琳堡、西伯利亚大铁路到符拉迪沃斯托克（海参崴）/纳霍德卡。铁路交通在伏尔加河沿岸联邦区具有关键的角色，占伏尔加河沿岸联邦区货物运转量的 75%。伏尔加河沿岸联邦区铁路的密度在俄罗斯居于第三位，仅次于中央联邦区和南部联邦区。通过伏尔加河沿岸联邦区的铁路线有北方铁路线、高尔基铁路线、伏尔加河沿岸铁路线、古比雪夫铁路线、东南铁路线和斯维尔德洛夫斯克铁路线。铁路的运营长度为 1.47×10^4 km，运营密度为 142 km/10^4 km^2。硬质路面的公路长度为 17.56×10^4 km（表 7.5）。

表 7.5　伏尔加河沿岸联邦区主要交通运输方式运量及密度

统计项目	统计范围	年份						
		2005	2010	2011	2012	2013	2014	2015
铁路货运周转量/10^6 t	俄罗斯联邦	1273.3	1312	1381.7	1421.1	1381.2	1375.4	1329
	伏尔加河沿岸联邦区	191.4	191.2	193.7	199.9	192.8	200.6	189.3

续表

统计项目	统计范围	年份						
		2005	2010	2011	2012	2013	2014	2015
铁路通行里程密度 / (km/10⁴ km²)	俄罗斯联邦	50	50	50	50	50	50	50
	伏尔加河沿岸联邦区	144	142	142	142	142	142	142
硬质路面公路通行里程密度 / (km/10³ km²)	俄罗斯联邦	31	39	43	54	58	60	61
	伏尔加河沿岸联邦区	126	150	152	200	207	218	226

资料来源:俄罗斯联邦国家统计局.俄罗斯区域社会经济指标(2016). (2017-02)[2017-04-29].www.gks.ru/wps/wcm/ connect/ rosstat_main/rosstat/ru/statistics/pubicacion/catalog/cfoc_1138623506156.

除陆路运输外,伏尔加河及其支流,以及与之相连的运河系统与海洋、俄罗斯的欧洲部分、首都及乌拉尔相连,构成良好的水上运输系统。

7.2　伏尔加河沿岸联邦区能源矿产资源

伏尔加河沿岸联邦区的油气开采一直是俄罗斯最重要的油气开采区之一,伏尔加河沿岸联邦区的油气田主要分布在伏尔加-乌拉尔油气省,极少数小油气田处在里海油气省和吉姆诺-伯朝拉油气省的边缘部位,储量以石油为主,天然气为辅。伏尔加河沿岸联邦区油田的开采始于 20 世纪 40 年代中期,且近 20 年来,其开采量一直在增长。石油开采特别是石油加工行业对伏尔加河沿岸联邦区的经济发展具有深远的影响。

7.2.1　石油

据 2009 年统计结果显示,伏尔加河沿岸联邦区石油的初始资源总量为 158×10^8 t,占俄罗斯的 13.4%,且伏尔加河沿岸联邦区已累计开采石油 74×10^8 t。石油初始资源总量主要集中在鞑靼斯坦共和国、巴什科尔托斯坦共和国、萨马拉州、奥伦堡州等地区,这 4 个联邦主体的初始资源总量占伏尔加河沿岸联邦区的 3/4 以上(图 7.2)。目前大部分州的石油初始资源总量的勘探程度已超过 70%,在这些地区发现新的中大型油藏的概率不大。

据 2016 年统计结果,伏尔加河沿岸联邦区已探明油气田 1 564 处,其中绝大多数为油田(图 7.3)。在 2016 年石油储量平衡表中,伏尔加河沿岸联邦区 A+B+C₁ 级可采平衡储量为 35.68×10^8 t,C₂ 级可采平衡储量为 7.83×10^8 t。石油探明可采储量主要集中在鞑靼斯坦共和国(9.225×10^8 t)、奥伦堡州(7.834×10^8 t)、彼尔姆边疆区(5.428×10^8 t)和萨马拉州(5.032×10^8 t)。其中 1 175 处油气田的溶解气探明储量为 $1 832 \times 10^8$ m³(大部分在奥伦堡州,探明储量为 893.8×10^8 m³)。

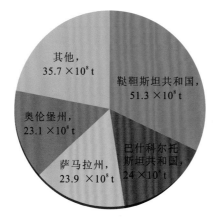

图 7.2　伏尔加河沿岸联邦区石油初始资源量占比图

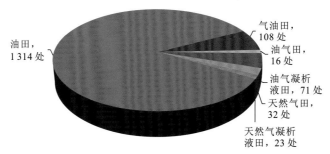

图 7.3　伏尔加河沿岸联邦区油气田类型图

据 2015 年统计数据，伏尔加河沿岸联邦区 2015 年累计开采石油 11 704.2×10⁴ t，占俄罗斯总开采量的 23.34%，主要为：鞑靼斯坦油气区的罗马什金（Ромашкинское）油田开采 1 550.2×10⁴ t，新叶尔霍夫（Ново-Елховское）油田开采 264.6×10⁴ t；巴什科尔托斯坦共和国的阿尔兰斯克（Арланское）油气田开采 413×10⁴ t；奥伦堡州的萨拉琴-尼卡里（Сорочинско-Никольское）油田开采 172.5×10⁴ t。同 2014 年相比，彼尔姆边疆区、乌德穆尔特共和国、鞑靼斯坦共和国、巴什科尔托斯坦共和国、乌里扬诺夫斯克州、萨马拉州、萨拉托夫州 7 个州级行政区的石油开采量均有所增加。

伏尔加河沿岸联邦区几乎全部油气探明储量（约 99%）都集中在伏尔加-乌拉尔油气省，根据石油的探明储量及开采量在俄罗斯居西西伯利亚油气省之后的第二位。伏尔加-乌拉尔油气省的特征是石油储量占主要优势，且主要局限在深 1.5 km～3 km。在油气省的东南部，油田转变为气油田和凝析液田。盆地的油田主要和隆起背斜、断陷、凹陷及岩性的圈闭等有关。

伏尔加-乌拉尔油气省的石油，主要是石蜡型，中高密度。整体上看，伏尔加-乌拉尔油气省从北向南、从西向东石油密度逐渐降低，硫含量逐渐降低，而溶解气逐渐增加，并过渡到石蜡-环烷型。

伏尔加-乌拉尔油气省油气层主要在泥盆系和下石炭统中。鞑靼斯坦含油气区是伏尔加-乌拉尔油气省含油气的重点区域，探明可采石油储量占整个油气省探明可采石油储量的 1/3。鞑靼斯坦含油气区集中分布于伏尔加-乌拉尔隆起中，分布在鞑靼斯坦共和国、巴什科尔托斯坦共和国、奥伦堡州、萨马拉州。

伏尔加-乌拉尔隆起区内，探明了鞑靼斯坦共和国唯一的 1 处超大型油田罗马什金油田，以及 2 处大型油田之一的新叶尔霍夫油田。

罗马什金油田目前有 A＋B＋C_1 级可采石油储量 23 207×10^4 t，C_2 级 3 647×10^4 t，在开采阶段累计开采了石油 23.12×10^8 t。整个油田发现了 17 个产油层。从目前来看，最重要的储层有上泥盆统的巴什斯克层（储量在 12 000×10^4 t 左右）、科诺夫层（储量超过 3 000×10^4 t），深度在 1 540 m～1 750 m。次重要的储层有下石炭统的谢尔布霍夫层（储量 3 350×10^4 t）、巴布里科夫层（储量 8 570×10^4 t）、季节洛夫层（储量 2 640×10^4 t），深度在 750 m～1 250 m。

罗马什金油田的泥盆系石油特征为低密度、中等硫含量和低黏度，原油中石蜡和沥青的质量分数低于 20%。其中季节洛夫层和巴布里科夫层石油密度大、黏度高。谢尔布霍夫层石油渗透率低、密度大、黏度高。从硫含量上看，下石炭统石油属于高硫石油、高石蜡、高沥青。罗马什金油田的许可证持有者为鞑靼石油有限公司。

伏尔加-乌拉尔油气省的奥伦堡油气区集中了伏尔加河沿岸联邦区大部分的天然气探明储量和开采量，这个油气区按照 A＋B＋C_1 级石油储量计算在伏尔加河沿岸联邦区排第二位。这个油气区的奥伦堡（Оренбургское）油气田，按照天然气储量计算属于超大型气田，按照石油储量计算属于大型油田。目前有 A＋B＋C_1 级石油储量 17 020×10^4 t，天然气储量 6 447×10^8 t；C_2 级石油储量 1 210×10^4 t，天然气储量 508×10^8 m^3。

伏尔加-乌拉尔油气省的布祖卢克凹陷、东奥伦堡隆起和北里海沿岸凹陷带主要分布在奥伦堡州，探明的石油主要位于泥盆系、石炭系和二叠系。

奥伦堡州的主要石油储量集中在深 1 790 m～1 990 m 的下二叠统阿尔金碳酸岩层系（占探明储量的 66%）。阿尔金层系的石油属于轻质原油、含硫中等、低黏度，沥青质量分数低（5.4%）。约 92% 的天然气初始储量和约 86% 的凝析液储量集中在石炭系凝析气地层，深 1 350 m～2 359 m。天然气含有 H_2S、CO_2、He、N_2、C_2H_6、C_3H_8、C_4H_{10}。目前该油田的所有者为奥伦堡天然气工业开采有限责任公司和奥伦堡天然气工业石油封闭式股份公司。该油田中未配置的 A＋B＋C_1 级储量有 202.7×10^4 t 石油和 3.7×10^8 m^3 天燃气。

伏尔加-乌拉尔油气省还有一些分布在其他州的油气田，也具有一定的意义，其中包括：上卡姆油气区［在乌德穆尔特共和国的丘德尔斯卡-基音加普（Чутырско-Киенгопское）油气田、米世金（Мишкинское）油气田］，上巴什基尔油气区［彼尔姆边疆区的奥新斯克（Осинское）油气田、莎干尔-加让斯克（Шагирско-Гожанское）油气田、巴德尔巴依（Батырбайское）油气田］，巴什科尔托斯坦共和国的尤加马舍夫（Югомашевское）油气田，乌法油气区（巴什科尔托斯坦共和国的阿尔兰斯克油气田）等。

此外，萨拉托夫州的里海油气省边缘部分油气的预测资源量非常显著，这个地区非常有希望发现新的大型的油气田（图 7.4）。在这个地区的含油气层位非常深（大多为 5.5 km～7 km），并且该区域的研究程度低，基础设施差。2015 年的国家储量平衡表列入了该地区的 3 处天然气田和 2 处油田。

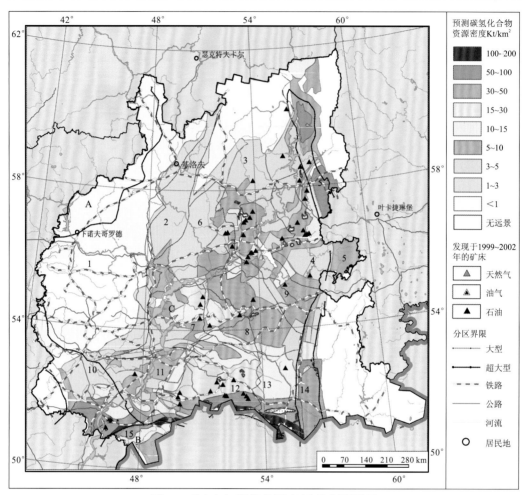

图 7.4　伏尔加河沿岸联邦区油气资源预测图

A. 北俄罗斯油气省；B. 伏尔加-乌拉尔油气省；C. 里海油气省；1 托克莫夫斯克-科捷列尼杰斯克油气区；2. 喀山-卡里姆油气区；3. 上卡姆油气区；4. 上巴什基尔油气区；5. 中普列杜拉尔油气区；6. 北鞑靼油气区；7. 来列凯斯油气区；8. 南鞑靼油气区；9. 乌法油气区；10. 下伏尔加油气区；11. 北伏尔加油气区；12. 布祖卢克油气区；13. 奥伦堡油气区；14. 南普列杜拉尔油气区；15. 北里海油气区

　　伏尔加河沿岸联邦区的彼尔姆边疆区到吉姆诺-伯朝拉油气省南端（北普列杜拉尔油气区）的区域内没有发现工业油气田。

　　伏尔加-乌拉尔油气省主要开采高硫石油、中油或重油，这都需要进一步的加工处理和特殊的运输设备。近年来，俄罗斯积极引进提高采收率的技术，延长油田的开采，控制产量下降。鞑靼斯坦共和国提高石油采收率的工艺水平在俄罗斯居于领先地位。

　　目前，伏尔加河沿岸联邦区已配置的石油平衡储量为 34.217×10^8 t，天然气平衡储量 $7\,278.1 \times 10^8$ m³，凝析液平衡储量 $6\,767 \times 10^4$ t。2015 年伏尔加河沿岸联邦区的油气工业开采都在伏尔加-乌拉尔油气省中。

7.2.2　天然气及其伴生矿产

截至 2016 年，伏尔加河沿岸联邦区共有 221 处天然气田，其中 A＋B＋C$_1$ 级储量为 8 876.95×10^8 m^3，占俄罗斯的 1.75%，C$_2$ 级储量为 979.85×10^8 m^3。伏尔加河沿岸联邦区 2015 年天然气的开采量为 184.35×10^8 m^3，占俄罗斯开采量的 3.11%，其中仅奥伦堡油气田就开采了 156.24×10^8 m^3，占俄罗斯开采量的 2.64%。

奥伦堡油气田的开采许可证持有者为奥伦堡天然气工业开采有限责任公司和奥伦堡天然气工业石油封闭式股份公司。自 1985 年以来，该油气田的产能急剧下降，开采条件不断恶化，储层压力为原来的三分之二到三分之一。从开发之初到 2016 年共开采 12 713.18×10^8 m^3 天然气。2013～2017 年，通过采用新技术，奥伦堡油气田天然气的产量增加到 155～180×10^8 m^3/a 的水平。

截至 2016 年，伏尔加河沿岸联邦区共有 78 处凝析液田，其中 A＋B＋C$_1$ 级储量为 685.19×10^4 t。2015 年的开采量为 65.9×10^4 t。凝析液的主要产量来自奥伦堡油气田，为 34.1×10^4 t。

此外，伏尔加河沿岸联邦区的油气田还有位于伏尔加油气区，2015 年只在该区的两个小油气田内进行了少量的开采，其中乌杰尼（Узеньское）油田由里海天然气有限责任公司开采了 20×10^4 t 石油，卡尔别斯克（Карпенское）油气凝析液田由基阿洛联盟有限责任公司开采了 0.1×10^8 m^3 的天然气。

伏尔加河沿岸联邦区几乎所有的氦储量都和天然气有关。截至 2015 年，伏尔加河沿岸联邦区列入国家储量平衡表的氦矿床有 158 处，A＋B＋C$_1$ 级氦储量为 52 437.9×10^4 m^3，C$_2$ 级氦储量为 1 375×10^4 m^3。

伏尔加河沿岸联邦区的氦矿床中有 3 处最为主要，分别是乌德穆尔特共和国的丘德尔斯卡-基音加普矿床、奥伦堡州的奥伦堡矿床、鞑靼斯坦共和国的罗马什金矿床。截至 2015 年，这 3 处矿床的 A＋B＋C$_1$ 级氦的剩余总储量为 39 961.45×10^4 m^3，占联邦区总储量的 75.55%。

伏尔加河沿岸联邦区氦的主要探明储量分布在奥伦堡州，该州 A＋B＋C$_1$ 级氦的剩余储量为 41 122.6×10^4 m^3，占伏尔加河沿岸联邦区总储量的 78.42%。奥伦堡州列入国家储量平衡表的氦矿床有 36 处。奥伦堡州氦探明储量在天然气层中的占 92.92%。2014 年奥伦堡州开采氦 399.8×10^4 m^3。

7.2.3　油页岩

截至 2016 年，伏尔加河沿岸联邦区统计有 7 处油页岩矿床，均位于伏尔加页岩盆地内。行政区划上主要分布在乌里扬诺夫斯克州、萨马拉州、萨拉托夫州和奥伦堡州。伏尔加河沿岸联邦区油页岩 A＋B＋C$_1$ 级平衡储量为 123 348.3×10^4 t，C$_2$ 级平衡储量为 200 111.3×10^4 t，表外储量为 46 875.3×10^4 t。2015 年开采 1.9×10^4 t。

7.2.4　油气加工与管道设施

伏尔加河沿岸联邦区有发达的石油-天然气管道系统。国际间的输油管道有友谊输油管道，从阿里梅奇耶夫斯卡经萨马拉、布良斯克到白俄罗斯的莫济里，最终直达欧洲国家。还有两条经苏尔古特-波洛茨克的石油管道，五条乌列格伊-中心区的输气管道和一条用于出口的乌列格伊-乌日哥罗德天然气管道。

伏尔加河沿岸联邦区的炼油能力在俄罗斯领先，石油的初级加工能力占俄罗斯的43%。主要的炼油厂有：下诺夫哥罗德市的卢戈伊下诺夫哥罗德石油有机合成开放式股份公司，年加工能力为 $1\,700\times10^4$ t；下卡姆斯克市的下卡姆斯克 ТАИФ-НК 炼油厂，年加工能力为 900×10^4 t；ТАНЕКО 石化工厂，年加工能力为 700×10^4 t；乌法市的乌法炼油厂和乌法石化公司、新乌法炼油厂，总加工能力为 $3\,620\times10^4$ t；彼尔姆市的彼尔姆炼油厂，年加工能力为 $1\,204.5\times10^4$ t；塞兹兰市的塞兹兰炼油厂，年加工能力为 890×10^4 t；萨马拉市的酷贝舍夫炼油厂，年加工能力为 650×10^4 t；萨拉托夫市的萨拉托夫炼油厂，年加工能力为 600×10^4 t；新酷贝舍夫斯克市的新酷贝舍夫炼油厂，年加工能力为 800×10^4 t。

伏尔加河沿岸联邦区的天然气加工工业以七个天然气加工企业为代表，天然气综合加工厂一处。奥伦堡天然气综合加工厂属于奥伦堡天然气工业开采有限责任公司，原料气年加工能力 375×10^8 m^3，凝析气和石油年加工能力 620×10^4 t。此外还有奥伦堡氦工厂，为俄罗斯加工能力最大的氦工厂，年加工能力为 150×10^8 m^3。

7.2.5　煤炭与泥炭

截至 2016 年，伏尔加河沿岸联邦区列入国家储量平衡表的煤矿床 A＋B＋C_1 级煤的平衡储量为 11.64×10^8 t，C_2 级平衡储量为 $4\,352\times10^4$ t，表外储量为 4.07×10^8 t，主要分布在南乌拉尔含煤盆地中。南乌拉尔含煤盆地南北向延伸 350 km，宽 60～90 km，面积约 2.4×10^4 km^2，含煤层为古近纪—新近纪的地层。

伏尔加河沿岸联邦区的南乌拉尔含煤盆地分布在巴什科尔托斯坦共和国、奥伦堡州，季节洛夫含煤盆地分布在彼尔姆州。

伏尔加河沿岸联邦区的煤炭类型主要为褐煤，褐煤的 A＋B＋C_1 级平衡储量为 9.84×10^8 t，占伏尔加河沿岸联邦区平衡储量的 84.5%。石煤平衡储量为 1.8×10^8 t，占伏尔加河沿岸联邦区平衡储量的 15.5%。在石煤中焦煤的平衡储量为 1.66×10^8 t，占伏尔加河沿岸联邦区石煤储量的 92.1%。

在伏尔加河沿岸联邦区，适宜露天开采的褐煤的 A＋B＋C_1 级平衡储量为 8.81×10^8 t，占伏尔加河沿岸联邦区平衡储量的 75.7%，主要分布在南乌拉尔盆地。

在伏尔加河沿岸联邦区，奥伦堡州正在开采的丘力加斯克（Тюльганское）露天矿山煤炭储量为 1.58×10^8 t。准备开采的 3 处露天采场（1 处位于巴什科尔托斯坦共和国，2 处位于奥伦堡州）煤炭储量为 5.11×10^8 t。正在勘探的 1 处煤矿位于巴什科尔托斯坦共和国，储量为 $405.5×10^4$ t 煤炭。伏尔加河沿岸联邦区煤炭储量的其余部分未配置，主要分布在 3 处远景区和其他 24 处矿床中。

截至 2015 年，伏尔加河沿岸联邦区国家储量平衡表统计有泥炭矿床 5 185 处。伏尔加河沿岸联邦区泥炭的 $A＋B＋C_1$ 级平衡储量为 $88\ 660×10^4$ t，C_2 级平衡储量为 $8\ 228×10^4$ t，表外储量为 $120\ 858.8×10^4$ t。2015 年伏尔加河沿岸联邦区开采泥炭 $36.9×10^4$ t。

7.3　伏尔加河沿岸联邦区金属矿产资源

在伏尔加河沿岸联邦区的东部边缘，乌拉尔的山麓地带，是黑色金属和有色金属的分布区，其中，对于俄罗斯来说最重要的是黄铁矿型铜矿和铜锌矿 [加伊斯克（Гайское）矿床、尤比列伊（Юбилейное）矿床、巴多里（Подольское）矿床等]（Hamidullin，2016），伏尔加河沿岸联邦区的金、银、铜、镍属于区域优势的矿产资源。

7.3.1　金矿与银矿

截至 2016 年，伏尔加河沿岸联邦区国家储量平衡表统计了 105 处金及含金矿床，其中 45 处为原生金矿床（20 处金矿床、25 处伴生金矿床），69 处砂金矿床，$A＋B＋C_1$ 级金平衡储量为 912.658 t，占俄罗斯的 11.2%，居于俄罗斯各联邦区的第三位，C_2 级金平衡储量为 257.337 t，表外储量为 98.427 t（表 7.6）。

伏尔加河沿岸联邦区金的主要平衡储量为伴生金，占伏尔加河沿岸联邦区 $A＋B＋C_1$ 级金平衡储量的 95.5%，C_2 级平衡储量的 61.2%。伏尔加河沿岸联邦区金矿储量主要集中在巴什科尔托斯坦共和国 [尤比列伊矿床、西湖（Западно-Озерное）矿床、巴多里矿床、乌恰林（Учалинское）矿床、新乌恰林（Ново-Учалинское）矿床和穆尔德科特（Муртыкты）矿床] 和奥伦堡州 [加衣斯克矿床、瓦辛（Васин）矿床、阿伊德尔林（Айдырлинское）矿床、库玛克斯克（Кумакское）矿床]。

其中，奥伦堡州有 15 处原生金（含金）和砂金矿床。$A＋B＋C_1$ 级金平衡储量为 433.799 t，C_2 级金平衡储量为 113.843 t，表外储量为 31.609 t。奥伦堡州黄铜矿矿床中的伴生金占奥伦堡州 $A＋B＋C_1$ 级金平衡储量的 96.9%。奥伦堡州金主要在黄铜矿矿床和金-石英-硫化物型矿床中，矿化类型主要属于热液交代型和低温热液型。

彼尔姆边疆区有 16 处砂金矿床。$A＋B＋C_1$ 级金平衡储量为 9.346 t，C_2 级金平衡储量为 1.445 t，表外储量为 3.115 t。2015 年彼尔姆边疆区砂金未采。目前，彼尔姆边疆区有 4 处砂金矿已配置。其中 3 处矿床正准备开发，分别为北吉斯克斯河（Северная-Тискос）砂金矿、萨美斯克（Саменское）砂金矿和喀山-苏利亚（Казанская Сурья）砂金矿，这 3 处砂金矿床的 $A＋B＋C_1$ 级金平衡储量占彼尔姆边疆区储量的 43.4%。另有 1 处卡伊威（Койвинское）砂金矿正处于勘探中，$A＋B＋C_1$ 级金平衡储量占彼尔姆边疆区储量的 0.6%。

表 7.6　伏尔加河沿岸联邦区主要矿产储量情况表

矿产品种	矿床数量/处	储量			单位	矿产主要特征	主要分布范围
		A+B+C₁	C₂	表外			
氦	158	52 437.9	1 375	—	10^4 m³	与天然气矿田伴生	奥伦堡州
煤炭	24	11.64	6.435 2	4.07	10^8 t	以褐煤为主	巴什科尔托斯坦共和国、奥伦堡州、彼尔姆州
铁	26	24 970	13 540	3 130	10^4 t	褐铁矿、铁-铬-镍矿	巴什科尔托斯坦共和国、奥伦堡州
锰	1	109.5	70.7	—	10^4 t	以菱锰矿为主	巴什科尔托斯坦共和国
铬	4	341.8	415.5	284.4	10^4 t	岩浆岩型和砂矿型	彼尔姆边疆区、奥伦堡州
铜	29	1 011.81	133.27	93.11	10^4 t	铜矿床（黄铜矿、铜-钴矿）、含铜矿床（金-黄铁矿）和伴生铜矿床	巴什科尔托斯坦共和国、奥伦堡州
锌	31	758.45	176.51	83.96	10^4 t	铜-黄铁矿和金-黄铁矿型矿床	巴什科尔托斯坦共和国
钛	2	14.7	1.9	125.2	10^4 t	锆石-金红石-钛铁矿型砂矿型、含金红石-石榴子石的榴辉岩型	下诺夫哥罗德州、奥伦堡州
镍	6	35	—	—	10^4 t	风化壳型	奥伦堡州
锆	1	34.64	4.25	1.58	10^4 t	锆-金红石-钛铁矿	下诺夫哥罗德州
金	105	912.658	257.337	98.427	t	铜-黄铁矿型、砂金	巴什科尔托斯坦共和国、奥伦堡州
银	36	10476.5	2 400.7	1 284.6	t	黄铜矿型矿床	巴什科尔托斯坦共和国、奥伦堡州
金刚石	15	61.82	60.01	10.03	10^4 ct	砂矿型	彼尔姆边疆区
铝土矿	3	4	302.1	49.7	10^4 t	—	巴什科尔托斯坦共和国
食用盐	10	63.22	—	—	10^8 t	主要来自岩盐、卤水等	彼尔姆边疆区、下诺夫哥罗德州、萨马拉州等地

续表

矿产品种	矿床数量/处	储量			单位	矿产主要特征	主要分布范围
		A+B+C$_1$	C$_2$	表外			
硫磺	2	1 264.5	923	149.3	10^4 t	据岩性成分分为黏土-泥灰质、碳酸质和石膏质等类型	萨马拉州
黄铁矿	24	27 976.7	4 628.8	3 126.6	10^4 t	黄铜矿型矿床	奥伦堡州、巴什科尔托斯坦共和国
磷矿(P$_2$O$_5$)	3	10 090.1	17 065.1	3482.6	10^4 t	—	基洛夫州、鞑靼斯坦共和国、巴什科尔托斯坦共和国
膨润土	7	5 131.5	2 908.8	—	10^4 t	—	鞑靼斯坦共和国、基洛夫州、奥伦堡州
高岭土	3	611.4	7 020.3	—	10^4 t	—	奥伦堡州
镉	22	27 264	9 507	1 773	t	—	巴什科尔托斯坦共和国、奥伦堡州
石膏和硬石膏	48	102 721.5	93 186	11 605.3	10^4 t	—	彼尔姆边疆区、下诺夫哥罗德州、楚瓦什共和国、巴什科尔托斯坦共和国等地
玻璃原料(石英砂)	29	23 440	14 800	—	10^4 t	以石英砂矿床为主	乌里扬诺夫斯克州、下诺夫哥罗德州
油页岩	7	123 348.3	—	—	10^4 t	位于伏尔加页岩盆地	乌里扬诺夫斯克州、萨马拉州、萨拉托夫和奥伦堡州
水泥原料	41	258 462.5	11 6077.6	10 390	10^4 t	—	—
地下水	422	115.9	37.9	—	10^4 m^3/d	—	—
医疗泥	13	195.16	5 856	10 390	10^4 m^3	—	—
泥炭	5185	88 660	8 228	12 0858.8	10^4 t	—	—

巴什科尔托斯坦共和国有 74 处原生金（含金）和砂金矿床。其中 42 处砂金矿床、18 处伴生金矿床、14 处为岩金矿床。A＋B＋C_1 级金平衡储量为 469.513 t，C_2 级金平衡储量为 142.049 t，表外储量为 63.703 t。岩金（伴生）矿主要分布在乌恰林矿区、西巴伊（Сибайское）矿区、巴依马克-布里巴依（Баймак-Бурибайский）矿区、别洛列茨克（Белорецкий）矿区。砂金矿则多为第四系冲积砂矿，极少数为新近系—古近系冲积砂矿。巴什科尔托斯坦共和国的金储量主要集中在伴生金矿床中，储量占 96.1%。岩金矿床的储量份额仅为 3.3%。砂矿储量很小，约占 0.6%。2015 年巴什科尔托斯坦共和国的杰尔加梅石（Дергамышское）矿床储量首次列入国家储量平衡表。

2015 年，伏尔加河沿岸联邦区开采黄金 13.413 t，占俄罗斯总开采量的 4.7%，位于远东联邦区、西伯利亚联邦区和乌拉尔联邦区之后的第四位。其中伴生金开采量为 12.449 t，岩金开采量为 0.938 t。

伏尔加河沿岸联邦区主要的金开采企业有巴什科尔托斯坦共和国的西伯利亚采选联合工厂有限公司、乌恰林采选联合工厂有限公司、布里巴耶夫采选联合工厂封闭式股份公司、巴什科尔铜有限责任公司，奥伦堡州的加衣斯克采选联合开放式股份公司、奥尔梅特封闭式股份公司。

截至 2016 年，伏尔加河沿岸联邦区统计有 36 处银（含银）矿床的储量列入国家储量平衡表，主要分布在巴什科尔托斯坦共和国和奥伦堡州，A＋B＋C_1 级银平衡储量为 10 476.5 t，其中 C_2 级银平衡储量为 2 400.7 t，表外储量为 1 284.6 t（表 7.6）。2015 年伏尔加河沿岸联邦区银的开采量为 178.3 t。

伏尔加河沿岸联邦区的银主要为黄铜矿床中的伴生组分，在黄铜矿、黄铁矿等矿石的加工中回收银。伏尔加河沿岸联邦区含银储量较大的矿床有：奥伦堡州的加衣斯克矿床，A＋B＋C_1＋C_2 级银平衡储量为 3 780.8 t；巴什科尔托斯坦共和国的尤比列伊矿床，A＋B＋C_1＋C_2 级银平衡储量为 1 079.8 t；巴什科尔托斯坦共和国的新乌恰林矿床，A＋B＋C_1＋C_2 级银平衡储量为 2 819.9 t；巴什科尔托斯坦共和国的巴多里矿床，A＋B＋C_1＋C_2 级银平衡储量为 2 265.1 t。

巴什科尔托斯坦共和国共计有银（含银）矿床 27 处，A＋B＋C_1＋C_2 级银平衡储量为 8 240.5 t。其中 A＋B＋C_1 级银平衡储量为 6 513.3 t，表外储量为 1 108.2 t。巴什科尔托斯坦共和国 2015 年开采银 68.3 t。巴什科尔托斯坦共和国银开采企业有乌恰林采选联合有限公司、西巴伊采选联合有限公司、布里巴耶夫采选联合封闭式股份公司、巴什基尔矿山挖掘管理有限公司、巴什基尔金开采企业封闭式股份公司、谢美诺夫矿山有限责任公司。

奥伦堡州有银（含银）矿床 9 处，其中 8 处为黄铜矿矿床，1 处为金矿床。奥伦堡州的 A＋B＋C_1＋C_2 级银平衡储量为 4 590.4 t，其中 A＋B＋C_1 级银平衡储量为 3 963.2 t，表外储量为 276.4 t。奥伦堡州 2015 年开采银 110 t。奥伦堡矿业有限责任公司目前正在准备开发瓦辛矿床。

7.3.2　铁矿、锰矿与铬矿

截至 2016 年，伏尔加河沿岸联邦区国家储量平衡表中列入 26 处铁矿床，A＋B＋C_1 级

平衡储量为 $24\,970\times10^4$ t，C_2 级平衡储量为 $13\,540\times10^4$ t，表外储量为 $3\,130\times10^4$ t（表 7.6）。伏尔加河沿岸联邦区探明的铁矿储量占俄罗斯总储量的 0.4%。2015 年伏尔加河沿岸联邦区的铁矿未开采。

伏尔加河沿岸联邦区的铁矿储量主要集中于 2 处矿床：吉家基诺-卡马罗夫（Зигазино- Комаровский）矿群的褐铁矿，储量为 $6\,940\times10^4$ t，铁平均品位为 39%～42%；奥尔斯克-哈利洛夫（Орско-Халиловский）铁区的铁-铬-镍矿，储量为 $18\,030\times10^4$ t，铁平均品位为 30%～40%。

截至 2016 年，伏尔加河沿岸联邦区有 1 处锰矿床储量列入国家储量平衡表中，为巴什科尔托斯坦共和国的尼亚孜古洛夫（Ниязгуловское）1 号矿床，该矿床的 A＋B＋C_1 级锰矿平衡储量为 109.5×10^4 t，C_2 级平衡储量为 70.7×10^4 t（表 7.6）。

东方矿业有限责任公司拥有尼亚孜古洛夫 1 号矿床的地下资源使用权，2015 年由于缺乏该类型矿石的冶炼厂，该矿床未开采。

截至 2016 年，伏尔加河沿岸联邦区有 4 处铬矿床储量列入国家储量平衡表中，A＋B＋C_1 级平衡储量为 341.8×10^4 t，C_2 级平衡储量为 415.5×10^4 t，表外储量为 284.4×10^4 t（表 7.6）。铬矿主要分布在彼尔姆边疆区和奥伦堡州，矿石中 Cr_2O_3 的品位在 29%～42%。2015 年伏尔加河沿岸联邦区开采铬矿石 14.1×10^4 t，占俄罗斯总开采量的 29.9%。

在彼尔姆边疆区有 3 处铬矿床，分别为萨拉诺夫（Сарановское）矿床、南萨拉诺夫（Южно-Сарановское）矿床和萨拉诺夫（Сарановская группа）砂矿群，B＋C_1 级平衡储量为 341.8×10^4 t，C_2 级平衡储量为 415.5×10^4 t，表外储量为 275.7×10^4 t。铬矿床在成因上分为岩浆岩型和砂矿型两类。

奥伦堡州有 1 处铬矿床为哈巴林斯克（Хабаринское）矿床，表外储量为 8.7×10^4 t，该矿床目前未配置也未开发。

7.3.3　钛矿与锆矿

截至 2016 年，伏尔加河沿岸联邦区列入国家储量平衡表的钛矿床有 2 处：下诺夫哥罗德州的卢克亚诺夫（Лукояновское）锆石-金红石-钛铁矿砂矿床和奥伦堡州的书宾斯克（Шубинское）钛矿床。A＋B＋C_1 级 TiO_2 平衡储量为 14.7×10^4 t，C_2 级 TiO_2 平衡储量为 1.9×10^4 t（表 7.6），表外储量为 125.2×10^4 t。

下诺夫哥罗德州的卢克亚诺夫矿床由地质建设有限责任公司开发，目前已建造了第一期年产能为 40×10^8 m^3 矿砂的加工厂。

奥伦堡州书宾斯克矿床的含金红石榴辉岩的 TiO_2 表外储量为 40×10^4 t，产于石英岩和变质页岩层中。板状的含金红石-石榴子石的榴辉岩是矿体。该矿床未开发是因为 TiO_2 品位低，矿石可选性差，不具有经济效益。

玛格玛有限责任公司拥有奥伦堡州阿克布拉克区和别利亚耶夫区布卡巴依-卡拉佳其金（Букабай-Карагачкинский）远景区钛-锆矿化的地质普查与评价权。在该远景区已发现有卡拉佳其（Карагачинское）金钛-锆砂矿化、得-塔司（Ты-Тасский）钛-锆砂矿化和布柳门塔里（Блюментальский）钛-锆矿化，远景区的预测资源量按 P_3 计算为 68.723×10^4 t TiO_2。

截至 2016 年，伏尔加河沿岸联邦区 ZrO_2 的储量不大，主要集中在下诺夫哥罗德州的卢克亚诺夫锆砂矿床中，该矿床的 $A+B+C_1$ 级 ZrO_2 储量为 $34.64×10^4$ t，占俄罗斯 $A+B+C_1$ 级 ZrO_2 储量的 5.8%，C_2 级 ZrO_2 储量为 $4.25×10^4$ t，占俄罗斯 C_2 级 ZrO_2 储量的 0.7%，表外储量为 $1.58×10^4$ t（表 7.6）。该矿床的矿石主要为锆-金红石-钛铁矿矿石。

7.3.4　铜矿、镍矿与锌矿

截至 2016 年，伏尔加河沿岸联邦区有 29 处铜（含铜）矿床储量列入国家储量平衡表中，其中 5 处铜矿床只有表外储量，铜（含铜）矿床主要分布在巴什科尔托斯坦共和国和奥伦堡州。伏尔加河沿岸联邦区铜（含铜）矿床的 $A+B+C_1$ 级铜平衡储量为 $1\ 011.81×10^4$ t，C_2 级铜平衡储量为 $133.27×10^4$ t，表外储量为 $93.11×10^4$ t，2015 年开采铜 $20.43×10^4$ t（表 7.6）。

伏尔加河沿岸联邦区的铜（含铜）矿床根据矿石矿物组成可以分为铜矿床（黄铜矿、铜-钴矿）和伴生铜（金-黄铁矿）矿床。

伏尔加河沿岸联邦区规模较大的黄铜矿矿床有：加衣斯克矿床，$A+B+C_1$ 级铜平衡储量占伏尔加河沿岸联邦区的 43.1%，铜产量占伏尔加河沿岸联邦区总产量的 33.1%；尤比列伊矿床，$A+B+C_1$ 级铜平衡储量占伏尔加河沿岸联邦区的 12.7%，铜产量占伏尔加河沿岸联邦区总产量的 8.7%；巴多里矿床，$A+B+C_1$ 级铜平衡储量占伏尔加河沿岸联邦区的 16.8%。

伏尔加河沿岸联邦区含铜的金-黄铁矿矿床中只有 1 处为乌瓦利亚日（Уваряж）矿床，C_2 级铜平衡储量占伏尔加河沿岸联邦区的 1.1%。

伏尔加河沿岸联邦区除了以往已经开采的铜（含铜）矿床外，2015 年伏尔加河沿岸联邦区的杰尔加梅石铜-钴矿床、西湖矿床（露天开采）和维谢聂-阿拉尔琴（Весенне-Аралчинское）黄铜矿矿床也进入开采阶段。

伏尔加河沿岸联邦区正在准备开发的铜（含铜）矿床有巴多里、北巴多里（Северо-Подольское）和东谢美诺夫（Восточно-Семеновское）黄铜矿矿床。

伏尔加河沿岸联邦区正在勘探的铜（含铜）矿床有新乌恰林黄铜矿矿床和尤拉拉（Юлала）金-黄铁矿矿床。

根据 2016 年的数据，伏尔加河沿岸联邦区镍的储量和产量均居俄罗斯第三位。伏尔加河沿岸联邦区镍探明储量占俄罗斯储量的 7.5%，$A+B+C_1$ 级为 $35×10^4$ t（表 7.6）。

伏尔加河沿岸联邦区奥伦堡州已勘探 6 处镍矿床，其中 1 处仅有表外储量。这几处矿床均位于蛇纹石化超基性岩体的风化壳里，该类型镍矿床同时伴生钴。这几处矿床的规模都不大，矿石的质量也不高，在已探明的储量中镍的平均品位为 0.65%。

伏尔加河沿岸联邦区有 3 处镍矿床已经配置，平衡储量占伏尔加河沿岸联邦区总储量的 69.5%。但目前开发的仅布鲁克塔里（Буруктальское）镍矿床 1 处。布鲁克塔里矿床是伏尔加河沿岸联邦区的最大镍矿床，拥有俄罗斯探明镍储量的 6.5%、远景资源量的 2.1%，镍平均品位为 0.63%，钴平均品位为 0.06%。迈克尔开放式股份公司的子公司、南乌拉尔镍工厂开放式股份公司是布鲁克塔里矿床的所有者。2010 年伏尔加河沿岸联邦区开采镍 $1.62×10^4$ t。

截至 2016 年，伏尔加河沿岸联邦区共计有 31 处锌矿床列入国家储量平衡表，其中 7 处矿床只有表外储量，主要在巴什科尔托斯坦共和国和奥伦堡州，$B+C_1$ 级锌平衡储量为 $758.45×10^4$ t，占俄罗斯 $A+B+C_1$ 级锌平衡储量的 18.6%，C_2 级锌平衡储量为 $176.51×10^4$ t，表外储量为 $83.96×10^4$ t（表 7.6）。伏尔加河沿岸联邦区锌储量在俄罗斯居第二位。2015 年伏尔加河沿岸联邦区开采锌 $10.51×10^4$ t，占俄罗斯开采量的 27%。

伏尔加河沿岸联邦区目前正在开采的锌矿床有 15 处，其中 10 处位于巴什科尔托斯坦共和国，5 处位于奥伦堡州，正在开采的锌矿床的储量占伏尔加河沿岸联邦区锌总储量的 89.9%。

伏尔加河沿岸联邦区锌的开采企业有新乌恰林采选联合有限公司、巴什基尔矿山挖掘管理有限公司、巴什基尔铜有限责任公司、西巴伊采选联合有限公司、布里巴耶夫选联合封闭式股份公司。

7.3.5　镉矿

截至 2016 年，伏尔加河沿岸联邦区列入国家储量平衡表中的镉矿床有 22 处，$A+B+C_1$ 级镉总平衡储量为 27 264 t，C_2 级镉平衡储量为 9 507 t，表外储量为 1 773 t（表 7.6）。

伏尔加河沿岸联邦区的镉主要分布在巴什科尔托斯坦共和国，有 15 处，占伏尔加河沿岸联邦区 C_1 级储量的 67%，C_2 级储量的 74%。另外 7 处位于奥伦堡州。

7.4　伏尔加河沿岸联邦区非金属矿产资源

伏尔加河沿岸联邦区与固体矿产相关的采掘业虽然占联邦区采掘业的比重不大，但在非金属矿产方面，如硫磺、膨润土等矿产的储量和开采量均居俄罗斯首位。同时一些广泛分布的非金属矿床和地下水在伏尔加河沿岸联邦区的矿物原料基地中扮演着重要的角色（表 7.6）。

7.4.1　金刚石

伏尔加河沿岸联邦区的金刚石按照资源评价的结果显示并没有太大的远景。但是目前在伏尔加河沿岸联邦区开采的金刚石却是俄罗斯最贵的和品质最好的金刚石之一。在南乌拉尔和北乌拉尔的大部分地区、中乌拉尔西坡的大部分地区都存在金刚石。伏尔加河沿岸联邦区的金刚石砂矿床主要集中在彼尔姆边疆区。

彼尔姆边疆区的金刚石砂矿集中在维舍尔（Вишеры）流域。北科尔奇（Колчий）河的河漫滩、阶地的冲积物中（0.106 ct/m³），拉索里宁（Рассольнинский）低地（0.14 c/m³）

及伊石科夫（Ишковский）砂矿中（0.193 ct/m³）。

截至 2016 年，彼尔姆边疆区国家储量平衡表中统计了 15 处金刚石砂矿储量。其中 11 处位于维舍尔金刚石含矿区，4 处位于亚伊威斯克（Яйвинский）金刚石含矿区。A＋B＋C₁级金刚石平衡储量为 61.82×10⁴ ct，C₂级金刚石平衡储量为 60.01×10⁴ ct，表外金刚石平衡储量为 10.03×10⁴ ct（表 7.6）。

雷布亚克夫（Рыбъяковское）矿床和拉索里宁低地的北部目前正在勘探。其余 13 处金刚石砂矿床和 4 处尾矿型矿床均未配置。

2016 年，在彼尔姆边疆区的亚历山德罗夫斯克市政区发现了 1 处新的金刚石矿床，位于亚历山德罗夫斯克市北东东向 52 km，萨哈亚居民点北东向 6 km，亚库尼河（р. Якуниха）的谷地中。其位于泥盆纪和石炭纪的陆源碎屑-碳酸岩地层中，上覆新生代的松散沉积物。金刚石的平均品位为 5.45 mg/m³。在普查-评价阶段就发现了 196 个金刚石晶体，重量在 2.5～366 mg，平均大小为 45.9 mg。该矿床高质量的金刚石占总储量的 84.2%。晶体都保存的比较完整，晶体完全的金刚石占总量的 84.5%。颜色基本为无色，无色金刚石占 52.6%。该矿床名为亚库尼（Якунихинское），下一步正在准备勘探与工业开发。

7.4.2　铝土、高岭土与膨润土矿

伏尔加河沿岸联邦区的铝土矿矿床均位于巴什科尔托斯坦共和国。截至 2016 年，巴什科尔托斯坦共和国共有 3 处铝土矿床的储量列入国家储量平衡表，其中 1 处仅有表外储量。这 3 处矿床的 C₂级铝土矿平衡储量为 302.1×10⁴ t，A＋B 级平衡储量为 4×10⁴ t，表外储量为 49.7×10⁴ t（表 7.6）。

2015 年伏尔加河沿岸联邦区开采了 1.4×10⁴ t 铝土矿。

截至 2016 年，伏尔加河沿岸联邦区国家储量平衡表中统计了 3 处高岭土矿床，都位于奥伦堡州，A＋B＋C₁级高岭土总平衡储量为 611.4×10⁴ t，C₂级高岭土总平衡储量为 7 020.3×10⁴ t（表 7.6）。

伏尔加河沿岸联邦区 1 处已开发的高岭土矿床是吉耶姆巴耶夫（Киембаевское）矿床，目前由凯拉莫斯有限责任公司所有。1 处准备开发的高岭土矿床是南乌石克金（Южно-Ушкотинское）矿床，目前由奥伦堡投资工业有限责任公司所有。这两处矿床的 A＋B＋C₁级高岭土总平衡储量为 297.6×10⁴ t，C₂级高岭土总平衡储量为 3 672.5×10⁴ t。伏尔加河沿岸联邦区 2015 年开采高岭土 3×10⁴ t。

伏尔加河沿岸联邦区 1 处未配置高岭土矿床为柯伟里（Ковыльное）矿床，A＋B＋C₁级高岭土总平衡储量为 313.8×10⁴ t，C₂级高岭土总平衡储量为 3 347.8×10⁴ t。

截至 2016 年，伏尔加河沿岸联邦区国家储量平衡表中统计了 7 处膨润土矿床，A＋B＋C₁级膨润土平衡储量为 5 131.5×10⁴ t，占俄罗斯总储量的 50.4%（表 7.6）。伏尔加河沿岸联邦区 2015 年开采 13.6 t 膨润土原料。

伏尔加河沿岸联邦区鞑靼斯坦共和国有 2 处膨润土矿床正在开发，分别为别列佐夫

（Березовское）矿床和比克利亚斯克（Биклянское）矿床的东南段，A＋B＋C_1 级膨润土总平衡储量为 2 335.4×10^4 t。

伏尔加河沿岸联邦区其余 5 处膨润土矿床未配置也未开发，分别为基洛夫州的瓦西里耶夫（Васильевский）矿床和切尔诺霍鲁尼茨（Чернохолуницкое）矿床，鞑靼斯坦共和国的塔尔-瓦尔（Тарн-Варский）矿床、上努尔拉特（Верхне-Нурлатское）矿床，奥伦堡州的维尤日内 2 号（Вьюжный-2）膨润土矿床。这 5 处矿床和比克利亚斯克矿床的南矿段、西矿段的 A＋B＋C_1 级膨润土平衡储量为 2 796.1×10^4 t，C_2 级膨润土平衡储量为 2 908.8×10^4 t。

7.4.3 硫磺与硫

伏尔加河沿岸联邦区有 2 处硫磺矿床，均位于萨马拉州，均未配置，分别为色列伊斯克-卡梅诺多利（Сырейско-Каменнодольское）硫磺矿床和沃金斯克（Водинское）硫磺矿床。色列伊斯克-卡梅诺多利矿床的 B＋C_1 级硫磺平衡储量为 1 264.5×10^4 t，C_2 级硫磺平衡储量为 923×10^4 t，表外储量为 46.3×10^4 t。沃金斯克矿床只有表外储量，为 103×10^4 t。

色列伊斯克-卡梅诺多利矿床的硫矿石可以分为两种类型：黏土-泥灰质硫矿石和碳酸质硫矿石。根据硫含量可以分为贫矿（硫质量分数不超过 5%）和一般矿（硫质量分数为 7%～13%）。矿化深度达 120 m，有 3～5 层厚 1～3 m 的矿层。

沃金斯克矿床的硫矿石可以分为三种类型：黏土-泥灰质硫矿石、碳酸质硫矿石和石膏质硫矿石。硫的分布在岩石中是不均匀的，硫的品位为 1%～20%，平均品位为 10%～13%。

伏尔加河沿岸联邦区 2016 年统计了 24 处含硫的原生矿床（其中 2 处矿床仅有表外储量），A＋B＋C_1 级硫平衡储量为 2 7976.7×10^4 t，占俄罗斯 A＋B＋C_1 级硫平衡储量的 45.4%。C_2 级硫平衡储量为 4 628.8×10^4 t，表外储量为 3 126.6×10^4 t（表 7.6）。其中 18 处矿床分布在巴什科尔托斯坦共和国，占伏尔加河沿岸联邦区硫平衡储量的 45.8%。6 处矿床分布在奥伦堡州，占伏尔加河沿岸联邦区硫平衡储量的 54.2%。伏尔加河沿岸联邦区硫储量为大型的矿床有：奥伦堡州的加衣斯克矿床，A＋B＋C_1 级储量占俄罗斯储量的 21.4%，占开采量的 16.7%；巴什科尔托斯坦共和国的新乌恰林矿床、尤比列伊矿床、巴多里矿床和西湖矿床，这几处矿床的硫 A＋B＋C_1 级储量占俄罗斯总储量的 3%～5%。

伏尔加河沿岸联邦区的含硫矿床多是黄铜矿型铜矿床，少量的为金-黄铁矿矿床和铜-钴矿床。黄铜矿型铜矿床又分为三种亚型：铜型、铜-锌型、黄铁矿型。

伏尔加河沿岸联邦区正在开采的硫矿床有 14 处，A＋B＋C_1 级储量占伏尔加河沿岸联邦区 A＋B＋C_1 级硫平衡储量的 53.2%。

伏尔加河沿岸联邦区正在准备开发的矿床中，西湖矿床和维谢聂-阿拉尔琴矿床已经准备开始工业开采，此外还有杰尔加梅石矿床。准备开发的 3 处矿床 A＋B＋C_1 级硫储量占伏尔加河沿岸联邦区 A＋B＋C_1 级硫平衡储量的 29.9%。

伏尔加河沿岸联邦区巴什科尔托斯坦共和国的新乌恰林矿床目前正在勘探，A＋B＋C_1 级硫储量占伏尔加河沿岸联邦区 A＋B＋C_1 级硫平衡储量的 11%。

伏尔加河沿岸联邦区未配置的 6 处矿床 $A＋B＋C_1$ 级硫储量占伏尔加河沿岸联邦区 $A＋B＋C_1$ 级硫平衡储量的 5.9%。

在 2015 年,伏尔加河沿岸联邦区共开采 $350.8×10^4$ t 硫。

7.4.4　磷矿

截至 2016 年,伏尔加河沿岸联邦区国家储量平衡表中统计了 3 处磷灰石矿床,P_2O_5 的 $A＋B＋C_1$ 级平衡储量为 $10\,090.1×10^4$ t,C_2 级平衡储量为 $17\,065.1×10^4$ t,表外储量为 $3\,482.6×10^4$ t(表 7.6)。

基洛夫州的威亚特斯克-卡姆斯克(Вятско-Камское)磷灰石矿床是伏尔加河沿岸联邦区最大的磷灰石矿床,$A＋B＋C_1$ 级 P_2O_5 总平衡储量为 $10\,065×10^4$ t,C_2 级 P_2O_5 平衡储量为 $17\,065.1×10^4$ t,表外储量为 $3\,482.6×10^4$ t。

鞑靼斯坦共和国的秀久科夫(Сюндюковское)磷矿床的 $A＋B＋C_1$ 级 P_2O_5 总平衡储量为 $3.5×10^4$ t,该矿床还未配置。

巴什科尔托斯坦共和国的苏拉卡伊(Суракайское)磷矿床的 $A＋B＋C_1$ 级 P_2O_5 总平衡储量为 $21.6×10^4$ t,该矿床正准备开发。

2015 年伏尔加河沿岸联邦区未进行磷矿开采和勘探活动。

7.4.5　石膏与硬石膏

截至 2016 年,伏尔加河沿岸联邦区国家储量平衡表中统计了 48 处石膏和硬石膏矿床,$A＋B＋C_1$ 级石膏和硬石膏平衡储量为 $102\,721.5×10^4$ t(占俄罗斯的 22.21%),C_2 级石膏和硬石膏平衡储量为 $93\,186×10^4$ t,表外储量为 $11\,605.3×10^4$ t(表 7.6)。2015 年伏尔加河沿岸联邦区开采石膏和硬石膏 $482.8×10^4$ t,占俄罗斯开采量的 34.8%。比较大的矿床有彼尔姆边疆区杰伊科夫(Дейковское)矿床、叶尔加琴(Ергачинское)矿床、拉杰宾(Разепинское)矿床,楚瓦什共和国的阿纳斯塔索瓦-勃烈茨克(Анастасово-Порецкое)矿床,鞑靼斯坦共和国的卡姆斯克-乌思其因(Камско-Устьинское)矿床和修凯耶夫(Сюкеевское)矿床,马里埃尔共和国的邱克什 2 号(Чукшинское-2)矿床。

2015 年,彼尔姆边疆区的巴滨(Бобинское)矿床、索克里诺-萨尔卡耶夫(Соколино-Саркаевское)矿床的卡扎耶夫(Казаевское)矿段,下诺夫哥罗德州的贝比雅耶夫(Бебяевское)矿床的北西矿段的储量是第一次统计到国家储量平衡表中。

伏尔加河沿岸联邦区已经开发的石膏和硬石膏矿床有 21 处,$A＋B＋C_1$ 级石膏和硬石膏平衡储量为 $42\,683.6×10^4$ t,C_2 级石膏和硬石膏平衡储量为 $19\,701.9×10^4$ t,表外储量为 $4\,835.7×10^4$ t。

伏尔加河沿岸联邦区未开发的石膏、硬石膏和石膏-硬石膏矿床有 18 处,$A＋B＋C_1$ 级平衡储量为 $46\,754.8×10^4$ t。

伏尔加河沿岸联邦区正在勘探的石膏矿床有 1 处,为下诺夫哥罗德州的贝比雅耶夫矿床的北西矿段，C_2 级石膏平衡储量为 $6\,900\times10^4$ t。

7.4.6　水泥原料与玻璃原料

截至 2015 年，伏尔加河沿岸联邦区国家储量平衡表统计有 41 处水泥原料矿床。伏尔加河沿岸联邦区水泥原料 $A+B+C_1$ 级平衡储量为 $258\,462.5\times10^4$ t，C_2 级平衡储量为 $116\,077.6\times10^4$ t，表外储量为 $10\,390\times10^4$ t（表 7.6）。

伏尔加河沿岸联邦区已配置的水泥原料矿床有 23 处，其中 18 处正在开发，5 处准备开发。伏尔加河沿岸联邦区已配置的水泥原料 $A+B+C_1$ 级平衡储量为 $154\,450.8\times10^4$ t，C_2 级平衡储量为 $11\,007.6\times10^4$ t，表外储量为 $10\,113.2\times10^4$ t。2014 年开采量为 $2\,749.5\times10^4$ t，开采量比 2013 年增加了 7%。

伏尔加河沿岸联邦区未配置的水泥原料矿床有 18 处，未配置的水泥原料 $A+B+C_1$ 级平衡储量为 $104\,011.7\times10^4$ t，C_2 级平衡储量为 $105\,070\times10^4$ t，表外储量为 276.8×10^4 t。

截至 2016 年，伏尔加河沿岸联邦区国家储量平衡表统计了 29 处玻璃原料矿床。其中 26 处为石英砂矿床，石英砂矿床的 $A+B+C_1$ 级平衡储量为 $23\,440\times10^4$ t，占俄罗斯总储量的 17.7%，C_2 级平衡储量为 $14\,800\times10^4$ t（表 7.6）。1 处为石灰石矿床，$A+B+$ C_1 级平衡储量为 8×10^4 t。2 处为白云石矿床，$A+B+C_1$ 级平衡储量为 500×10^4 t，C_2 级平衡储量为 $12\,400\times10^4$ t。

伏尔加河沿岸联邦区石英砂的储量和开采量主要在乌里扬诺夫斯克州和下诺夫哥罗德州，白云石的储量和开采量主要集中在巴什科尔托斯坦共和国。此外，基洛夫州、萨马拉州、萨拉托夫和奔萨州、鞑靼斯坦共和国、楚瓦什共和国、马里埃尔共和国、乌德穆尔特共和国也有玻璃原料。

目前伏尔加河沿岸联邦区正在开发的玻璃原料矿床有 8 处。其中 7 处为石英砂矿床，$A+B+C_1$ 级平衡储量为 $15\,390\times10^4$ t，占俄罗斯储量的 11.62%，C_2 级平衡储量为 780×10^4 t。还有 1 处为白云石矿床，$A+B+C_1$ 级平衡储量为 40×10^4 t，C_2 级平衡储量为 30×10^4 t。

伏尔加河沿岸联邦区 2015 年在 4 处石英砂床和 1 处白云石矿床进行了开采，开采量为 179.5×10^4 t，占俄罗斯开采量的 27.35%。石英砂的开采主要位于乌里扬诺夫斯克州的塔石林（Ташлинское）矿床及塔石林矿床东矿段，该州开采量为 140.9×10^4 t。其次为下诺夫哥罗德州的苏哈别兹沃德涅斯克（Сухобезводненское）矿床，石英砂开采量为 30.7×10^4 t。还有巴什科尔托斯坦共和国的卡拉乌尔-塔乌（Караул-Tay）矿床，开采量为 $4\,000$ t。白云石开采在巴什科尔托斯坦共和国的塔石林矿床，开采量为 7.5×10^4 t。

目前伏尔加河沿岸联邦区准备开发的玻璃原料矿床有 5 处石英砂矿床，$A+B+C_1$ 级平衡储量为 $5\,380\times10^4$ t，C_2 级平衡储量为 $7\,990\times10^4$ t。还有 1 处白云石矿床，为巴什科尔托斯坦共和国的梅德（Мендое）矿床，$A+B+C_1$ 级平衡储量为 460×10^4 t，C_2 级平衡储量为 $1\,210\times10^4$ t。

目前伏尔加河沿岸联邦区未开发的（未配置）玻璃原料矿床有 15 处，其中 14 处为石英砂矿床，1 处为石灰石矿床。

7.4.7　地下水和医疗泥

截至 2015 年，伏尔加河沿岸联邦区国家储量平衡表统计有 422 处饮用和工业用水水源地，6 处矿泉水水源地，13 处医疗泥。饮用和工业用水水源地的平衡储量为 $153.9 \times 10^4 \ m^3/d$，其中 A 级 $9.8 \times 10^4 \ m^3/d$，B 级 $24.5 \times 10^4 \ m^3/d$，C_1 级 $81.6 \times 10^4 \ m^3/d$，C_2 级 $37.9 \times 10^4 \ m^3/d$（表 7.6）。医疗泥的 $A+B+C_1$ 级平衡储量为 $195.16 \times 10^4 \ m^3$，C_2 级平衡储量为 $5\ 856 \times 10^4 \ m^3$，表外储量为 $10\ 390 \times 10^4 \ m^3$。2014 年开采医疗泥 $2\ 802 \times 10^4 \ m^3$，占俄罗斯医疗泥开采量的 29.48%。

第 8 章

乌拉尔联邦区
矿产资源

乌拉尔联邦区位于亚欧交界处，其城市化、工业化程度非常高，基础设施相对较好，是俄罗斯最大的矿物原料基地和金属冶炼加工基地。但乌拉尔联邦区矿山开采企业的后备资源储量十分紧张，尤其在中部和南部地区，乌拉尔联邦区 70 多家联邦级的冶金联合企业需从其他地区或国外进口资源（特别是铁矿石和锰矿石等）。实际上乌拉尔联邦区的资源远没有枯竭，前景依然巨大。乌拉尔联邦区一直是俄罗斯最主要的油气资源基地、铝土矿资源基地、俄罗斯第二大的铁矿生产基地，未来一段时期内也将继续保持这一地位。乌拉尔联邦区的优势矿产还包括铜、金、铬铁矿等。值得提出的是，乌拉尔联邦区的北部地区是俄罗斯稀有金属矿产最有前景的地区，发现新矿床的潜力巨大。

8.1 乌拉尔联邦区基本概况

乌拉尔联邦区位于亚欧交界处，包括斯维尔德洛夫斯克州、车里雅宾斯克州、库尔干州、秋明州、亚马尔-涅涅茨自治区、汉特-曼西自治区6个联邦主体，行政中心为叶卡捷琳堡，是乌拉尔联邦区最大的城市（图8.1，表8.1）。乌拉尔联邦区面积178.89×10^4 km²，占俄罗斯总面积的10.6%，人口为1 237.39万人，占俄罗斯总人口的8.4%，人口的2/3集中在斯维尔德洛夫斯克州和车里雅宾斯克州，在俄罗斯两个州的城市化程度最高。

图8.1 乌拉尔联邦区分布略图

表 8.1 乌拉尔联邦区主体构成

一级行政单位	行政中心	面积/10^4 km^2	人口/万人
库尔干州	库尔干	7.15	86.19
斯维尔德洛夫斯克州	叶卡捷琳堡	19.43	433
汉特-曼西自治区	汉特-曼西斯克	53.48	162.68
亚马尔-涅涅茨自治区	萨列哈尔德	76.93	53.41
秋明州	秋明	16.01	145.46
车里雅宾斯克州	车里雅宾斯克	8.85	350.07

资料来源：俄罗斯联邦国家统计局. 俄罗斯区域社会经济指标（2016）.（2017-02）[2017-04-29]. www. gks. ru/wps/wcm/ connect/ rosstat_main/rosstat/ru/statistics/pubicacion/catalog/cfoc_1138623506156.

注：秋明州数据不包含汉特-曼西自治区和亚马尔-涅涅茨自治区数据

乌拉尔联邦区工业产值占俄罗斯的 20.1%，工业生产能力位居俄罗斯联邦第一位，斯维尔德洛夫斯克州和车里雅宾斯克州的工业化程度是俄罗斯平均水平的四倍。具有发达的黑色和有色金属冶炼业、机械加工业、金属加工业、化工、石化、轻工业、木材加工业、电力、建筑业、农-工综合体等。

俄罗斯很多工业巨头都位于乌拉尔联邦区，如下塔吉尔钢铁厂、卡其卡纳尔钒冶金厂、乌拉尔电解铜联合工厂、第一乌拉尔新钢管厂、乌拉尔电化学联合工厂、马格尼托哥尔冶金联合工厂、车里雅宾斯克电解锌厂、乌法列伊镍开放式股份公司、克什特姆电解铜厂等。矿产品和冶金产品主要类型有铁矿石、铁、钢、黑色金属轧制品、钢管、铁合金、粗铜和精炼铜、铝、钛、硬合金、有色金属轧制等。

乌拉尔联邦区主要矿产有石油、天然气、铁矿、锰矿、铬铁矿、铜、锌、铝土矿、钒、镍、贵金属、稀有金属、铀、石墨、菱镁矿、重晶石和磷酸盐。

在乌拉尔联邦区的社会经济结构中，采掘业占主要地位，占俄罗斯采掘业产值的 38.85%，从乌拉尔联邦区各行政主体看，汉特-曼西自治区、亚马尔-涅涅茨自治区的采掘业占联邦区采掘业产值的 62.5% 和 31.2%，制造业和固定资产投资也较发达，分别占俄罗斯的 12.26% 和 17.3%（表 8.2～表 8.4）。

表 8.2 乌拉尔联邦区主要经济结构构成　　　　　　　　　　（单位：亿美元）

一级行政单位	地区生产总值	采掘业	制造业	水电气的生产	农业	建筑业	零售业	固定资产投资
库尔干州	25.22	0.36	12.55	2.99	5.81	0.04	15.79	4.11
斯维尔德洛夫斯克州	247.97	8.19	227.85	24.69	11.28	0.37	154.60	52.30
汉特-曼西自治区	421.80	404.52	62.57	30.83	1.15	0.14	55.36	135.21
亚马尔-涅涅茨自治区	240.53	201.94	44.01	7.26	0.24	0.04	19.68	115.92

续表

一级行政单位	地区生产总值	采掘业	制造业	水电气的生产	农业	建筑业	零售业	固定资产投资
秋明州	110.58	24.36	89.40	6.65	10.02	0.32	48.75	35.93
车里雅宾斯克州	148.19	8.28	168.93	16.14	17.65	0.27	76.58	31.76

资料来源：俄罗斯联邦国家统计局. 俄罗斯区域社会经济指标（2016）.（2017-02）[2017-04-29]. www. gks. ru/wps/wcm/ connect/ rosstat_main/rosstat/ru/statistics/pubicacion/catalog/cfoc_1138623506156.

注：秋明州数据不包含汉特-曼西自治区和亚马尔-涅涅茨自治区数据

表 8.3　乌拉尔联邦区主要社会经济指标占俄罗斯的比重　（单位：%）

行政单位名称	面积	人口	劳动人口	国民生产总值	采掘业	制造业	水电气的生产
俄罗斯联邦	100	100	100	100	100	100	100
乌拉尔联邦区	10.6	8.4	8.8	13.6	38.85	12.26	12.28

行政单位名称	农业	建筑业	零售业	固定资产投资	出口	进口
俄罗斯联邦	100	100	100	100	100	100
乌拉尔联邦区	6.0	11.6	9.0	17.3	7.9	3.9

资料来源：俄罗斯联邦国家统计局. 俄罗斯区域社会经济指标（2016）.（2017-02）[2017-04-29]. www. gks. ru/wps/wcm/ connect/ rosstat_main/rosstat/ru/statistics/pubicacion/catalog/cfoc_1138623506156.

表 8.4　乌拉尔联邦区主要社会经济指标　（单位：美元）

行政单位名称	月平均工资	人均制造业产值	人均采掘业产值	人均固定资产投资额
库尔干州	287	1 457	42	476
斯维尔德洛夫斯克州	519	5 263	190	1 207
汉特-曼西自治区	664	3 846	24 866	8 312
亚马尔-涅涅茨自治区	999	8 239	37 809	21 704
秋明州	433	6 146	1 675	2 470
车里雅宾斯克州	367	4 825	236	907
乌拉尔联邦区	490	4 918	5 263	3 049
俄罗斯联邦	448	5 000	1 138	1 478

资料来源：俄罗斯联邦国家统计局. 俄罗斯区域社会经济指标（2016）.（2017-02）[2017-04-29]. www. gks. ru/wps/wcm/ connect/ rosstat_main/rosstat/ru/statistics/pubicacion/catalog/cfoc_1138623506156.

　　在俄罗斯各联邦主体中，乌拉尔联邦区的人均采掘业产值和人均固定资产投资额远超俄罗斯联邦的平均值。乌拉尔联邦区的人均采掘业产值达到 5 263 美元，是俄罗斯平均值的 4.62 倍，尤其是亚马尔-涅涅茨自治区和汉特-曼西自治区，人均采掘业产值为俄罗斯平均值的 20 倍以上。乌拉尔联邦区的人均固定资产投资额达到 3 049 美元,是俄罗斯平均值的 2 倍,尤其是亚马尔-涅涅茨自治区,人均固定资产投资额达俄罗斯平均值的 14.7 倍(表 8.4)。

近年来乌拉尔联邦区天然气、石油和黑色金属的产量比较稳定,但煤炭、原铝、精炼铜和镍的产量均呈下降趋势,原铝和镍的产量下降幅度较大,镍自 2010 年以来产量下降了 55.6%(表 8.5)。

表 8.5 乌拉尔联邦区主要矿产品数量

矿产品种	单位	2010 年	2011 年	2012 年	2013 年	2014 年	2015 年
天然气	10^6 m^3	572 295	588 915	569 472	579 360	546 542	534 514
煤炭	10^3 t	2 154	2 401	2 328	2 050	1 854	1 375
石油	10^3 t	307 051	305 175	304 468	301 728	300 619	299 370
黑色金属	10^3 t	19 585	20 716	21 730	20 993	21 594	20 505
原铝	10^3 t	93.1	106.6	79.0	43.1	—	—
精炼铜	10^3 t	113.0	107.0	98.2	96.8	105.3	97.7
镍	10^3 t	160.5	92.4	95.4	127.7	97.8	71.2

资料来源:俄罗斯联邦国家统计局.俄罗斯区域社会经济指标(2016).(2017-02)[2017-04-29].www.gks.ru/wps/wcm/connect/rosstat_main/rosstat/ru/statistics/pubicacion/catalog/cfoc_1138623506156.

乌拉尔联邦区的交通运输主要为铁路和公路。铁路货运周转量 2012 年增加较大,占俄罗斯铁路货物周转量的 13% 以上,铁路通行里程近年来没有变化。在公路运输方面,近年来乌拉尔联邦区的硬质路面公路发展较快,但硬质路面公路通行里程密度仍小于俄罗斯的平均密度值(表 8.6)。

表 8.6 乌拉尔联邦区主要交通运输方式运量及密度

统计项目	统计范围	年份						
		2005	2010	2011	2012	2013	2014	2015
铁路货运周转量 /10^6 t	俄罗斯联邦	1273.3	1312	1381.7	1421.1	1381.2	1375.4	1329
	乌拉尔联邦区	144.4	131.1	158.5	186.8	182.4	185.2	180.2
铁路通行里程密度 /(km/10^4 km^2)	俄罗斯联邦	50	50	50	50	50	50	50
	乌拉尔联邦区	47	47	47	47	47	47	47
硬质路面公路通行里程密度 /(km/10^3 km^2)	俄罗斯联邦	31	39	43	54	58	60	61
	乌拉尔联邦区	21	23	24	32	38	39	39

资料来源:俄罗斯联邦国家统计局.俄罗斯区域社会经济指标(2016).(2017-02)[2017-04-29].www.gks.ru/wps/wcm/connect/rosstat_main/rosstat/ru/statistics/pubicacion/catalog/cfoc_1138623506156.

8.2 乌拉尔联邦区能源矿产资源

乌拉尔联邦区是俄罗斯最主要的油气资源基地和生产基地，石油主要分布在汉特-曼西自治区，天然气主要分布在亚马尔-涅涅茨自治区（图8.2）。乌拉尔联邦区现有可采石油储量超过 $160×10^8$ t，天然气可采储量超过 $12×10^{12}$ m^3。近年来，乌拉尔联邦区油气产量虽然稍有下降，但仍然占俄罗斯总产量的近一半，居俄罗斯第一位。

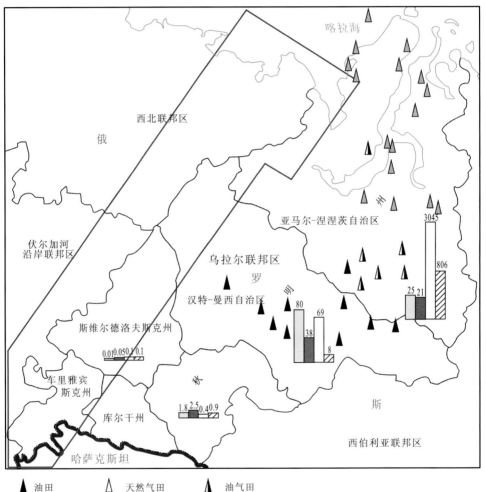

图 8.2　乌拉尔联邦区能源矿产分布示意图

8.2.1　油气

乌拉尔联邦区是俄罗斯油气开采的战略基地，探明油气储量居俄罗斯第一位（Варламов，2012）。乌拉尔联邦区共有 717 处油气田，其中油田 530 处、凝析油气田 100 处、凝析气油田 19 处、油气田 5 处、天然气田 50 处、天然气凝析田 13 处。著名的油气田有撒马特洛尔（Самотлорское）油气田、红色列宁（Красноленинское）油气田、普里阿布斯克（Приобское）油气田、萨雷姆（Салымское）油气田、瓦其耶干（Ватъеганское）油气田和费多罗夫（Федоровское）油气田。

1. 石油

乌拉尔联邦区的石油主要分布在亚马尔-涅涅茨自治区、汉特-曼西自治区、秋明州和斯维尔德洛夫斯克州（Rylkov，2016）。

亚马尔-涅涅茨自治区 2016 年列入国家储量平衡表的油田共计有 161 处（其中 71 处油田、10 处气油田、1 处油气田、79 处凝析油气田），$A+B+C_1$ 级可采储量为 $25.2×10^8$ t，C_2 级可采储量为 $21.6×10^8$ t。其中已配置的储量中 $A+B+C_1$ 级可采储量为 $24.5×10^8$ t（占亚马尔-涅涅茨自治区 $A+B+C_1$ 级可采储量的 97.22%），C_2 级可采储量为 $20.26×10^8$ t（占亚马尔-涅涅茨自治区 C_2 级可采储量的 93.80%）。在 2015 年亚马尔-涅涅茨自治区开采 $2\ 057.1×10^4$ t 石油。

汉特-曼西自治区 2015 年列入国家储量平衡表的油气田共计有 447 处（其中 409 处油田、16 处油气田、22 处凝析油气田），$A+B+C_1$ 级可采储量为 $80.3×10^8$ t，C_2 级可采储量为 $38.46×10^8$ t。其中已配置的储量中 $A+B+C_1$ 级可采储量为 $76.44×10^8$ t（占汉特-曼西自治区 $A+B+C_1$ 级可采储量的 95.19%），C_2 级可采储量为 $32.25×10^8$ t（占汉特-曼西自治区 C_2 级可采储量的 83.85%）。在 2014 年汉特-曼西自治区开采 $24\ 976.5×10^4$ t 石油。其中 6 处油田仅有部分分布在汉特-曼西自治区，在总储量中并未包含该部分储量（3 处油气田的可采储量统计到亚马尔-涅涅茨自治区）。

秋明州 2015 年列入国家储量平衡表的油气田共计有 38 处（其中 37 处油田、1 处凝析油气田），$A+B+C_1$ 级可采储量为 $1.82×10^8$ t，C_2 级可采储量为 $2.49×10^8$ t。其中已配置的储量中 $A+B+C_1$ 级可采储量为 $1.82×10^8$ t，C_2 级可采储量为 $2.39×10^8$ t（占秋明州 C_2 级可采储量的 95.98%）。2014 年秋明州开采 $1\ 073.4×10^4$ t 石油。

在斯维尔德洛夫斯克州 2016 年列入国家储量平衡表的油气田共计有 3 处（其中 2 处油田、1 处气油田），$A+B+C_1$ 级可采储量为 $94.7×10^4$ t，C_2 级可采储量为 $487.4×10^4$ t。2015 年斯维尔德洛夫斯克州未开采。全部储量属于未配置的储量。斯维尔德洛夫斯克州各油田的密度和硫含量有所区别。根据 2016 年的数据，可采储量中密度为 0.87 g/cm^3 的轻油占 C_1 级储量的 16.9%，密度在 $0.87\sim0.9$ g/cm^3 的中油占 C_1 级储量的 33.47%，密度>0.9 g/cm^3 的重油占 49.63%。

2. 天然气

乌拉尔联邦区的天然气主要分布在亚马尔-涅涅茨自治区、汉特-曼西自治区、秋明州和斯维尔德洛夫斯克州，其中亚马尔-涅涅茨自治区的天然气储量和开采量、溶解气储量和开采量占据主要地位。

亚马尔-涅涅茨自治区 2016 年列入国家储量平衡表的含气田共计有 222 处（其中 19 处天然气田、1 处油气田、42 处凝析气田、79 处凝析油气田、10 处气油田、71 处油田）。其中统计 151 处含气田的天然气储量为：$A+B+C_1$ 级可采储量为 $304\,541\times10^8\ m^3$，C_2 级可采储量为 $80\,609\times10^8\ m^3$。其中已配置地下资源的储量中 $A+B+C_1$ 级可采储量为 $292\,426\times10^8\ m^3$（占亚马尔-涅涅茨自治区天然气 $A+B+C_1$ 级可采储量的 96.02%），C_2 级可采储量为 $73\,500\times10^8\ m^3$（占亚马尔-涅涅茨自治区天然气 C_2 级可采储量的 91.18%）。2015 年亚马尔-涅涅茨自治区开采 $4\,656\times10^8\ m^3$ 天然气。亚马尔-涅涅茨自治区统计 160 处含气田的溶解气的可采储量为：$A+B+C_1$ 级可采储量为 $2\,581\times10^8\ m^3$，C_2 级可采储量为 $5\,159\times10^8\ m^3$。2015 年开采溶解气 $49.19\times10^8\ m^3$（Коржубаев н др.，2011）。

汉特-曼西自治区 2015 年列入国家储量平衡表的含气田共计有 468 处（其中 18 处天然气田、4 处凝析气田、16 处气油田、22 处凝析油气田、408 处油田）。其中统计汉特-曼西自治区 60 处含气田的天然气储量为：$A+B$ 级可采储量为 $126\times10^8\ m^3$，$A+B+C_1$ 级可采储量为 $6\,921\times10^8\ m^3$，C_2 级可采储量为 $802\times10^8\ m^3$。其中已配置 40 处的地下资源储量中 $A+B+C_1$ 级可采储量为 $6\,331\times10^8\ m^3$（占 60 处的比例 91.47%），C_2 级可采储气量为 $709\times10^8\ m^3$（占 60 处的比例 20.01%）。

秋明州 2016 年列入国家储量平衡表的含气田共计有 40 处（其中 1 处凝析油气田、39 处油田）。秋明州 40 处油气田的溶解气的 $A+B+C_1$ 级可采储量为 $72\times10^8\ m^3$，C_2 级可采储量为 $184\times10^8\ m^3$，2015 年开采量为 $2.56\times10^8\ m^3$。其中秋明州南维尼和亚尔特凝析油气田探明天然气储量：$A+B+C_1$ 级可采储量为 $43.73\times10^8\ m^3$，C_2 级可采储量为 $89.26\times10^8\ m^3$（PH-乌瓦特油气有限责任公司）

斯维尔德洛夫斯克州 2016 年列入国家储量平衡表的含气田共计有 5 处（其中 1 处天然气田、1 处油气田、1 处凝析气田、2 处油田）。统计斯维尔德洛夫斯克州 3 处含气田的天然气储量：C_1 级可采储量为 $11.72\times10^8\ m^3$，C_2 级可采储量为 $7.47\times10^8\ m^3$。已配置的地下资源储量中：C_1 级可采储量为 $10.04\times10^8\ m^3$，C_2 级可采储量为 $5.28\times10^8\ m^3$。斯维尔德洛夫斯克州 1 处含气田正处于勘探中，根据目前的最大储量情况属于小型气田（小于 $400\times10^8\ m^3$）。在该州 2015 年的未进行天然气开采。

3. 凝析油和凝析气

2016 年乌拉尔联邦区已开发的凝析油和凝析气田 46 处（$A+B+C_1$ 级储量占

74.82%），准备工业开发的 10 处（A+B+C$_1$ 级储量占 10.67%），正在勘探的 64 处（A+B+C$_1$ 级储量占 14.51%）。开采中的凝析油和凝析气田已采 85 568.6×10^4 t，A+B 级可采储量 6326.1×10^4 t。2015 年开发中的凝析油气田有东梅索亚赫（Восточно-Мессояхское）、东乌列格伊（Восточно-Уренгойское）、北叶谢金（Северо-Есетинское）、新巴尔托夫（Новопортовское）、北汗且伊（Северо-Ханчейское）、哈德里亚辛（Хадырьяхинское）凝析油气田，可采凝析液 C$_1$ 级储量 4 708.2×10^4 t，C$_2$ 级储量 1 905×10^4 t。准备开发的有巴鲁索夫（Парусов）、拉度日（Радужн）凝析油气田，C$_1$ 级储量 106.7×10^4 t，C$_2$ 级储量 152×10^4 t。乌拉尔联邦区的凝析油和凝析气主要分布在汉特-曼西自治区、秋明州和斯维尔德洛夫斯克州。

汉特-曼西自治区 2016 年列入国家储量平衡表的凝析油和凝析气田共计有 27 处（其中 4 处凝析气田、23 处凝析油气田）。凝析液可采总储量：A+B+C$_1$ 级可采储量为 2 061.5×10^4 t，C$_2$ 级可采储量为 960.3×10^4 t。其中已配置的储量占 A+B+C$_1$ 级可采储量的 88.1%，占 C$_2$ 级可采储量的 95.2%。

秋明州 2016 年列入国家储量平衡表 1 处凝析气田，为南维尼和亚尔特（Южно-Венихъяртский）油气田。凝析液可采总储量：C$_1$ 级可采储量为 6.9×10^4 t，C$_2$ 级可采储量为 18.3×10^4 t。矿床的许可证属于乌瓦特油气有限责任公司。2015 年该矿床的凝析液未进行开采。

斯维尔德洛夫斯克州 2016 年列入国家储量平衡表 1 处凝析油气田，为布哈罗夫（Бухаровский）油气田。凝析液可采总储量：C$_1$ 级可采储量为 0.6×10^4 t，C$_2$ 级可采储量为 0.5×10^4 t。勘探矿床属于诺亚布尔斯克天然气工业开采有限责任公司。

8.2.2　煤炭

乌拉尔联邦区的煤炭储量，分别来自汉特-曼西自治区煤炭矿床 7 处、斯维尔德洛夫斯克州煤炭矿床 13 处和车里雅宾斯克州煤炭矿床 46 处。

乌拉尔联邦区 2016 年国家储量平衡表中 A+B+C$_1$ 级煤炭储量 10.69×10^8 t，C$_2$ 级煤炭储量为 9.46×10^8 t，表外储量为 6.54×10^8 t。适合露天开采的 A+B+C$_1$ 级褐煤储量 3.18×10^8 t，占乌拉尔联邦区总储量的 29.8%，且主要集中分布在汉特-曼西自治区。乌拉尔联邦区已配置的 A+B+C$_1$ 级煤炭平衡储量 2.68×10^8 t，占联邦区探明总储量的 25.1%，其中已开采 2 处露天采矿场，A+B+C$_1$ 级煤炭平衡储量为 1 531.2×10^4 t，产能为 300×10^4 t/a；1 处正在勘探的露天采矿场，A+B+C$_1$ 级储量为 2.52×10^8 t。

2015 年乌拉尔联邦区 A+B+C$_1$ 级平衡储量减少了 64.8×10^4 t，开采量为 75.5×10^4 t，其中 13.3×10^4 t 开采量来自表外储量（表 8.7）。

表 8.7　乌拉尔联邦区煤炭储量表

乌拉尔联邦区 A＋B＋C$_1$ 级煤炭储量总计 10.69×10^8 t	正开发的和已开发的煤炭矿床	3.84×10^8 t	企业实际运营的储量 1 531.2×10^4 t
			待开发的资源、新建煤炭企业的后备资源、重建和扩大现有企业服务周期的资源储量 3.69×10^8 t
	其他煤炭矿床	6.85×10^8 t	正在勘探的露天煤矿 1 处，C$_1$ 褐煤平衡储量 2.52×10^8 t，C$_2$ 级褐煤平衡储量 4.76×10^8 t，表外储量 1.36×10^8 t
			有勘探远景的煤矿 6 处，储量 2.17×10^8 t，其中 4 处可建矿山（A＋B＋C$_1$ 级褐煤储量 2.05×10^8 t），2 处可露天采矿的矿山（B＋C$_1$ 级褐煤储量 1 206×10^4 t）
			其他情况的煤矿 42 处，A＋B＋C$_1$ 级褐煤平衡储量 2.15×10^8 t，C$_2$ 级褐煤平衡储量 1 414.6×10^4 t，表外储量 3.76×10^8 t，其中 14 处矿床只有表外储量，总计 3.75×10^8 t，其中 6 处矿床位于斯维尔德洛夫斯克州，8 处位于车里雅宾斯克州

8.2.3　铀矿

乌拉尔联邦区的铀矿主要集中在库尔干州。2016 年库尔干州统计铀的平衡储量为：C$_1$ 级储量 6 130 t，C$_2$ 级储量 9 707 t，表外储量 2 409 t。库尔干州外乌拉尔区的达尔玛托夫（Далматовское）矿床已经配置，2015 年达里尔有限公司采用地下浸出法在该矿床开采 534 t 铀，产品中含铀 30～80 g/L。2013 年达里尔有限公司拥有库尔干州舒米新区已配置的霍赫洛夫（Хохловское）矿床的勘探和采矿权，到 2015 年采用地下浸出法在该矿床开采 56 t 铀。库尔干州未配置的铀矿床有达布罗沃利（Добровольное）矿床，它的C$_1$ 级铀储量为 339 t，C$_2$ 级铀储量为 7 060 t。

8.3　乌拉尔联邦区金属矿产资源

乌拉尔联邦区是俄罗斯第二大铁矿原料基地，矿石主要为钛磁铁矿。乌拉尔联邦区的斯维尔德洛夫斯克州北乌拉尔铝土矿区是俄罗斯联邦铝工业的主要矿物原料基地。乌拉尔联邦区的铜、金等矿产是该地区优势的矿产资源，储量较大（图 8.3）。此外，乌拉尔联邦区最有前景的是稀有金属矿产，特别是在乌拉尔极地或滨极地的地区，发现新矿床的潜力巨大（Bykhovskiy et al.，2016）。

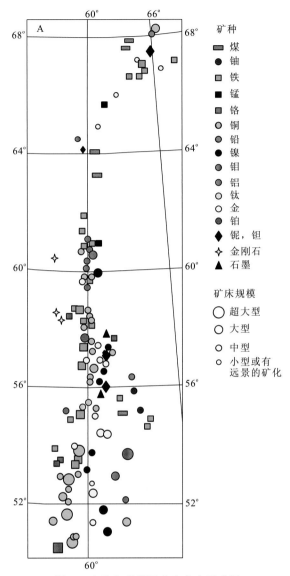

矿种

▦ 煤
● 铀
▪ 铁
■ 锰
▪ 铬
○ 铜
● 铅
● 镍
● 钼
● 铝
○ 钛
○ 金
● 铂
◆ 铌，钽
✦ 金刚石
▲ 石墨

矿床规模

⬭ 超大型
○ 大型
○ 中型
○ 小型或有远景的矿化

图 8.3　乌拉尔联邦区矿产分布示意图

8.3.1　金及铂族矿产

截至 2015 年，乌拉尔联邦区共统计 309 处金（含金）矿床的储量。其中 26 处为原生金矿床，31 处为伴生金矿床，252 处为砂金矿床（具体情况见表 8.8）。乌拉尔联邦区金总储量组成为：$A+B+C_1$ 级金平衡储量为 350.641 t，C_2 级金平衡储量为 277.448 t，表外储量为 125.913 t。2014 年乌拉尔联邦区黄金开采量 25.515 t。

表 8.8 乌拉尔联邦区金矿床数量及储量表

矿产开发利用现状	原生金矿床/处	伴生金矿床/处	砂金矿床/处	占乌拉尔联邦区 A＋B＋C_1 级总储量的比例/%
正在开发的金矿床	12	14	55	71.3
准备开发的金矿床	4	6	19	5.1
正在勘探的金矿床	4	4	11	2.8
未配置的地下资源	6	7	167	20.8

本区超过一半的金储量位于车里雅宾斯克州（51.03%），其次为斯维尔德洛夫斯克州（44.39%）、亚马尔-涅涅茨自治区（3.93%）和汉特-曼西自治区（0.66%）。车里雅宾斯克州的开采量占乌拉尔联邦区的 60.81%，其次为斯维尔德洛夫斯克州，占 38.58%，汉特-曼西自治区占 0.61%。

乌拉尔联邦区的大型原生金矿床有：斯维尔德洛夫斯克州的别列佐夫（Березовское）矿床、马明斯克（Маминское）矿床、加加尔斯克（Гагарское）矿床，车里雅宾斯克州的卡气卡尔（Кочкарское）矿床、斯威特林（Светлинское）矿床。伴生金矿床有：车里雅宾斯克州的乌杰李金（Узельгинское）矿床、米赫耶夫（Михеевское）矿床和切巴其耶（Чебачье）矿床。此外，在斯维尔德洛夫斯克州还有 3 处尾矿型金矿床。

截至 2016 年，乌拉尔联邦区斯维尔德洛夫斯克州共计 87 处铂族金属矿床，探明铂族金属平衡储量 56.404 t，其中，A＋B＋C_1 级铂族金属平衡储量为 13.026 t，C_2 级平衡储量为 43.378 t，表外储量为 10.145 t。铂族金属储量分布在重砂型含铂砂矿和含金铂砂矿中，钯主要分布在沃尔科夫（Волковское）矿床。

乌拉尔联邦区正在开采的重砂型铂矿有 6 处。

2015 年斯维尔德洛夫斯克州共开采 17 处矿床，其中 16 处砂矿、1 处原生矿床（沃尔科夫矿床）。

8.3.2 铁矿与锰矿

乌拉尔联邦区铁矿的储量和开采量位居俄罗斯第二位，铁矿储量占俄罗斯的 16.4%，同时保障俄罗斯 20.4% 的铁矿石供应。乌拉尔联邦区铁矿储量主要集中在含钒钛磁铁矿矿床中，大型的铁矿床有古谢沃格尔（Гусевогорское）铁矿床、索普斯特维诺-卡其卡纳尔（Собственно-Качканарское）铁矿床、素拉亚莫夫（Суроямовское）铁矿床。而夕卡岩-磁铁矿矿床有别斯恰斯克（Песчанское）铁矿床、感恩山（Гороблагодатское）铁矿床、叶斯邱宁（Естюнинское）铁矿床、高山（Высокогорское）铁矿床（Печенкин и др.，2013）。乌拉尔联邦区 83.3% 的探明储量（约 80×10^8 t）为易选钛磁铁矿矿石，该类型最大的矿床为古谢沃格尔矿床。钛磁铁矿矿石产量占乌拉尔联邦区铁矿石总产量的 87%。

乌拉尔联邦区 2016 年共计有 57 处铁矿床列入国家储量平衡表，平衡储量中 A＋B＋C_1 级铁矿平衡储量为 $95.774×10^8$ t，C_2 级铁矿平衡储量为 $70.976×10^8$ t，表外储量为 $37.988×10^8$ t。在 2015 年乌拉尔联邦区开采铁矿石 $6\ 828.7×10^4$ t（表 8.9）。

表 8.9　乌拉尔联邦区主要矿产储量和开采量表

矿种	储量单位	A＋B＋C_1 级	C_2 级	表外储量	开采量	列入国家储量平衡表的矿床数量（2016 年）
铁	10^8 t	95.774	70.976	37.988	0.68	57
锰	10^4 t	4 194.8	276.8	153.5	—	10
铬	10^4 t	131.4	371.6	64		18
钛	10^4 t	2 076.6	984.7	1 625.7		
原生铜	10^4 t	682.19	233.39	176.76	19.06	36
锌	10^4 t	229.1	45.85	90.3	—	20
钼	10^4 t	3.619	19.285 9	4.895 4	0.058	3
铝土	10^4 t	27 888.5	15 413.4	2 549.1	231.8	25
金	t	350.641	277.448	125.913	25.515（2014 年）	309（2015 年）
铂族金属	t	13.026	43.378	10.145	0.04	
高岭土	10^4 t	4 069.8	2 105.6	694.8	20.6	5
石墨	10^4 t	139.8	195.58	—	—	
纯橄岩	10^4 t	12 262.5	5 157.5	6 797.4	—	
菱镁矿	10^4 t	11 931.5	1 308.1	297.5	—	

乌拉尔联邦区褐铁矿的储量主要分布在南乌拉尔地区的巴卡里（Бакальское）矿床（元古宙地层）和中乌拉尔地区的阿拉帕耶夫斯克（Алапаевское）铁矿区。巴卡里褐铁矿矿床的铁平均品位为 43.2%，阿拉帕耶夫斯克铁矿区的褐铁矿的铁平均品位为 38%～39%。巴卡里铁矿区菱铁矿的铁平均品位为 31.2%。巴卡里褐铁矿工业利用无需富选。

在 2015 年汉特-曼西自治区的磁铁矿矿床亚内-突利因（Яны-Турьинское）铁矿床的储量首次列入国家储量平衡表。

乌拉尔联邦区 2016 年列入国家储量平衡表的锰矿床有 10 处，A＋B＋C_1 级锰矿平衡储量为 $4\ 194.8×10^4$ t，C_2 级锰矿平衡储量为 $276.8×10^4$ t，表外储量为 $153.5×10^4$ t（表 8.9）。乌拉尔联邦区锰矿的储量主要分布在斯维尔德洛夫斯克州和车里雅宾斯克州。

斯维尔德洛夫斯克州 2016 年列入国家储量平衡表的有 9 处小型锰矿床，位于北乌拉尔盆地，这些矿床的 A＋B＋C_1 级锰矿平衡储量 $4\ 171.9×10^4$ t，C_2 级锰矿平衡储量 $2.3×10^4$ t，表外储量为 $153.5×10^4$ t。

车里雅宾斯克州 2016 年列入国家储量平衡表的有 1 处锰矿床，特列赫格兰（Трехгранн）矿床，氧化锰矿石的 C_1 级储量 $22.9×10^4$ t，C_2 级储量 $274.5×10^4$ t。

8.3.3　铬矿与钛矿

乌拉尔联邦区 2016 年列入国家储量平衡表的铬矿床有 18 处，A＋B＋C_1 级铬矿平衡储量为 131.4×10^4 t，C_2 级铬矿平衡储量为 371.6×10^4 t，表外储量为 64×10^4 t（表 8.9）。乌拉尔联邦区铬矿的储量主要分布在亚马尔-涅涅茨自治区、斯维尔德洛夫斯克州和车里雅宾斯克州。

亚马尔-涅涅茨自治区 2016 年列入国家储量平衡表的铬矿床 3 处，赋存于极地乌拉尔的东翼拉伊-伊兹超基性岩地体中，分别是中间矿床、西部矿床和 214 矿床。截至 2016 年这些矿床 C_1 级铬矿平衡储量 93.5×10^4 t，C_2 级铬矿平衡储量为 360.8×10^4 t，表外储量 31.1×10^4 t。

斯维尔德洛夫斯克州列入国家储量平衡表的铬矿床 6 处，这些矿床的 A＋B＋C_1 级铬矿平衡储量 32.5×10^4 t，C_2 级铬矿平衡储量 8.3×10^4 t，表外储量 31.1×10^4 t。

车里雅宾斯克州列入国家储量平衡表的铬矿床 9 处。这些矿床的 C_1 级铬矿平衡储量为 5.4×10^4 t，C_2 级铬矿平衡储量 2.5×10^4 t，表外储量 1.8×10^4 t。

乌拉尔联邦区 2016 年列入国家储量平衡表的 TiO_2 A＋B＋C_1 级平衡储量为 2 076.6×10^4 t，C_2 级平衡储量为 984.7×10^4 t，表外储量为 1 625.7×10^4 t。乌拉尔联邦区钛矿床分为原生钛铁矿-钛磁铁矿型、钛磁铁矿型、钛铁矿-锆砂矿型。

汉特-曼西自治区在 2012～2013 年，由国家联邦预算支持在绍乌什马-列米因（Шоушма-Лемьинское）矿结开展了地质研究工作，在乌梅其因区的东翼开展了普查和评价钛-锆砂矿。研究在绍乌什马-列米因砂矿结发现了右岸（Правобережн）钛-锆砂矿，并编制了储量报告，该矿床 2015 年首次列入国家储量平衡表。

截至 2016 年，斯维尔德洛夫斯克州卜特金（Буткинское）锆石-钛铁矿砂矿型矿床的 TiO_2 储量（属于乌拉尔矿山开采企业有限责任公司）C_1 级为 24 710 t，C_2 级为 107 630 t，表外储量为 36 050 t。目前计划分别独立开发这个矿床的别列戈夫（Берегов）地段和达尼洛夫（Даниловское）地段。达尼洛夫矿段的设计产能 55×10^4 t 砂/a，生产损耗低于 3%，储量保障程度 23 年。别列戈夫矿段的设计产能 62.5×10^4 t 砂/a，生产损耗低于 3%，储量保障程度 17 年。开采的矿砂将进行就地加工，加工厂第一阶段的产能 55×10^4 t 砂/a，第二阶段 83×10^4 t 砂/a。

车里雅宾斯克州有 3 处钛矿床：梅德韦杰夫（Медведевское）矿床、卡盘斯克（Копанское）矿床、阿依河流域（бассейна р. Ай）砂矿床，其中梅德韦杰夫矿床的平衡储量只有表外储量。梅德韦杰夫矿床正在准备开发，卡盘斯克矿床、阿依河流域砂矿床属于未配置的地下资源。截至 2016 年，车里雅宾斯克州 TiO_2 矿 A＋B＋C_1 级平衡储量 2 068.6×10^4 t，C_2 级平衡储量 952.3×10^4 t，表外平衡储量 1 622.1×10^4 t。

8.3.4　铜矿与镍矿

乌拉尔联邦区 2016 年列入国家储量平衡表的原生铜矿床有 36 处，原生铜的 A+B+C_1 级储量为 682.19×10^4 t，C_2 级为 233.39×10^4 t，表外储量为 176.76×10^4 t。2015 年开采铜 19.06×10^4 t。原生铜矿储量主要分布在斯维尔德洛夫斯克州和车里雅宾斯克州。

斯维尔德洛夫斯克州集中了乌拉尔联邦区 A+B+C_1 级原生铜平衡储量的 49.9%，C_2 级原生铜平衡储量的 21%，表外储量的 42.2%，铜开采量的 33.6%。

车里雅宾斯克州集中了乌拉尔联邦区 A+B+C_1 级原生铜平衡储量的 50.1%，C_2 级原生铜平衡储量的 79%，表外储量的 57.8%，铜开采量的 66.4%。

乌拉尔联邦区铜的储量位居俄罗斯第三位。大型铜矿床主要有：斯维尔德洛夫斯克州的钒-铁-铜型沃尔科夫（Волковское）矿床，铜储量占俄罗斯原生铜矿床 A+B+C_1 级平衡储量的 2.3%；车里雅宾斯克州的铜-斑岩型托姆宁（Томинское）矿床，铜储量占俄罗斯的 1.7%；米赫耶夫（Михеевское）矿床，铜储量占俄罗斯的 1.6%。中型矿床有斯维尔德洛夫斯克州的黄铜矿矿床萨菲亚诺夫（Сафьяновское）矿床，铜储量占俄罗斯的 0.6%；车里雅宾斯克州的乌杰李金（Узельгинское）矿床，铜储量占全俄的 0.3%。

乌拉尔联邦区 2015 年原生铜矿床的 A+B+C_1 级储量增加了 18.58×10^4 t，C_2 级增加了 67.41×10^4 t，表外储量增加了 28.38×10^4 t。储量改变是由于企业生产活动和地质勘探工作加强，以及斯维尔德洛夫斯克州的塔尔尼耶尔（Тарньерское）矿床、北卡卢金（Северо-Калугинское）矿床，车里雅宾斯克州的托姆宁矿床、苏尔塔诺夫（Султановское）矿床储量的重新核实。此外，斯维尔德洛夫斯克州还有 4 处尾矿型矿床，C_1 级铜储量 4.19×10^4 t，C_2 级铜储量 2.55×10^4 t，表外储量 13.46×10^4 t。2015 年尾矿型矿床的铜开采量 12.65×10^4 t。

根据乌拉尔联邦区原生铜矿床的矿石矿物组成，分为铜矿床（黄铜矿型、夕卡岩型、钒-铁-铜型、铜-斑岩型、含铜黏土型）、伴生铜矿床（磁铁矿型、铜-金矿型、多金属型），伴生铜矿床中铜作为伴生组分存在。

乌拉尔联邦区最大的铜矿床为沃尔科夫钒-铁-铜型矿床，A+B+C_1 级平衡储量占乌拉尔联邦区的 23.4%，产量占乌拉尔联邦区总产量的 4.1%；其次为米赫耶夫铜-斑岩型矿床，A+B+C_1 级平衡储量占乌拉尔联邦区的 16.5%，产量占乌拉尔联邦区总产量的 33.6%；托姆宁铜-斑岩型矿床，A+B+C_1 级平衡储量占乌拉尔联邦区的 17.7%；乌杰李金黄铜矿型矿床，A+B+C_1 级平衡储量占乌拉尔联邦区的 8.9%，产量占乌拉尔联邦区总产量的 17.8%；萨菲亚诺夫黄铜矿型矿床，A+B+C_1 级平衡储量占乌拉尔联邦区的 6.4%，产量占乌拉尔联邦区总产量的 17.7%。

2015 年乌拉尔联邦区镍矿储量占俄罗斯镍平衡储量的 2.2%。大型镍矿床有：斯维尔德洛夫斯克州的谢洛夫（Серовское）矿床、车里雅宾斯克州的萨哈林（Сахаринское）矿床。镍矿的远景储量主要在斯维尔德洛夫斯克州、车里雅宾斯克州和库尔干州东部区域的超基性岩区，该岩体被薄层的中-新生代覆盖。

8.3.5　锌矿与钼矿

乌拉尔联邦区 2016 年列入国家储量平衡表的锌矿床有 20 处，A＋B＋C_1 级锌矿平衡储量为 229.1×10^4 t，占俄罗斯 A＋B＋C_1 级锌矿平衡储量的 5.62%。C_2 级锌矿平衡储量为 45.85×10^4 t，表外储量为 90.3×10^4 t。此外还有 1 处工艺型矿床（表外储量 38.22×10^4 t 锌）。

车里雅宾斯克州有 9 处锌矿床，集中了乌拉尔联邦区 A＋B＋C_1 级锌平衡储量的 67.3%。2016 年乌拉尔联邦区 A＋B＋C_1 级锌平衡储量减少了 33.79×10^4 t，其中开采了 11.25×10^4 t，开采中损耗 4 500 t，勘探增加 1.15×10^4 t，重评估减少 23.24×10^4 t。锌储量增长主要来自矿床的勘探工作：斯维尔德洛夫斯克州萨菲亚诺夫矿床增加 2 000 t、车里雅宾斯克州的莫洛结日（Молодежн）矿床增加 2 600 t、塔尔干（Талганское）矿床增加 3 300 t、乌杰李金（Узельгинское）矿床增加 3 000 t、亚历山大（Александринское）矿床增加 600 t。由于储量的重评估，一些矿床储量减少了 23.24×10^4 t，包括斯维尔德洛夫斯克州的塔尔尼耶尔（Тарньерское）矿床（减少 19.51×10^4 t）、北卡卢金（Северо-Калугинское）矿床（减少 2 500 t），车里雅宾斯克州的苏尔塔诺夫（Султановское）矿床（减少 3.49×10^4 t）。2016 年，C_2 级锌储量增加了 11.21×10^4 t，塔尔尼耶夫矿床增加 9.95×10^4 t，苏尔塔诺夫矿床增加 1.99×10^4 t。2016 年，表外储量增加了 6.97×10^4 t，塔尔尼耶夫矿床增加 6.61×10^4 t，北卡卢金矿床增加了 400 t，苏尔塔诺夫矿床增加了 3 100 t。萨菲亚诺夫矿床增加了 100 t。

乌拉尔联邦区 A＋B＋C_1 级锌储量的 91.8% 属于已配置的地下资源。其中已开发的原生矿床 11 处，分布在斯维尔德洛夫斯克州 5 处矿床，车里雅宾斯克州 6 处矿床，已开发的 A＋B＋C_1 级锌储量占乌拉尔联邦区 A＋B＋C_1 级的 88.4%。2015 年 8 处已开采矿床的锌开采量为 11.25×10^4 t，其中车里雅宾斯克州的乌杰李金矿床开采量 6.81×10^4 t（占总开采量 60.5%）。此外，在铜冶炼生产的工艺型石拉克特瓦尔（Шлакоотвал）矿床的矿渣中获得锌 3.95×10^4 t。乌拉尔联邦区正在准备开发的矿床有 2 处：斯维尔德洛夫斯克州的北卡卢金矿床和车里雅宾斯克州的马乌克（Маукское）矿床。乌拉尔联邦区正在勘探的有 4 处矿床：斯维尔德洛夫斯克州的卡班-1 号（Кабан-1）矿床、加尔金（Галкинское）矿床、北奥里霍夫（Северо-Ольховское）矿床，车里雅宾斯克州的阿穆尔（Амурское）矿床。乌拉尔联邦区未配置的矿床有 3 处，2 处在斯维尔德洛夫斯克州，1 处在车里雅宾斯克州。

乌拉尔联邦区 2016 年列入国家储量平衡表的钼矿床有 3 处：斯维尔德洛夫斯克州的南沙美义（Южно-Шамейское）矿床、车里雅宾斯克州的米赫耶夫（Михеевское）矿床、第一次列入国家储量平衡表的库尔干州的卡克拉诺夫（Коклановское）矿床。乌拉尔联邦区 A＋B＋C_1 级钼平衡储量为 3.619×10^4 t，C_2 级钼平衡储量为 19.285 9×10^4 t，表外储量为 4.895 4×10^4 t，分别占俄罗斯联邦钼储量的 2.55%、26.55% 和 6.05%。2015 年开采钼 576 t，占俄罗斯联邦的 12.11%。斯维尔德洛夫斯克州的乌拉尔金矿山企业有限责

任公司拥有马雷舍夫矿区南沙美义矿床钼的勘探和开采权。米赫耶夫铜-斑岩综合型矿床
2016 年钼的 C_1 级平衡储量 1.348 4×10^4 t，表外储量 2 419×10^4 t。库尔干州的卡克拉诺
夫开放式股份公司拥有卡塔伊区卡克拉诺夫钨-钼矿的勘探和开采权，该公司需在 2017
年已完成钨-钼矿的勘探工作并计算矿产资源储量，2019 年计划建设矿山开采企业的基
础设施，2021 年投入运营。

亚马尔-涅涅茨自治区乌拉尔工业-极地-4 有限责任公司拥有滨乌拉尔区列肯-塔里
别（Лекын-Тальбейское）铜-钼远景区的勘探与开采权。

8.3.6 稀有、稀散和稀土元素

乌拉尔联邦区的三稀矿产包括钨、钼、铍、钽、锆、锗、钒、稀土（钇、镧、铈等）。
尽管稀土和稀有金属成矿作用广泛分布在伟晶岩型矿床、钠长岩型矿床、云英岩型矿床、
铁矿床（钒）、铝土矿（锗和稀土元素）和铜斑岩型综合矿床（钼）中，但是目前正在运
营的只有两个稀有金属矿床：威士涅沃格尔（Вишневогорское）矿床（锆、铌）和马雷
舍夫（Малышевское）矿床（钽、铍）。

乌拉尔联邦区具有较大的稀有金属探明储量，发现新矿床的潜力巨大，特别是在乌
拉尔极地或滨极地的地区［哈尔贝-塔伊凯乌斯（Харбей-Тайкеуское）矿结］。

8.4 乌拉尔联邦区非金属矿产资源

8.4.1 铝土与高岭土矿

乌拉尔联邦区的斯维尔德洛夫斯克州是俄罗斯联邦铝工业的主要矿物原料基地
（Гальянов и др.，2012），2016 年斯维尔德洛夫斯克州统计有 25 处矿床，A＋B＋C_1 级
铝土矿平衡储量为 27 888.5×10^4 t，C_2 级铝土矿平衡储量为 15 413.4×10^4 t，表外储
量为 2 549.1×10^4 t，其中 10 处矿床只有表外储量，为 2 073.3×10^4 t 吨。

斯维尔德洛夫斯克州的 A＋B＋C_1 级铝土矿平衡储量集中在北乌拉尔含铝土矿
区（26 331.7×10^4 t）、伊夫杰利（Ивдельское）含铝土矿区（1 034.4×10^4 t）、阿尔巴
耶夫（Алапаевское）含铝土矿区（333.2×10^4 t）、卡尔宾（Карпинское）含铝土矿区
（189.2×10^4 t）。此外还有卡缅斯克（Каменское）区（只有表外储量 1 074.2×10^4 t）。

北乌拉尔含铝土矿区采用地下开采的方式开采深度 1 120～1 300 m 的铝土矿，2015 年
正在开采的矿床有北乌拉尔含铝土矿区的 4 处矿床：红帽子（Красная Шапочка）矿床、卡
里因（Кальинское）矿床、新卡里因（Ново-Кальинское）矿床、切列姆霍夫（Черемуховское）
矿床。铝土矿开采量为 231.8×10^4 t。

斯维尔德洛夫斯克州铝土矿未配置的矿床统计有 21 处。

乌拉尔联邦区的高岭土分布在斯维尔德洛夫斯克州、车里雅宾斯克州。列入国家储量平衡表的 5 处高岭土矿床均（或部分）属于已配置的地下资源。其中 4 处已开发：斯维尔德洛夫斯克州的涅维扬斯克（Невьянское）矿床的才姆扎沃德（Цемзаводское）矿段、车里雅宾斯克州的茹拉夫利内-罗格（Журавлиный Лог）矿床、克什德姆（Кыштымское）矿床的北部矿段、巴列塔耶夫（Полетаевское）矿床的第 6 层和第 8 层。1 处矿床正在勘探：车里雅宾斯克州的切克马库里（Чекмакульское）矿床。已开发的地下资源 A＋B＋C_1 级高岭土储量 2 664.7×10^4 t，C_2 级高岭土储量 711.3×10^4 t，表外储量 694.8×10^4 t。2015 年乌拉尔联邦区的高岭土开采量 20.6×10^4 t。

未配置的地下资源有斯维尔德洛夫斯克州的涅维扬斯克矿床的别列佐夫-巴罗拓（Березовое Болото）矿段、特罗什（Трошинское）矿段，车里雅宾斯克州巴列塔耶夫矿床的部分储量。未配置的地下资源 A＋B＋C_1 级储量 1 405.1×10^4 t，C_2 级储量 1 394.3×10^4 t。

8.4.2　石墨

乌拉尔联邦区斯维尔德洛夫斯克州有 1 处晶质石墨矿床——穆尔金矿床，主要为鳞片石墨（巴利亚索夫维别，2007）。截至 2016 年穆尔金矿床 A＋B＋C_1 级储量 1 861.9×10^4 t 矿石和 50×10^4 t 石墨，C_2 级储量 8 162.5×10^4 t 矿石和 195.58×10^4 t 石墨，矿床属于未配置的地下资源。

车里雅宾斯克州有 2 处石墨矿床——塔伊金（Тайгинское）矿床和巴耶夫（Боевское）矿床，2016 年列入国家储量平衡表 A＋B＋C_1 级储量 2 645.1×10^4 t 矿石和 89.8×10^4 t 石墨。

8.4.3　菱镁矿、水镁石与纯橄岩

截至 2016 年乌拉尔联邦区的亚马尔-涅涅茨自治区、斯维尔德洛夫斯克州、车里雅宾斯克州统计有 3 处纯橄岩矿床，3 处菱镁矿矿床。

3 处纯橄岩矿床为亚马尔-涅涅茨自治州的中央矿床、斯维尔德洛夫斯克州的萨拉维耶格尔（Соловьевогорское）矿床和以奥夫（Иовское）矿床。A＋B＋C_1 级纯橄岩储量为 12 262.5×10^4 t，C_2 级纯橄岩储量 5 157.5×10^4 t，表外储量为 6 797.4×10^4 t。其中已配置的 A＋B＋C_1 级橄榄岩储量 4 231.4×10^4 t，C_2 级橄榄岩储量 97×10^4 t，表外储量 6 797.4×10^4 t；

3 处菱镁矿矿床为车里雅宾斯克州的别列佐夫（Березовское）矿床、萨特金（Саткинское）矿床、叶丽宁（Ельничн）矿床，A＋B＋C_1 级菱镁矿储量为 11 931.5×10^4 t，C_2 级菱镁矿储量为 1 308.1×10^4 t，表外储量为 297.5×10^4 t。此外，还有已开发储存的菱镁矿矿石 531.7×10^4 t。

第9章

西伯利亚联邦区
矿产资源

西伯利亚联邦区位于北亚中部，工业以原材料加工和石化工业为主，基础设施相对较差，社会经济发展一般。西伯利亚联邦区未来将成为俄罗斯最主要的能源基地。西伯利亚联邦区拥有5处超大型油气田及数百处大中小型油气田，其远景资源量按照油气当量计算超过 $500×10^8$ t，西伯利亚联邦区目前已经成为仅次于乌拉尔联邦区的第二大油气资源生产基地，西伯利亚联邦区油气的开采只是刚刚开始，潜力巨大。西伯利亚联邦区目前集中了俄罗斯大部分的煤炭储量和铀储量，以及1/3以上的煤炭产量和铀产量，西伯利亚联邦区是俄罗斯找寻煤炭和铀矿的最有前景的几个地区之一。俄罗斯西伯利亚联邦区的固体矿产资源储量及前景同样十分巨大，尤其是铜矿、铅锌矿、金矿和铂族金属，以及其他一些重要的非金属矿产在俄罗斯占有重要地位。

9.1　西伯利亚联邦区基本概况

西伯利亚联邦区地处俄罗斯联邦亚洲部分中部，拥有北亚大河叶尼塞河、世界大湖贝加尔湖，北临北冰洋的拉普捷夫海、喀拉海，东邻远东联邦区，西邻乌拉尔联邦区，南与哈萨克斯坦、蒙古国和中国接壤。冬季严寒漫长，夏季短促温暖，气温年较差大。降水稀少，但由于气温低、蒸发弱，相对湿度较高，自然植被为针叶林。至 2016 年，西伯利亚联邦区包括阿尔泰共和国、布里亚特共和国、图瓦共和国、哈卡斯共和国、阿尔泰边疆区、外贝加尔边疆区、克拉斯诺亚尔斯克边疆区、伊尔库茨克州、克麦罗沃州、新西伯利亚州、鄂木斯克州、托木斯克州 12 个联邦主体，联邦区中心城市为新西伯利亚（图 9.1，表 9.1），面积 514.5×10^4 km^2，占俄罗斯总面积的 30%，居民 1 932.4 万人，占俄罗斯人口总数的 13.2%。

图 9.1　西伯利亚联邦区分布略图

表 9.1　西伯利亚联邦区主要构成

一级行政单位	行政中心	面积/$10^4 km^2$	人口/千人
新西伯利亚州	新西伯利亚	17.78	2762.2
阿尔泰共和国	戈尔诺-阿尔泰斯克	9.29	215.2
布里亚特共和国	乌兰乌德	35.13	982.3
图瓦共和国	克孜勒	16.86	315.6
哈卡斯共和国	阿巴坎	6.16	536.8
阿尔泰边疆区	巴尔瑙尔	16.8	2376.7
外贝加尔边疆区	赤塔	43.19	1083.0
克拉斯诺亚尔斯克边疆区	克拉斯诺亚尔斯克	236.68	2866.5
伊尔库茨克州	伊尔库茨克	77.48	2412.8
克麦罗沃州	克麦罗沃	9.57	2717.6
鄂木斯克州	鄂木斯克	14.11	1978.5
托木斯克州	托木斯克	31.44	1076.8

资料来源：俄罗斯联邦国家统计局. 俄罗斯区域社会经济指标（2016）.（2017-02）[2017-04-29]. www.gks.ru/wps/wcm/connect/ rosstat_main/rosstat/ru/statistics/pubicacion/catalog/cfoc_1138623506156.

　　西伯利亚联邦区主要工业类型为有色和黑色金属冶炼、电力、木材加工、化工和石化工业，此外食品和面粉加工、燃料工业、建材、机械加工和金属加工、轻工业也较发达。西伯利亚联邦区的工业生产总值占俄罗斯的11.2%。

　　在俄罗斯西伯利亚联邦区的社会经济结构中，以采掘业、农业、制造业和水电气的生产为主要的经济活动门类。西伯利亚联邦区的采掘业所占比重为14.18%，是西伯利亚联邦区产值最大的工业门类。2015年，西伯利亚联邦区的采掘业产值为236.52亿美元，占俄罗斯采掘业产值的14.19%。从西伯利亚联邦区各主要联邦主体看，最主要的是克麦罗沃州，占西伯利亚联邦区采掘业产值的34.75%，其次为克拉斯诺亚尔斯克边疆区和伊尔库茨克州，占西伯利亚联邦区采掘业产值的23.33%和21.84%（表9.2、表9.3）。

表 9.2　西伯利亚联邦区主要经济结构构成　　　（单位：亿美元）

联邦主体	地区生产总值	采掘业	制造业	水电气的生产	农业	建筑业	零售业	固定资产投资
新西伯利亚州	133.63	3.84	54.56	9.09	12.73	0.02	3.23	1.64
阿勒泰共和国	5.84	0.11	0.70	0.34	1.61	0.06	24.26	5.42
布里亚特共和国	27.58	2.92	12.70	3.96	2.65	0.02	3.22	1.90
图瓦共和国	6.97	1.17	0.11	0.56	0.87	0.04	10.99	4.34
哈卡斯共和国	23.95	5.71	13.20	5.75	2.10	0.13	47.94	13.71
阿尔泰边疆区	66.85	0.72	36.16	6.49	21.10	0.04	21.93	10.95
外贝加尔边疆区	33.97	9.00	3.16	4.17	2.94	0.20	70.66	58.87

续表

联邦主体	地区生产总值	采掘业	制造业	水电气的生产	农业	建筑业	零售业	固定资产投资
克拉斯诺亚尔斯克边疆区	212.42	55.18	133.77	23.61	13.72	0.14	43.41	31.61
伊尔库茨克州	135.43	51.65	66.09	13.53	8.91	0.15	51.25	24.19
克麦罗沃州	111.55	82.19	68.93	13.73	8.38	0.39	66.32	23.37
鄂木斯克州	89.39	0.59	104.53	7.11	14.38	0.12	45.77	14.49
托木斯克州	63.89	23.44	23.61	4.81	4.48	0.10	20.03	15.90
西伯利亚联邦区	911.47	236.52	517.52	93.15	93.87	1.41	409.01	206.39

资料来源：俄罗斯联邦国家统计局. 俄罗斯区域社会经济指标（2016）.（2017-02）[2017-04-29]. www. gks. ru/wps/wcm/ connect/ rosstat_main/rosstat/ru/statistics/pubicacion/catalog/cfoc_1138623506156.

表9.3　西伯利亚联邦区主要社会经济指标占俄罗斯的比重　　　　（单位：%）

行政单位名称	面积	人口	劳动人口	国民生产总值	采掘业	制造业	水电气的生产
俄罗斯联邦	100	100	100	100	100	100	100
西伯利亚联邦区	30.0	13.2	13.1	10.4	14.18	10.48	12.91

行政单位名称	农业	建筑业	零售业	固定资产投资	出口	进口
俄罗斯联邦	100	100	100	100	100	100
西伯利亚联邦区	12.2	9.1	10.0	9.5	8.8	3.8

资料来源：俄罗斯联邦国家统计局. 俄罗斯区域社会经济指标（2016）.（2017-02）[2017-04-29]. www. gks. ru/wps/wcm/ connect/ rosstat_main/rosstat/ru/statistics/pubicacion/catalog/cfoc_1138623506156.

　　从总的产值结构上看，采掘业是西伯利亚联邦区的主要产业部门。在俄罗斯各联邦区中，西伯利亚联邦区人均采掘业产值超过俄罗斯联邦的平均值。西伯利亚联邦区的人均采掘业产值达到1 224美元，是俄罗斯平均值的1.08倍，尤其是克麦罗沃州、伊尔库茨克州和托木斯克州，人均采掘业产值为俄罗斯平均值的1.8倍以上（表9.4）。

表9.4　西伯利亚联邦区人均经济指标　　　　　　（单位：美元）

行政单位名称	月平均工资	人均制造业产值	人均采掘业产值	人均固定资产投资额
阿勒泰共和国	273	327	51	764
布里亚特共和国	381	1 294	297	551
图瓦共和国	228	36	370	601
哈卡斯共和国	310	2 460	1 063	807
阿尔泰边疆区	313	1 521	30	576
外贝加尔边疆区	343	291	831	1 012
克拉斯诺亚尔斯克边疆区	404	4 667	1 925	2 054
伊尔库茨克州	336	2 739	2 140	1 310

续表

行政单位名称	月平均工资	人均制造业产值	人均采掘业产值	人均固定资产投资额
克麦罗沃州	325	2 536	3 024	890
新西伯利亚州	361	1 976	139	846
鄂木斯克州	387	5 284	30	733
托木斯克州	372	2 193	2 176	1 476
西伯利亚联邦区	352	2 678	1 224	1 069
俄罗斯联邦	448	5 000	1 138	1 478

资料来源：俄罗斯联邦国家统计局. 俄罗斯区域社会经济指标（2016）.（2017-02）[2017-04-29]. www. gks. ru/wps/wcm/ connect/ rosstat_main/rosstat/ru/statistics/pubicacion/catalog/cfoc_1138623506156.

近年来西伯利亚联邦区天然气、石油的产量大幅度上升，自 2010 年天然气产量增加了 2 倍、石油产量增加了 70%，煤炭和精炼铜产量也有小幅上升，但黑色金属、原铝、镍的产量均有所下降（表 9.5）。

表 9.5　西伯利亚联邦区主要矿产品产量

矿产品	产量单位	2010 年	2011 年	2012 年	2013 年	2014 年	2015 年
天然气	$10^6\,m^3$	6 424	7 237	8 407	10 196	15 261	18 941
煤炭	$10^3\,t$	269 253	282 328	299 059	298 984	302 217	311 964
石油	$10^3\,t$	29 404	35 370	41 984	45 948	47 650	49 883
黑色金属	$10^3\,t$	7 700	7 400	6 667	6 899	6 886	6 608
原铝产量	$10^3\,t$	98.0	88.3	101.1	94.1	98.2	95.2
精炼铜产量	$10^3\,t$	95.6	98.3	97.3	100.4	100.3	98.3
镍产量	$10^3\,t$	100.0	99.8	100.0	99.0	99.7	79.2

资料来源：俄罗斯联邦国家统计局. 俄罗斯区域社会经济指标（2016）.（2017-02）[2017-04-29]. www. gks. ru/wps/wcm/ connect/ rosstat_main/rosstat/ru/statistics/pubicacion/catalog/cfoc_1138623506156.

西伯利亚联邦区建成了以河运、铁路、公路、航空相结合的综合运输网络。铁路运输占西伯利亚联邦区货运总量的 80% 以上，铁路货物周转量占俄罗斯的 32.78%（表 9.6）。西伯利亚大铁路、贝加尔-阿穆尔铁路横贯东西，是西伯利亚的运输大动脉。西伯利亚联邦区的公路多集中于南部地区，在沿铁路的大、中城市周围构成小区域运输网络，西伯利亚联邦区的硬质路面公路近年来发展较快，但硬质路面公路通行里程密度仍小于俄罗斯的平均密度值。西伯利亚联邦区河流众多、水量充沛，鄂毕河、叶尼塞河、勒拿河等水系的运输河道通行里程近 $10^5\,km$。空运在西伯利亚联邦区也属于相对重要的运输方式，西伯利亚的大、中型经济中心和重要的工矿区均通飞机，伊尔库茨克建有国际机场。

表 9.6　西伯利亚联邦区主要交通运输方式运量及密度

统计项目	统计范围	年份						
		2005	2010	2011	2012	2013	2014	2015
铁路货运周转量/10^6 t	俄罗斯联邦	1 273.3	1 312	1 381.7	1 421.1	1 381.2	1 375.4	1 329
	西伯利亚联邦区	403.0	418.7	428.6	436.2	435.8	438.0	435.7
铁路通行里程密度 /（km/10^4 km²）	俄罗斯联邦	50	50	50	50	50	50	50
	西伯利亚联邦区	29	28	24	24	28	28	28
硬质路面公路通行里程 密度/（km/10^3 km²）	俄罗斯联邦	31	39	43	54	58	60	61
	西伯利亚联邦区	17	21	28	33	34	35	35

资料来源：俄罗斯联邦国家统计局.俄罗斯区域社会经济指标（2016）.（2017-02）[2017-04-29]. www. gks. ru/wps/wcm/ connect/ rosstat_main/rosstat/ru/statistics/pubicacion/catalog/cfoc_1138623506156.

9.2　西伯利亚联邦区能源矿产资源

西伯利亚联邦区已经成为俄罗斯重要的油气资源生产基地，同时也是目前俄罗斯最重要的油气后备资源基地，其石油资源量为 140×10^8 t，天然气资源量更是高达 41×10^{12} m³。西伯利亚联邦区阿纳巴尔-哈坦格斯克油气区和勒拿-阿纳巴尔油气区是油气资源潜力最大的两个潜力区。西伯利亚联邦区集中了俄罗斯最主要的固体燃料资源，如煤炭储量占俄罗斯的 85.5%，铀储量占俄罗斯的 58.01%。西伯利亚联邦区的库兹涅茨含煤盆地和坎斯克-阿钦斯克含煤盆地是俄罗斯最大的三个含煤盆地中的两个，已探明储量高达千亿吨。西伯利亚联邦区的外贝加尔边疆区和布里亚特共和国是俄罗斯最重要的两个铀矿集中地。

9.2.1　油气

西伯利亚联邦区的油气资源主要分布在东西伯利亚，2016 年列入国家储量平衡表的油气田共计 218 处，按储量分级其中 5 处油气田属于超大型，分别为万科尔（Ванкорское）油田、库尤姆宾（Кюмбинское）油田、尤鲁布切诺-托霍姆（Юрубчено-Тохомское）油田、科维克金（Ковыктинское）天然气田和安加尔-勒拿（Ангаро-Ленское）天然气田。

根据 2016 年国家储量平衡表数据，西伯利亚联邦区的石油储量为 33.5×10^8 t，位居俄罗斯乌拉尔联邦区和伏尔加河沿岸联邦区之后的第三位，天然气储量为 6.67×10^{12} m³，位于乌拉尔联邦区之后，居第二位。西伯利亚联邦区石油资源量为 140.2×10^8 t，占俄罗斯的 13%，天然气资源量为 41.3×10^{12} m³，占俄罗斯的 14%。西伯利亚联邦区油气储量的 70% 已配置。

此外，利用北冰洋航线可以将西伯利亚北部叶尼塞河、勒拿河、哈坦格河下游大面积苔原的油气运出（Kazanin et al.，2016），其中叶尼塞-哈坦格油气区位于克拉斯诺亚尔斯克边疆区的北部，为西-西伯利亚油气省的东延部分，目前已勘探有 21 处油气田，并以天然气为主， A+B+C_1 级天然气储量 $3\,471 \times 10^8\,m^3$，C_2 级天然气储量 $885 \times 10^8\,m^3$；A+B+C_1 级石油+凝析油储量 $3\,440 \times 10^4\,t$，C 级石油+凝析油储量 $3\,440 \times 10^4\,t$。天然气保有储量可开采 70 年。

叶尼塞-哈坦格油气区向东则为阿纳巴尔-哈坦格油气区，最近在阿纳巴尔-哈坦格油气区的南吉格扬发现大量油气显示及 1 处准工业型油田。

阿纳巴尔-哈坦格油气区向东则为勒拿-阿纳巴尔油气区，面积为 $4 \times 10^4\,km^2$，该油气区延至拉普切夫海沉积岩层厚度达 3～8 km。本区工业型油气田尚未发现，但在奥列尼奥克河口发现有世界级的巨型沥青矿床，这表明东-西伯利亚具有油气矿化远景，该区预测油气远景储量：石油及凝析油为 $32 \times 10^8\,t$、天然气为 $14.6 \times 10^{12}\,m^3$。

西伯利亚联邦区的托木斯克州油气已开采多年，开采程度超过了 50%，其产量占俄罗斯的 2%～3%。西伯利亚联邦区的其他大部分地区由于交通基础设施匮乏，开采程度不超过 2%。由于伊尔库茨克州和克拉斯诺亚尔斯克边疆区石油储量的大量增长，保证了西伯利亚联邦区每年开采石油 $3\,000$～$4\,000 \times 10^4\,t$、开采天然气 400～$500 \times 10^8\,m^3$。近年来，由于克拉斯诺亚尔斯克边疆区万卡尔油气田的开采，大幅度增加了西伯利亚联邦区的石油产量，2015 年该油气田开采了 $2\,112 \times 10^4\,t$ 石油。与之相关，建立了东西伯利亚联邦-太平洋油气管道，以便西伯利亚联邦区油气工业进一步稳定发展，并输出油气到中国及东亚各国。

西伯利亚联邦区的油气加工企业主要有克拉斯诺亚尔斯克边疆区的阿钦斯克炼油厂（年生产能力 $700 \times 10^4\,t$）、伊尔库茨克州的安加尔炼油厂（年生产能力 $1\,100 \times 10^4\,t$）、鄂木斯克州的鄂木斯克炼油厂（年生产能力 $2\,000 \times 10^4\,t$）及托木斯克石油化工联合企业有限责任公司（西布尔开放式股份公司）。

俄罗斯油气资源最有前景的找矿方向和西伯利亚联邦区东西伯利亚地区含油气性的进一步研究密切相关。西伯利亚联邦区全部的石油勘探储量只占俄罗斯的 8% 左右，主要分布在南勒拿-通古斯（Лено-Тунгусс）油气区和叶尼塞-阿纳巴尔（Енисейско-Анабар）油气区。这两个油气区位于叶尼塞河、勒拿河的下游，覆盖面积为 $36.5 \times 10^4\,km^2$。

9.2.2　煤炭

西伯利亚联邦区克麦罗沃州的库兹涅茨（Кузнец）盆地集中了俄罗斯煤炭储量的 27%，储量约 $530 \times 10^8\,t$，其中一半为焦煤。克拉斯诺亚尔斯克边疆区、伊尔库茨克州和克麦罗沃州的坎斯克-阿钦斯克（Канско-Ачинский）褐煤盆地是俄罗斯最大的含煤盆地，该盆地的煤炭平衡储量占俄罗斯的 41%，储量约 $790 \times 10^8\,t$。西伯利亚联邦区其余的含煤盆地规模较小，这些盆地当中最大的是伊尔库茨克含煤盆地，勘探储量约占俄罗斯的 4%。

9.2.3　铀矿

2016 年西伯利亚联邦区列入国家储量平衡表的铀矿床共计 34 处：其中 20 处位于外贝加尔边疆区，13 处位于布里亚特共和国，1 处位于图瓦共和国（Kurbatov, 2016）。其中外贝加尔边疆区的斯特列里措夫（Стрельцовское）铀矿田分布有 12 处铀矿床，形成了俄罗斯最重要的铀矿基地，铀储量占俄罗斯的 16%，也是俄罗斯产量最大的铀矿基地。在图瓦共和国勘探的矿床中铀作为伴生组分分布在超大型稀有金属矿床乌鲁格-汤捷克斯克（Улуг-Танзекский）矿床中，该矿床的铀储量按照最低平均品位计算占俄罗斯的 15%。

布里亚特共和国维季姆（Витим）地区是西伯利亚联邦区最有潜力的铀矿远景区，其次为克拉斯诺亚尔斯克边疆区的马伊梅洽-阿纳巴尔（Маймеча-Анабар）和叶尼塞地区的不整合面型铀矿床，以及南西伯利亚叶尼塞和库伦金（Кулундинск）地区的层状氧化带型铀矿。

9.3　西伯利亚联邦区金属矿产资源

西伯利亚联邦区固体矿产资源十分丰富，钼、铂、镍、铜、钴、硫酸钠和重晶石等矿产在俄罗斯占有重要地位。西伯利亚联邦区的铂族金属储量占俄罗斯的 96.9%，钼储量占俄罗斯的 84.1%，铅储量占俄罗斯的 78.9%，铜储量占俄罗斯的 64.6%，锰储量占俄罗斯的 62.9%，还有一些重要的非金属矿产，如硫酸钠、菱镁矿、溴、珍珠岩、重晶石（图 9.2）等，储量分别占俄罗斯的 94.8%、83.91%、79.1%、71.1%、68.65%（图 9.2）。

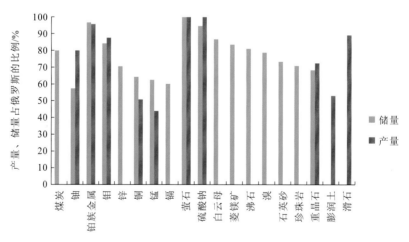

图 9.2　西伯利亚联邦区主要矿产储量及产量占俄罗斯的比例

2015 年西伯利亚联邦区开采了俄罗斯 100% 的硫酸钠和萤石，96.2% 的铂族金属，87.9% 的钼，51.4% 的铜，44.4% 的锰。但从整体上看，西伯利亚联邦区的矿产开采地分布还是不均衡（图 9.3）。西伯利亚联邦区矿业的年产值可达数十亿美元，但主要集中在诺尔斯克、库兹涅茨和克拉斯诺-阿金斯克含煤盆地，并且大部分并未开采（表 9.7）。

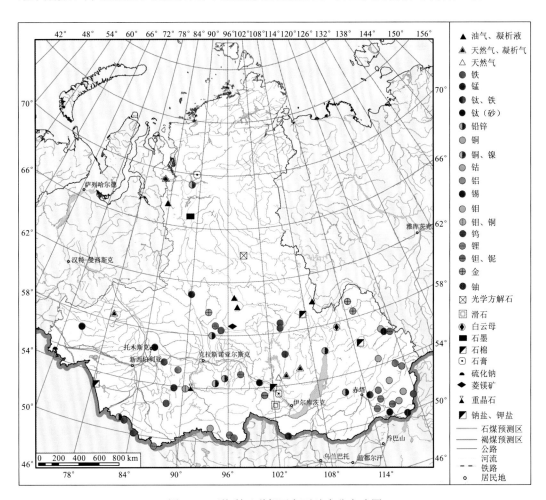

图 9.3　西伯利亚联邦区主要矿床分布略图

表 9.7　西伯利亚联邦区主要矿床开发现状

矿床名	矿种类型		规模	开发现状
	主要矿种	伴生矿种		
万拜尔（Ванкорское）	石油	—	超大型	开采
库尤姆宾（Куюмбинское）	石油	—	超大型	勘探
尤鲁布切诺-托霍姆（Юрубчено- Тохомское）	石油	氦	超大型	勘探
上琼斯克（Верхнечонское）	石油	—	大型	准备开发

续表

矿床名	矿种类型		规模	开发现状
	主要矿种	伴生矿种		
科维克金（Ковыктинское）	天然气	氦	超大型	准备开发
安加尔-勒拿（Ангаро-Ленское）	天然气	—	超大型	勘探
别利亚金（Пеляткинское）	天然气	—	大型	准备开发
塔什塔文里（Таштагольское）	铁	铜、镍	大型	开采
别列佐夫（Березовское）	铁	—	大型	开采
卡尔什诺夫（Коршуновское）	铁	—	大型	开采
涅柳金（Нерюндинское）	铁	—	大型	未配置
卡巴耶夫（Капаевское）	铁	—	大型	未配置
下安加尔（Нижне-Ангарское）	铁	—	大型	未配置
阿姆巴雷（Ампалыкское）	铁	—	大型	未配置
乌辛斯克（Усинское）	锰	—	大型	准备开发
巴洛任斯克（Порожинское）	锰	—	大型	准备开发
齐涅伊（Чинейское）	钛、铁、钒	—	大型	准备开发
克鲁琴（Кручининское）	钛	—	大型	未配置
塔尔斯克（Тарское）	钛、锆（砂矿）	—	大型	未配置
图干（Туганское）	钛、锆（砂矿）	—	大型	准备开发
图隆（Тулунское）	钛（砂矿）	—	大型	未配置
乌多坎（Удоканское）	铜	银	大型	准备开发
贝斯特林（Быстринское）	铜、金	铁、银	大型	准备开发
加列夫斯克（Горевское）	铅、锌	银、镉	大型	开采
卡尔包里-辛斯克（Корбалихинское）	锌、铅、铜、银、金	铋	大型	准备开发
奥泽尔（Озерное）	锌、铅	银、镉	大型	准备开发
霍罗德宁斯克（Холоднинское）	锌、铅、银	镉、硒、锑、钛	大型	准备开发
诺里尔斯克（Норильск I）	镍、铜、钴、铂、金	硒、碲	大型	开采
十月（Октябрьское）	镍、铜、钴、铂、金、银	硒、碲、砷	大型	开采
塔尔纳赫（Талнахское I）	镍、铜、钴、铂、金、银	硒、碲	大型	开采
阿列金坎（Орекитканское）	钼	—	大型	准备开发

续表

矿床名	矿种类型		规模	开发现状
	主要矿种	伴生矿种		
索尔斯克（Сорское）	钼、铜	银、铼	大型	开采
阿加斯凯（Агаскырское）	钼、铜	银、铼	大型	准备开发
日列凯（Жирекенское）	钼	—	大型	开采
布格达因（Бугдаинское）	钼、铅	银、金	大型	准备开发
因库尔（Инкурское）	钨	—	大型	勘探
扎围金（Завитинское）	锂、锡、铍、钽、铌		大型	未配置
阿拉辛（Алахинское）	锂、钽、铌		大型	未配置
鞑靼（Татарское）	铌	—	大型	未配置
维什尼亚科夫（Вишняковское）	钽、铌	锌、铷、铯	大型	未配置
埃德金（Этыкинское）	钽、铌、锡	—	大型	未配置
卡图金（Катугинское）	钽、铌	稀土、铀、锆	大型	准备开发
奥尔洛夫（Орловское）	钽、锂	—	大型	未配置
切尔托卡雷托（Чертово Корыто）	金、银	—	大型	勘探
奥林匹亚金斯克（Олимпиадинское）	金	银	大型	开采
布拉格达特（Благодатное）	金	—	大型	开采
维尔宁（Вернинское）	金	—	大型	开采
克柳切夫（Ключевское）	金	—	大型	开采
达拉松（Дарасунское）	金、铜、铅、锌、铋		大型	开采
苏霍伊-罗格（Сухой Лог）	金	—	超大型	未配置
阿尔贡斯克（Аргунское）	铀、钼		大型	准备开发
斯特列里措夫（Стрельцовское）	铀、钼		大型	开采
列沃别列日（Левобережное）	光学方解石		大型	未配置
索斯诺夫（Сосновое）	光学方解石		大型	未配置
托尔切因（Толчеинское）	重晶石	—	中型	开采
库列伊（Курейское）	石墨	—	大型	开采
奥隆格林（Олонгринское）	白云母	长石	大型	未配置
基尔金杰（Киргитейское）	菱镁矿、滑石		大型	开采
奥诺特（Онотское）	滑石、菱镁矿	—	大型	开采
加洛左博夫（Горозубовское）	石膏	—	大型	开采
涅普斯（Непское）	钾盐	—	大型	未配置
济明（Зиминское）	石盐（NaCl）	—	大型	开采
库丘克湖（Оз. Кучук）	硫酸钠	MgO, 溴	大型	开采

9.3.1　金矿

西伯利亚联邦区金的储量和开采量主要集中在克拉斯诺亚尔斯克边疆区、外贝加尔边疆区、伊尔库茨克州和布里亚特共和国。2015 年西伯利亚联邦区开采了 100 余吨的黄金，70%以上的黄金采自岩金矿床。伊尔库茨克州超大型苏霍伊-罗格（Сухой Лог）矿床的勘探储量占西伯利亚联邦区的 40%，该矿床正在详探阶段。西伯利亚联邦区砂金矿床分布广泛，砂金勘探储量主要分布在伊尔库茨克州和外贝加尔边疆区。最大的黄金开采企业为"加"采金联合企业封闭式股份公司，是俄罗斯领先的金矿开采运营企业，主要开采克拉斯诺亚尔斯克边疆区的奥林匹亚金斯克（Олимпиадинское）矿床和布拉格达特（Благодатное）矿床。

9.3.2　锰矿

2016 年西伯利亚联邦区列入国家储量平衡表的锰矿床共计 11 处，总储量占俄罗斯的 62.9%，超过 1×10^8 t。大部分储量位于克麦罗沃州的乌辛斯克（Усинское）矿床，乌辛斯克锰矿储量为 $8\,322 \times 10^4$ t，占俄罗斯锰矿总储量的 50.9%。其次为克拉斯诺亚尔斯克边疆区的巴洛任斯克（Порожинское）矿床，锰矿储量为 $1\,860 \times 10^4$ t，占俄罗斯锰矿总储量的 11.4%。但由于俄罗斯的锰矿床大都远离经济发达地区，矿石也十分难选，导致俄罗斯的锰矿供应不足。2016 年俄罗斯锰矿石开采量仅为 6.6×10^4 t，其中克麦罗沃州的谢列杰尼斯克（Селезеньское）矿床开采量为 4.6×10^4 t。

9.3.3　铜镍矿

西伯利亚联邦区主要的铜矿基地有诺里尔斯克（Норильское）矿床和乌多坎（Удоканское）矿床，乌多坎矿床的铜储量超过 $2\,200 \times 10^4$ t，为世界级的铜矿床（Chernova，2016），同时也是俄罗斯主要的铜矿基地（Беневольский，2011）。诺里尔斯克矿区的超大型矿床由"诺里尔斯克镍"开放式股份公司开采，该公司是俄罗斯最大的镍生产公司（段德炳 等，2001），生产俄罗斯大部分的铜、镍、钴和铂（李同升 等，2008）。未来铜矿开采量将集中在乌多坎矿床，该矿床目前正在准备开发。

9.3.4　铅锌矿

西伯利亚联邦区主要的多金属矿基地中有 5 处铅锌矿床，分别为：布里亚特共和国的霍罗德宁斯克（Холоднинское）矿床和奥泽尔（Озер）矿床，阿尔泰边疆区的卡尔巴里辛斯克（Корбалихинское）矿床，克拉斯诺亚尔斯克边疆区的加列夫斯克（Горевское）矿床和外贝加尔边疆区的新石罗京（Новоширокинское）矿床。西伯利亚联邦区正在开采的多金属矿床有：克拉斯诺亚尔斯克边疆区的加列夫斯克矿床，克麦罗沃州的科瓦尔茨托夫-索普卡（Кварцитовая Сопка）矿床，阿尔泰边疆区的查烈琴斯克（Зареченское）矿床、斯杰普（Степное）矿床、卢波措夫（Рубцовское）矿床、卡尔巴里欣斯克（Корбалихинское）矿床，外贝加尔边疆区的新石罗京矿床、诺伊奥－塔拉戈（Нойон-Тологой）矿床（Спорыхина，2013）。但是西伯利亚联邦区大部分铅的储量都集中在加列夫斯克矿床，储量超过俄罗斯的 34%。西伯利亚联邦区最主要的铅锌生产企业为加列夫斯克采选联合工厂开放式股份公司。

9.3.5　钼矿

俄罗斯所有的钼矿开采都集中在西伯利亚联邦区。主要生产企业为索尔斯基采选联合工厂有限责任公司[开采索尔斯克（Сорское）矿床] 和热烈凯斯基采选联合工厂有限责任公司，企业在矿区加工钼矿石并主要用于出口。西伯利亚联邦区的钼矿石主要为低品位或中等品位，许多矿床由于矿石品位低而没有经济价值。

第 10 章

远东联邦区
矿产资源

俄罗斯远东联邦区位于俄罗斯最东端，是俄罗斯面积最大、人口最少的一个联邦区。远东联邦区经济结构单一，以能源-有色金属的开采与加工和制造业为主，经济相对较为发达，但基础设施相对较为落后。

远东联邦区一直是俄罗斯重要的原材料供应基地，俄罗斯30%左右的原材料是该地区的采掘部门生产的，金、银、金刚石、钨、锡等矿产是远东联邦区的优势矿产。俄罗斯远东地区的资源前景非常大，经俄罗斯专家预测，远东地区的金刚石、铜和金的远景资源量超过俄罗斯相应远景资源总量的40%，而钨、银和煤炭更是超过俄罗斯远景资源量的一半以上。

10.1　远东联邦区基本概况

俄罗斯远东联邦区位于俄罗斯联邦的最东部，是俄罗斯八大联邦区之一。至 2016 年，远东联邦区包括萨哈（雅库特）共和国、堪察加边疆区、滨海边疆区、哈巴罗夫斯克边疆区、阿穆尔州、马加丹州、萨哈林州、犹太自治州和楚科奇自治区共 9 个联邦主体（图 10.1，表 10.1），行政中心设在哈巴罗夫斯克（伯力）市，面积 616.93×10⁴ km²,

图 10.1　远东联邦区分布略图

占俄罗斯总面积的 36.4%，是俄罗斯面积最大的联邦区。人口为 619.5 万人（2016 年 1 月），占俄罗斯 4.6%，是俄罗斯人口最少的联邦区。

表 10.1　远东联邦区主要构成

编号	一级行政单位	行政中心	面积/$\times 10^4$ km²	人口/万人
1	萨哈（雅库特）共和国	雅库茨克	308.35	95.97
2	堪察加边疆区	彼得罗巴甫洛夫斯克	46.43	31.61
3	滨海边疆区	符拉迪沃斯托克（海参崴）	16.47	192.9
4	哈巴罗夫斯克边疆区	哈巴罗夫斯克（伯力）	78.76	133.45
5	阿穆尔州	布拉戈维申斯克（海兰泡）	36.19	80.57
6	马加丹州	马加丹	46.25	14.64
7	萨哈林州	南萨哈林斯克	8.71	48.73
8	犹太自治州	比罗比詹	3.63	16.61
9	楚科奇自治区	阿纳德尔	72.15	5.02

资料来源：俄罗斯联邦国家统计局. 俄罗斯区域社会经济指标（2016）.（2017-02）[2017-04-29]. www. gks. ru/wps/wcm/ connect/ rosstat_main/rosstat/ru/statistics/pubicacion/catalog/cfoc_1138623506156.

　　远东联邦区北临东西伯利亚海和楚科奇海，南隔额尔古纳河、黑龙江和乌苏里江与中国相邻，东临太平洋的白令海、鄂霍次克海与美国、加拿大隔洋相望，东南面与日本、韩国、朝鲜环抱日本海。远东联邦区冬季寒冷漫长，气温在-35～-23 ℃，冬季从 10 月至次年 5 月。夏季炎热多雨，最高气温在 32 ℃。远东联邦区地域广阔、人口稀少，各类矿产、油气、森林、鱼类资源极为丰富。远东联邦区与中国有 4300 余千米的共同边界及 20 多个边境口岸。

　　远东联邦区的经济结构比较单一，主要的产业部门（此处产业部门包含在采掘业和制造业两个工业门类中）为燃料动力、有色金属开采与加工、机械制造、食品工业、林业、木材加工工业与造船等（表 10.2）。

表 10.2　区域生产总值的构成

工业门类	占区域生产总值比例/%
采掘业	26.5
制造业	5.4
建筑业	6.8
批发与零售业	11
交通与通信	13.3
不动产租赁与商业活动	6.9
公共管理、国防与社会保障	8.7
其他	21.5

资料来源：俄罗斯联邦国家统计局. 俄罗斯区域社会经济指标（2016）.（2017-02）[2017-04-29]. www. gks. ru/wps/wcm/ connect/ rosstat_main/rosstat/ru/statistics/pubicacion/catalog/cfoc_1138623506156.

在俄罗斯远东联邦区的社会经济结构中，采掘业及其相关行业起着决定性的作用，构成了俄罗斯工业的基础。远东联邦区的采掘业占区域生产总值的比例为 26.5%，是远东联邦区产值最大的工业门类。2015 年，远东联邦区的采掘业产值为 228.90 亿美元，占俄罗斯采掘业产值的 13.73%。从远东联邦区各主要联邦主体看，最主要的是萨哈林州，占俄罗斯采掘业产值的 6.35%，其次为萨哈（雅库特）共和国，占俄罗斯采掘业产值的 4.49%。

从总的产值结构上看，采掘业和制造业是远东联邦区的主要产业部门。在俄罗斯各联邦区中，远东联邦区的人均工业产值、人均固定资产投资额和人均采掘业产值远超俄罗斯联邦的平均值。远东联邦区的人均采掘业产值达到 3 701 美元，是俄罗斯平均值的 3.25 倍，尤其是萨哈林州和楚科奇自治区，人均采掘业产值为俄罗斯平均值的 20 倍左右。远东联邦区的人均工业产值也达到 5 716 美元，俄罗斯平均值的 1.14 倍。人均固定资产投资额也超过了俄罗斯的平均值。总体上看，远东联邦区经济发展相对俄罗斯其他联邦区较为发达，但高度集中于采掘业，人均收入也超过了俄罗斯的平均水平（表 10.3）。

表 10.3 远东联邦区人均经济指标 （单位：美元）

各级行政单位名称	月平均工资	人均工业产值	人均采掘业产值	人均固定资产投资额
萨哈（雅库特）共和国	567	9 313	7 791	3 104
堪察加边疆区	612	4 701	627	1 224
滨海边疆区	493	2 015	119	896
哈巴罗夫斯克边疆区	552	3 537	687	1 224
阿穆尔州	448	2 388	1 284	1 925
马加丹州	746	10 388	8 701	5 851
萨哈林州	746	23 597	21 716	7 716
犹太自治州	358	851	75	1 164
楚科奇自治区	925	25 881	22 791	2 507
远东联邦区	537	5 716	3 701	2 134
俄罗斯联邦	448	5 000	1 138	1 478

资料来源：俄罗斯联邦国家统计局.俄罗斯区域社会经济指标（2016）.（2017-02）[2017-04-29]. www. gks. ru/wps/wcm/ connect/ rosstat_main/rosstat/ru/statistics/pubicacion/catalog/cfoc_1138623506156.

从表 10.4 可以看出，远东联邦区主要社会经济指标占俄罗斯的比重中除制造业、农业和进口外均高于其人口比重，尤其采掘业在俄罗斯八个联邦区中占 13.73%的比例，说明远东联邦区的采掘业要比俄罗斯其他联邦区发达。

远东联邦区近年来主要的矿产产量有所增长，自 2010 年（表 10.5），随着远东地区地质勘查投入的逐渐加大，新的矿床和采区储量不断增加与开发，主要的能源矿产的产量均有不同程度的增长，尤其以石油和天然气为代表,石油自 2010 年产量增长了 44.7%，自 2003 年增长了 6 倍多，其他金和银及煤炭也有不同程度的增长。

表 10.4　　远东联邦区主要社会经济指标占俄罗斯的比重　　　（单位：%）

各级行政单位名称	面积	人口	劳动人口	国民生产总值	采掘业	制造业	水电气的生产
俄罗斯联邦	100	100	100	100	100	100	100
远东联邦区	36	4.2	4.8	5.4	13.73	1.71	5.69

各级行政单位名称	农业	建筑业	零售业	固定资产投资	出口	进口
俄罗斯联邦	100	100	100	100	100	100
远东联邦区	3.2	5.8	4.3	6.1	6.0	3.2

资料来源：俄罗斯联邦国家统计局. 俄罗斯区域社会经济指标（2016）.（2017-02）[2017-04-29]. www. gks. ru/wps/wcm/connect/ rosstat_main/rosstat/ru/statistics/pubicacion/catalog/cfoc_1138623506156.

远东联邦区没有发达的交通基础设施。与俄罗斯其他区域的联络主要通过铁路线运输和航空运输，和国外的联络主要通过海运。远东联邦区有两条铁路干线，其一为西伯利亚大铁路，沿中俄边境通过阿穆尔州、哈巴罗夫斯克边疆区和滨海边疆区，直抵俄罗斯远东第一大港符拉迪沃斯托克（海参崴）港和第二大港东方港，沿线有三条铁路与中国对接；其二为贝加尔-阿穆尔铁路干线，通过阿穆尔州和哈巴罗夫斯克边疆区直抵瓦尼诺港。远东联邦区沿海岸线约有 300 个港口，其中符拉迪沃斯托克（海参崴）港是远东联邦区最大的海上运输集散地。纳霍德卡港可同时停泊十几艘万吨货轮，年货物吞吐量达 $2\,000\times10^4\,t$。而东方港为机械化深水港，有 70 个专业化码头，年货物吞吐量达 $3\,500\times10^4\,t$。远东联邦区有 400 多个飞机场和降落机场，哈巴罗夫斯克（伯力）是远东联邦区的空中交通枢纽，有 30 多条国内及独联体国家航线，8 条国际航线。

表 10.5　近年来远东联邦区主要矿产品产量

矿产	单位	2010 年	2011 年	2012 年	2013 年	2014 年	2015 年
天然气	$10^6\,m^3$	26 505	28 086	29 757	30 761	31 469	31 660
煤炭	$10^3\,t$	31 685	32 213	35 309	32 583	33 003	38 422
石油	$10^3\,t$	18 283	20 837	20 891	21 532	23 355	26 453
黑色金属	$10^3\,t$	721	731	660	517	613	527

资料来源：俄罗斯联邦国家统计局. 俄罗斯区域社会经济指标（2016）.（2017-02）[2017-04-29]. www. gks. ru/wps/wcm/connect/ rosstat_main/rosstat/ru/statistics/pubicacion/catalog/cfoc_1138623506156.

从远东联邦区的整体交通上看，以铁路交通和海运为主，以公路及航空运输为辅。远东联邦区的铁路货运周转量近年来波动较大（表 10.6），铁路货运周转量占俄罗斯的比重一直稳定在 4.6%～5.2%。铁路通行里程近年来有所增加，但增加有限，这与俄罗斯近年来整体上铁路发展较慢有直接关系。公路运输方面，俄罗斯远东联邦区的硬质路面公路发展较快，但由于远东地区地广人稀，远东联邦区的硬质路面公路通行里程密度远小于俄罗斯的平均密度。

表 10.6　远东联邦区主要交通运输方式运量及密度

统计项目	统计范围	年份						
		2005	2010	2011	2012	2013	2014	2015
铁路货运周转量/10^6 t	俄罗斯联邦	1 273.3	1 312	1 381.7	1 421.1	1 381.2	1 375.4	1 329
	远东联邦区	58.1	68.0	71.9	73.5	59.7	58.5	61.3
铁路通行里程密度 /（km/10^4 km^2）	俄罗斯联邦	50	50	50	50	50	50	50
	远东联邦区	29	28	24	24	28	28	28
硬质路面公路通行里程 密度/（km/10^3 km^2）	俄罗斯联邦	31	39	43	54	58	60	61
	远东联邦区	5.4	6.1	6.2	8.2	8.8	9.1	9.5

资料来源：俄罗斯联邦国家统计局. 俄罗斯区域社会经济指标（2016）.（2017-02）[2017-04-29]. www.gks.ru/wps/wcm/ connect/ rosstat_main/rosstat/ru/statistics/pubicacion/catalog/cfoc_1138623506156.

10.2　远东联邦区能源矿产资源

远东联邦区的油气、煤炭和铀矿储量均较大，但相对于储量，远东联邦区的油气、煤炭和铀矿的资源量更加巨大，但开发利用程度低（陈正 等，2010a）。远东联邦区的石油远景资源量为 60×10^8 t，天然气远景资源量为 12×10^{12} m^3，煤炭远景资源量超过 $8\,000 \times 10^8$ t。远东联邦区是未来俄罗斯能源矿产的接续基地，并且在油气矿产上已经开始发挥区域油气资源基地的作用。

10.2.1　油气

截至2016年，俄罗斯远东联邦区统计共有116处油气田（包括鄂霍茨克海和日本海），其中包括 11 处油田、37 处天然气田、36 处凝析液田、23 处油气田。从表 10.7 可以看出，远东联邦区的石油 A+B+C$_1$ 级平衡储量为 6.843×10^8 t，石油 C$_2$ 级平衡储量 4.251×10^8 t。天然气 A+B+C$_1$ 级平衡储量为 $36\,627 \times 10^8$ m^3，天然气 C$_2$ 级平衡储量 $14\,100 \times 10^8$ m^3。凝析液 A+B+C$_1$ 级平衡储量为 1.634×10^8 t，凝析液 C$_2$ 级平衡储量 0.894×10^8 t。

表 10.7　远东联邦区能源矿产的开采量和平衡储量数据汇总表

矿产		储量单位	A+B+C$_1$级储量	C$_2$级储量	2015 年开采量
石油	陆地	10^8 t	3.958	3.382	0.101
	大陆架	10^8 t	2.885	0.869	0.137
天然气	陆地	10^8 m^3	21 461	9 598	26
	大陆架	10^8 m^3	15 166	4 502	259

矿产		储量单位	A+B+C$_1$ 级储量	C$_2$ 级储量	2015 年开采量
凝析液	陆地	10^4 t	4 400	2 000	12
	大陆架	10^4 t	11 940	6 940	230
煤炭		10^8 t	198.223	96.897	0.367
铀		10^4 t	12.35	26.32	5

　　远东联邦区大部分的石油储量位于萨哈（雅库特）共和国（6.732×10^8 t）和萨哈林州（4.256×10^8 t），萨哈林州的石油储量则主要分布于大陆架上，远东联邦区其他的主要产油区主要为楚科奇自治区（Nelyubov et al.，2016）。远东联邦区超过98%的天然气储量集中分布于萨哈（雅库特）共和国和萨哈林州，其次为楚科奇自治区、堪察加边疆区和哈巴罗夫斯克边疆区（Маргулис，2010）。

　　远东联邦区的油气田主要分布在勒拿-通古斯油气省和勒拿-维柳伊[萨哈（雅库特）共和国]油气省、阿纳德尔-纳瓦林斯科油气省和哈德尔（楚科奇自治区）油气省、东堪察加（堪察加边疆区）油气省、鄂霍茨克（萨哈林州）油气省和上布列因（哈巴罗夫斯克边疆区）油气省（李德安 等，2006）。

　　远东联邦区石油储量的大部分位于萨哈（雅库特）共和国西南部的涅普斯克-巴图阿宾油气区（6.74×10^8 t），以及靠近萨哈林岛（库页岛）的大陆架上（3.75×10^8 t）。2015年远东联邦区共计开采石油 $2\,380 \times 10^4$ t，其中萨哈林州开采石油 $1\,440 \times 10^4$ t[奥多普图海（Одопту-море）油田、恰伊沃（Чайво）油气田、毕丽屯-奥斯托赫（Пильтун-Астохское）油田]，萨哈（雅库特）共和国开采石油 940×10^4 t[主要在塔尔坎（Талаканское）油田]。目前远东联邦区正在完善基础设施的建设，包括正在建设东西伯利亚-太平洋石油管线，以及相关的炼油厂和油码头等。

　　远东联邦区天然气储量主要分布在萨哈（雅库特）共和国的西南部区域（$30\,310 \times 10^8$ m^3）和萨哈林岛（库页岛）的大陆架上（$18\,720 \times 10^8$ m^3）。2015年远东联邦区共计开采天然气 285×10^8 m^3，主要开采自萨哈林岛（库页岛）大陆架上的恰伊沃油气田（79×10^8 m^3）和伦斯克（Лунское）油气田（165×10^8 m^3）（Каспаров，2015）。在远东联邦区萨哈（雅库特）共和国的勒拿-通古斯油气盆地，目前正在计划开采恰扬金斯克（Чаяндинское）气田，该气田为一处大型的天然气田。同时为了提高天然气田开发的地质-经济效益，建造了西伯利亚力量天然气管道，该管道已经建成了萨哈林-哈巴罗夫斯克（伯力）-符拉迪沃斯托克（海参崴）段。在南萨哈林建成了液化天然气工厂，并计划在符拉迪沃斯托克（海参崴）也建一个液化天然气工厂，在阿穆尔州建一个氦工厂（俄罗斯氦探明储量的一半位于远东联邦区，主要集中在恰扬金斯克天然气田）。

　　远东联邦区主要的油气潜力区分布在太平洋和北冰洋的大陆架上，以及大陆部分的有利构造区域。最有前景的区域在鄂霍茨克海（滨萨哈林和滨马加丹）和白令海，油气与渐新世-中新世的砂、砂岩及黏土有关（Алексеев，2001）。其中石油和凝析油的 C$_3$+D$_{1+2}$ 级远景资源量为 60×10^8 t，天然气的 C$_3$+D$_{1+2}$ 级远景资源量为 12×10^{12} m^3，油气资源潜力，特别是天然气的资源潜力十分巨大（表 10.8）。

表 10.8　远东联邦区油气资源的预测资源量表

类型	C_3 级资源量	D_{1+2} 资源量	占俄罗斯的比重/%
石油	6.567×10^8 t	$(21.866 \times 10^8$ t $+)26.263 \times 10^8$ t	5.10
天然气	$6\,225 \times 10^8$ m^3	$11.733\,5 \times 10^{12}$ m^3	6.30
凝析油	267×10^4 t	5.637×10^8 t	

10.2.2　煤炭

截至 2016 年，远东联邦区煤炭的 A+B+C_1 级平衡储量共计 198.233×10^8 t（表 10.7），远东联邦区煤炭的储量刚超过俄罗斯总储量的 10%，C_2 级储量为 96.897×10^8 t。A+B+C_1 级储量的一半约 97×10^8 t 集中分布在萨哈（雅库特）共和国。其次是阿穆尔州（35×10^8 t）、滨海边疆区（23×10^8 t）、萨哈林州（18×10^8 t）和哈巴罗夫斯克边疆区（16×10^8 t）。最少的是马加丹州、楚科奇自治区和堪察加边疆区、犹太自治区总共占远东联邦区煤炭总储量的 4.5%。

远东联邦区的煤炭预测资源量为 $8\,038 \times 10^8$ t，占俄罗斯的 53%，是俄罗斯煤炭最有远景的地区（表 10.9）。

表 10.9　远东联邦区煤炭、铀的预测资源量表

类型	P_1 级预测资源量	P_2 级预测资源量	P_3 级预测资源量	占俄罗斯的比重/%
煤炭	870.878×10^8 t	$1\,838.966 \times 10^8$ t	$5\,328.39 \times 10^8$ t	53.00
铀		5 000 t	140 000 t	10.5

远东联邦区煤炭 2015 年度共开采了 45 处煤田，产量达 $3\,670 \times 10^4$ t，其中 52%为石煤。大部分煤炭产量集中在萨哈（雅库特）共和国［主要的煤田有：丘里马坎（Чульмаканское）煤田、阿尔达卡伊（Алдакайское）煤田、聂柳格林（Нерюнгринское）煤田］，产量为 $1\,480 \times 10^4$ t。滨海边疆区产量为 870×10^4 t［其中 780×10^4 t 来自巴甫洛夫（Павловское）煤田和比金斯克（Бикинское）煤田］。

10.2.3　铀矿

远东联邦区的铀储量几乎全部集中在萨哈（雅库特）共和国的艾利康（Эльконское）铀矿群（Machkovtsev et al.，2016b），储量占俄罗斯的 36.2%。截至 2016 年，远东联邦区的铀 A+B+C_1 级平衡储量为 12.35×10^4 t，C2 级储量为 26.32×10^4 t。2012 年艾利康铀矿群已颁发了开采许可证。

此外，远东联邦区的铀的预测资源量也较大，其 P2+P3 级预测资源量为 14.5×10^4 t 铀。

10.3　远东联邦区金属矿产资源

远东联邦区是俄罗斯重要的金属矿产原料供应区。在黄金、白银、锡、钨等矿产的储量和开采上占据俄罗斯的主导地位（表 10.10，图 10.2）。

表 10.10　远东联邦区主要矿产的开采量和平衡储量数据汇总

矿产	储量单位	A+B+C$_1$ 级储量	C$_2$ 级储量	2015 年开采量
铁矿	10^8 t	39.147	48.507	0.029
钛 (TiO$_2$)	10^4 t	2 080	170	—
铜	10^4 t	445.66	558.16	0.16
镍	10^4 t	—	34.7	—
铅	10^4 t	78.71	139.88	2.37
锌	10^4 t	110.62	275.51	2.3
锡	10^4 t	155.21	42.77	0.16
钨 (WO$_3$)	10^4 t	29.86	16.39	0.26
金	t	3 385.9	2 405.8	145.3
银	t	20 252.3	24 397.1	1 482.1
铂族金属	t	19.1	19.4	4.4
金刚石	10^4 ct	72 227	18 90	3 680
锗	t	970.9	1 033	7.8
稀土金属 (∑TR$_2$O$_3$)	10^4 t	452.97	—	—
萤石	10^4 t	844.7	62.7	—

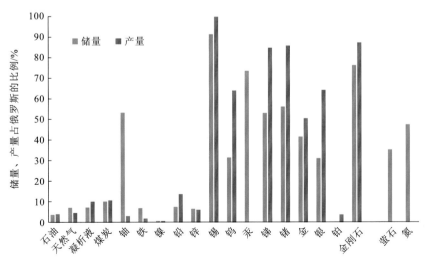

图 10.2　远东主要矿产储量及产量占俄罗斯的比例

远东联邦区的铀、锡、汞、锑和锗的储量均超过了俄罗斯总储量的一半以上，锡的储量甚至超过了俄罗斯总储量的 90%。此外，钨、金和银的储量也居俄罗斯的第一位，储量占俄罗斯总储量的 30%～50%。

在产量方面，远东联邦区的锡、钨、锑、锗、金、银的产量均超过俄罗斯总产量的 50%，大部分占俄罗斯的 70% 以上，产量十分巨大。

同时，远东联邦区矿产资源的储量主要集中在已开发的矿区，并且大部分已发现的大型和中型矿床基本上都已经开发了（表 10.13）。矿产分布不均的同时，远东联邦区的大型矿业公司的储量保障程度在区域上的分布也是不均衡的（表 10.14）。

10.3.1　金矿

在远东联邦区的整个金矿开采历史中，已开采的黄金总量超过了 8 500 t。在 2015 年，远东联邦区共开采黄金 145.3 t，其中：马加丹州 28.6 t，萨哈（雅库特）共和国 27.2 t，阿穆尔州 27.7 t，楚科奇自治区 31.4 t、哈巴罗夫斯克边疆区 21.3 t、其他地区开采黄金 6.9 t。

截至 2016 年，远东联邦区列入国家储量平衡表的金 $A+B+C_1+C_2$ 级平衡储量为 5 791.7 t（表 10.10），如果按照联邦主体计算的话：马加丹州占 40%、萨哈（雅库特）共和国占 32.5%、阿穆尔州占 6.5%、楚科奇自治区占 13.7%、哈巴罗夫斯克边疆区占 5.3%、其他地区占 4.64%。

综合整个远东联邦区，远东联邦区 2016 年列入国家储量平衡表的金矿床共有 3 695 处，其中超过 1 446 个矿床（占总储量的 83.1%）已发证配置。全部矿床中包括 182 个原生金矿床和 3 513 个砂金矿床。远东联邦区的金矿床主要分布在阿尔丹地盾区、蒙古-鄂霍茨克造山带、维柳伊-上扬斯克造山带和鄂霍茨克-楚科奇火山岩带，主要为浅成低温热液型金矿（Vologin et al.，2016）。

远东联邦区 2015 年产金 145.3 t，远东联邦区从苏联解体的 1991 年到 2008 年，黄金产量一直在 100 t 左右徘徊，自 2008 年，远东联邦区的黄金产量稳步增长。目前远东联邦区原生金矿床开采量较大的矿床有库泊尔（Купол）矿床、德沃伊（Двойное）矿床、少先队（Пионер）矿床、阿尔贝斯克（Албынское）矿床、别列吉托夫（Березитовое）矿床和多峰（Многовершинное）矿床等（Эйриш，2012）。正在进行勘探的有马尔梅日（Малмыжское）矿床，此外，哈巴罗夫斯克边疆区的巴里亚卡（Полянка）矿床储量首次列入国家储量平衡表中。

远东联邦区大型金潜力区主要在黑色页岩区和钙质沉积物地层中，近年来大量的工作都指向这两个方向。远东联邦区金的 P_{1+2+3} 总资源量达 17 632.2 t，占俄罗斯 P_{1+2+3} 总预测资源量的 42.4%（表 10.11），主要分布在楚科奇自治区、萨哈（雅库特）共和国和马加丹州，以含金-石英-冰长石型金矿床、金-石英-低硫化物型金矿床及金-银型金矿床为主。目前，在马加丹州的纳塔尔卡（Наталка）矿床开展了补充勘探工作，核实金储量在 1 500 t 左右。楚科奇自治区正在准备开采马伊斯克（Майское）金矿床。在哈巴罗夫斯克边疆区的铜-斑岩型马尔梅日矿床正在开展勘探工作,该矿床金和铜的储量与资源量都达到了国家级。

表 10.11　远东联邦区主要矿产的预测资源量表

类型	P_1 级资源量	P_2 级资源量	P_3 级资源量	占俄罗斯总预测资源量的比重/ %
煤炭	870.878×10^8 t	$1\,838.966 \times 10^8$ t	$5\,328.39 \times 10^8$ t	53.00
铀	—	5 000 t	14×10^4 t	10.50
铁矿	31×10^8 t	20.4×10^8 t	47.28×10^8 t	7.40
铜	693×10^4 t	$1\,057 \times 10^4$ t	$1\,400 \times 10^4$ t	42.60
镍	—	130.5×10^4 t	—	10.30
铅	110.69×10^4 t	187.24×10^4 t	6×10^4 t	8.80
锌	139.6×10^4 t	371.2×10^4 t	9×10^4 t	5.30
锡	59.6×10^4 t	62.5×10^4 t	33.6×10^4 t	98.90
钨(WO_3)	7.72×10^4 t	26.47×10^4 t	78.1×10^4 t	60.30
金	2 650.5 t	4 748.7 t	10 233 t	42.40
银	27 828 t	76 117 t	67 980 t	100.00
铂族	—	—	9 t	1.30
金刚石	3.417×10^8 ct	2.3×10^8 ct	9.27×10^8 ct	40.50
锗	—	2 335 t	—	—
稀土金属($\sum TR_2O_3$)	—	2×10^4 t	13×10^4 t	2.80
萤石	600×10^4 t	300×10^4 t	700×10^4 t	10.20
钛(TiO_2)	$8\,913 \times 10^4$ t	$6\,814 \times 10^4$ t	—	16.00

10.3.2　银矿

截至 2016 年,远东联邦区列入国家储量平衡表的银矿床有 172 处,银的 $A+B+C_1+C_2$ 级平衡储量平衡为 $44\,649.4 \times 10^4$ t(表 10.10)。远东联邦区的银矿床主要分布在马加丹州奥姆苏克昌区(Беневольский и др.,2013)杜卡特银(Дукат)矿床、月亮(Лунное)银矿床、阿雷拉赫(Арылах)银矿床、泥鳅(Гольцовое)银矿床、吉吉特(Тидит)银矿床)和滨海远山区(Дальнегорского района Приморья)银-多金属矿床。此外,最近 15 年的研究结果表明,萨哈(雅库特)共和国的东部区域也具备形成大型银矿聚集区的地质条件[预测(Прогноз)矿床、曼加结斯克(Мангазейское)矿床]。

远东联邦区的银产量在 2015 年达到 1 482.1 t。在 2002 年以前，远东联邦区银的主产区马加丹州曾长期处于停产状态。2002～2003 年，马加丹州的银矿又重新恢复开采。先是杜卡特矿床恢复开采，月亮矿床又相继投产，使得银的产量在 2006 年达到了 993 t，超过 1996～2000 年平均年产量的 12 倍，超过 1991 年产量的 2 倍（Брайко и др.，2011）。在 2007 年，阿雷拉赫矿床投产，稍晚库泊尔矿床（楚科奇自治区）和哈坎金斯克（Хаканджинское）矿床（哈巴罗夫斯克边疆区）也相继投产。除了银矿床外，银还存在于含银金矿床中，主要有马加丹州的尼亚夫列加（Нявленга）金矿床、朱丽叶塔（Джульетта）金矿床，萨哈（雅库特）共和国的库拉那赫（Куранах）金矿床，阿穆尔州的波克洛夫卡（Покровское）金矿床，哈巴罗夫斯克边疆区的多峰（Многовершинное）矿床。此外，银还赋存于多金属矿床和锡矿床中，该类矿床有滨海边疆区的远山（Дальнегорское группа）矿群和东方 2 号（Восток-2）钨矿床。

近年来，在远东大陆边缘火山岩带开展的普查、预查和成矿带预测研究工作的进展表明，滨太平洋的鄂霍茨克-楚科奇地区、东锡霍特-阿林地区浅成低温热液型金银矿具有十分巨大的前景。远东联邦区的银 P_{1+2+3} 总资源量为 $17.192\,5 \times 10^4$ t，俄罗斯全部的银预测资源量都集中到这里（表 10.11）。低温热液型金银矿床是远东贵金属生产中最受欢迎的矿床。目前大部分开采的金银矿床都属于这一类型，包括多峰矿床、杜卡特矿床、月亮矿床、波克洛夫卡矿床、哈坎贾（Хаканджа）矿床、瓦鲁尼斯特（Валунистое）矿床、比尔卡恰（Биркачан）矿床、泥鳅矿床、吉吉特矿床等。库泊尔矿床属于浅成低温热液型的大型金银矿床。

10.3.3　钨矿与锡矿

俄罗斯几乎全部的锡矿床都分布于远东联邦区，共计 103 个原生锡矿床和 103 个砂锡矿床。截至 2016 年，远东联邦区列入国家储量平衡表的锡的 $A+B+C_1+C_2$ 级平衡储量为 197.98×10^4 t（表 10.10）。已发现的锡矿床几乎分布在远东联邦区的所有州内，但主要分布在萨哈（雅库特）共和国、滨海边疆区和哈巴罗夫斯克边疆区。目前，在现有的市场行情条件下，很多大型锡矿床都不具备经济开采价值。因此，远东联邦区锡矿的开采在最近十年来不断的萎缩，直到 2013 年才略有回升。2003 年由于哈巴罗夫斯克边疆区的费斯基瓦力（Фестивальное）锡矿床和别列瓦力（Перевальное）锡矿床恢复生产，远东联邦区锡的开采量曾短暂回升，2007 年由于企业破产等原因，远东联邦区锡产量再次缩减，在 2013 年达到历史最低谷，产量仅为 382 t。目前远东联邦区开采锡的有哈巴罗夫斯克边疆区的右乌尔米（Правоурмийское）矿床，2015 年产量为 1 613 t，滨海边疆区的尤日（Южное）锡-多金属矿床，2015 年产量为 20 t。远东联邦区 2015 年锡的总产量为 1 633 t。

远东联邦区的锡预测资源量为 158×10^4 t，集中了俄罗斯全部的锡预测资源量。主要为含锡-硅酸盐-硫化物型锡矿、锡-钨-石英型锡矿和石英-云英岩型锡矿，以及少量的锡砂矿。锡的潜力区广泛分布在远东联邦区的各个州内。

根据 2016 年国家储量平衡表数据，远东联邦区钨（WO_3）储量占俄罗斯的 31.45%，钨的 A+B+C_1+C_2 级平衡储量为 46.25×10^4 t（表 10.10）。其中半数位于滨海边疆区，主要为夕卡岩-云英岩型。滨海边疆区钨的开采主要集中在两个矿床中：东方 2 号钨矿床和莱蒙托夫（Лермонтовское）钨矿床（Бойко и др.，2012；韩丕兰，2010）。在 2015 年共开采 2 600 t WO_3，占俄罗斯开采量的 64.2%。

远东联邦区的钨预测资源量为 112.29×10^4 t，占俄罗斯全部的钨预测资源量的 60.30%（表 10.11）。矿床以多金属-钨-夕卡岩型和夕卡岩-云英岩型钨矿床为主，其次为白钨矿-硫化物-夕卡岩型钨矿床和钨-锡矿夕卡岩型钨矿床。锡的潜力区主要分布在滨海边疆区和阿穆尔州，其中马林诺夫矿结及格特坎奇斯克矿点最具远景，预测资源量均超过 5×10^4 t。

10.3.4　铜矿与铅锌矿

根据 2016 年国家储量平衡表数据，远东联邦区铜的 A+B+C_1+C_2 级平衡储量为 $1\ 003.82 \times 10^4$ t。主要为超镁铁-镁铁质铜-镍-硫化物型铜矿床和斑岩型铜矿床。目前在楚科奇自治区一个大型的铜矿床正在勘探，它的储量初步计算为 370×10^4 t 铜，占整个远东联邦区 A+B+C_1 级平衡储量的 85%。另外，在阿穆尔州还有一个正在勘探的伊坎斯克（Иканское）矿床，则是一个斑岩型铜矿床（Ivanov，2016b）。

远东联邦区的铜预测资源量高达 3 000 余万吨（表 10.11），最有远景的区域主要在堪察加州和马加丹州，以超镁铁-镁铁质铜-镍-硫化物型铜矿床和斑岩型铜矿床为主。马加丹州的乌普塔尔矿田和堪察加边疆区的基尔加尼克矿床是最有远景的潜力区。

远东联邦区 2016 年列入国家储量平衡表的铅、锌矿床共有 37 处，总储量分别为 218.59×10^4 t 和 386.13×10^4 t（表 10.10）。铅、锌储量主要集中在滨海边疆区的老矿区-远山矿区[包括尼卡拉耶夫（Николаевское）矿床和巴尔基赞（Партизанское）矿床等]。远方多金属采冶联合企业生产了远东联邦区几乎所有的铅锌。远东联邦区 2015 年铅锌产量为：铅 2.37×10^4 t，锌 2.3×10^4 t。

10.3.5　汞矿、砷矿与锑矿

根据 2016 年国家储量平衡表数据，远东联邦区集中了俄罗斯汞储量的 73.5%，为 3.07×10^4 t，主要分布在楚科奇自治区，目前还未开发。

根据 2016 年国家储量平衡表数据，远东联邦区的砷储量占俄罗斯的 35.4%，为 13.89×10^4 t，但目前还未开采。

根据 2016 年国家储量平衡表数据，萨哈（雅库特）共和国锑储量超过俄罗斯的一半（Комин и др.，2011），主要集中在萨雷拉赫（Сарылах）矿床和谢塔恰（Сентачан）矿床（晓民 等，2009）。2015 年在这两个矿床开采的金属锑占远东联邦区总产量的 94%，为 9 200 t。

10.4　远东联邦区非金属矿产资源

远东联邦区是俄罗斯重要的非金属矿产原料供应区。在金刚石、硼等矿产的储量和开采量上占据俄罗斯的主导地位（表 10.10，图 10.2）。

远东联邦区的金刚石和硼的储量均超过了俄罗斯总储量的一半以上，硼的储量甚至超过了俄罗斯总储量的 90%。此外萤石和氦的储量也居俄罗斯的第一位，储量占俄罗斯总储量的 30%～50%。

在产量方面，远东联邦区的金刚石和硼的产量均超过俄罗斯总产量的 50%。

虽然远东联邦区的矿产资源储量巨大，但也存在分布不均衡的问题（表 10.12）。例如，金刚石仅分布在萨哈（雅库特）共和国的西部，萤石和硼更是仅集中于滨海边疆区的一个大型矿床里（远山矿床）。

表 10.12　俄罗斯远东地区正在勘探、准备开发和储备的矿床信息表

矿床名称	矿产类型	储量	储量单位	矿床规模	开发程度（2017 年）
恰杨金斯克（Чаяндинское）	石油	57.1	10^6 t	中型	准备开发
	天然气	13 737	10^8 m^3	超大型	
	乙烷	84.1	10^6 t	大型	
	丙烷	39.4	10^6 t	大型	
	丁烷	20.6	10^6 t	大型	
	氦	9 171.5	10^6 m^3	大型	
上维柳恰（Верхневилючанское）	天然气	2 093	10^8 m^3	大型	勘探
塔斯-尤里亚赫（Тас-Юряхское）	天然气	1 140	10^8 m^3	大型	准备开发
中秋格斯（Среднетюнгское）	天然气	1 653	10^8 m^3	大型	准备开发
德姆普奇坎（Тымпучиканское）	天然气	977	10^8 m^3	大型	勘探
托隆斯（Толонское）	天然气	1 620	10^8 m^3	大型	准备开发
南吉材斯（Южно-Киринское (шельф)）	天然气	7 061	10^8 m^3	超大型	勘探
	凝析油	71.7	10^6 t	大型	
哈普恰加（Хапчагайское）	褐煤	1 093.5	10^6 t	大型	储备
阿尔达卡伊（Алдакайское）	石煤	619.7	10^6 t	大型	储备
亚可基特（Якокитское）	石煤	640.8	10^6 t	大型	储备
自由（Свободное）	褐煤	1 740.6	10^6 t	大型	储备
库伦格（Курунг）	铀	54.9	10^3 t	大型	准备开发
艾利康原（Эльконское плато）	铀	62.4.	10^3 t	大型	准备开发

矿床名称	矿产类型	储量	储量单位	矿床规模	开发程度（2017 年）
友谊（Дружное）	铀	95.9	10^3 t	大型	勘探
禁行（Непроходимое）	铀	42.2	10^3 t	大型	勘探
北方（Северное）	铀	61.6	10^3 t	大型	勘探
艾利康（Элькон）	铀	40.3	10^3 t	中型	勘探
杰索夫（Десовское）	铁	565	10^6 t	大型	准备开发
塔也日（Таежное）	铁	1 388.6	10^6 t	大型	准备开发
	硼	3.99	10^6 t		
戈尔基特（Горкитское）	铁	1 619.7	10^6 t	大型	准备开发
塔雷纳赫（Тарыннахское）	铁	2 810.1	10^6 t	大型	准备开发
伊玛雷克（Ималыкское）	铁	713.4	10^6 t	大型	储备
加林（Гаринское）	铁	259.4	10^6 t	中型	准备开发
苏塔尔（Сутарское）	铁	491.2	10^6 t	大型	勘探
南兴安（Южно-Хинганское）	锰	8.9	10^3 t	中型	准备开发
大赛伊姆（Большой Сэйим）	钛	22.5	10^6 t	大型	准备开发
别斯强卡（Песчанка）	铜	3 730.7	10^3 t	大型	勘探
	金	23 3769	kg	大型	
	银	2 002	t	中型	
	钼	98	10^3 t	大型	
萨尔达纳（Сардана）	铅	592.2	10^3 t	中型	勘探 (2017 年开始)
	锌	1 926.4	10^3 t	大型	
阿格尔金（Агылкинское）	钨	90.9	10^3 t	中型	储备
杰普塔斯（Депутатское）	锡	255.8	10^3 t	大型	准备开发
乌拉汉-艾格拉赫（Улахан-Эгелях）	锡	47	10^3 t	大型	储备
阿基诺河砂（россыпь руч. Одинокий）	锡（砂矿）	51.9	10^3 t	大型	储备
贝尔卡卡（Пыркакайское）	锡	238.4	10^3 t	大型	准备开发 (2017 年开始)
索尔涅奇（Солнечное）	锡	21.9	10^3 t	中型	储备
维尔赫（Верхнее）	锡	99.7	10^3 t	大型	储备
基格里（Тигриное）	锡	186.1	10^3 t	大型	储备
斯科雷（Скрытое）	钨	136	10^3 t	大型	准备开发
斯维特（Светлое）	砷	43.2	10^3 t		储备

续表

矿床名称	矿产类型	储量	储量单位	矿床规模	开发程度（2017 年）
托姆托尔（Томтор）	钪	367.1	t		储备
谢利格达尔（Селигдарское）	稀土	4 410.4	10^3 t		
	磷灰石	85.6	10^6 t	大型	储备
	氟	6	10^6 t		
秋楚斯（Кючус）	金	175 262	kg	大型	储备
别列卡特（Перекатное）	金	108 183	kg	大型	勘探
罗德尼科夫（Родниковое）	金	30 888	kg	中型	储备
	银	258.2	t		
巴拉尼耶夫（Бараньевское）	金	30 125	kg	中型	准备开发
巴姆斯克（Бамское）	金	107 503	kg	大型	勘探
阿尔贝斯克（Албынское）	金	30 806	kg	中型	勘探
马尔梅日（Малмыжское）	金	278 098	kg	超大型	勘探
	铜	5 156.4	10^3 t		
库拉那赫（р. Бол. Куранах） （древняя россыпь）	金（砂矿）	4 2236	kg kg	大型	准备开发
预测（Прогноз）	银	9 190.5	t	大型	准备开发
别列卡特（Перекатное）	压电光学原料	4	10^3 t	大型	储备
古谢夫（Гусевское）	长石	2.9	10^6 t	大型	储备
涅日塔科夫（Нежданковское）	长石	11.7	10^6 t	大型	储备
巴基师罗卡（Падь Широкая）	长石	2.7	10^6 t	大型	储备
谢尔盖耶夫（Сергеевское）	长石	7	10^6 t	大型	储备
恰伊内特（Чайнытское）	磨料刚玉	4.8	10^3 t	小型	储备
克拉斯诺普列斯涅岩筒 （Трубка Краснопресненская）	金刚石	26	10^6 ct	大型	储备
巴图阿实岩筒（Трубка Ботуобинская）	金刚石	99.8	10^6 ct	大型	准备开发
东索鲁尔砂矿 （Россыпь Солур-Восточная）	金刚石（砂矿）	6.8	10^6 ct	大型	准备开发
拉杜日（Радужное）	宝石级蛋白石	235.3	kg	中型	准备开发
恰尔干（Чалганское）	高岭土	64.1	10^6 t	大型	储备
希望（Надежда）	白云石（饰面石材）	5.3	10^6 m³	大型	储备

续表

矿床名称	矿产类型	储量	储量单位	矿床规模	开发程度（2017 年）
弗兰盖列夫（Врангелевское）	花岗闪长岩（饰面石材）	6.9	10^6 m^3	大型	准备开发
科诺林（Кноррингское）	砾岩（饰面石材）	12.6	10^6 m^3	大型	储备
塔雷纳赫（Тарыннахское）	片麻岩（建筑材料）	201.3	10^6 m^3	大型	准备开发
塔也日（Таежное）	片麻岩（建筑材料）	228.5	10^6 m^3	大型	准备开发
玛林卡（Марийка）	大理岩（饰面石材）	17.7	10^6 m^3	大型	储备
谢利格达尔（Селигдарское）	白云石（建筑材料）	353.2	10^6 m^3	大型	储备
普拉梅斯洛夫（Промысловое）	花岗闪长斑岩（建筑材料）	145.4	10^6 m^3	大型	储备
盖兰斯克（Геранское）	钙长石	151.6	10^3 t	大型	储备
因里米（Инримийское）	碧玉	11 271.9	t	大型	储备
卡里诺夫（Калиновское）	花岗闪长岩（建筑材料）	149.3	10^6 m^3	大型	储备
塔斯卡诺-弗斯特列奇涅（Таскано-Встречненское）	石灰石（水泥原料）	472.2	10^6 t	大型	储备
	页岩（水泥原料）	23.4	10^6 t		
尼兰（Ниланское）	石灰石（水泥原料）	842.2	10^6 t	大型	储备
奥博尔（Оборское）	玄武岩（水泥原料）	101.4	10^6 t	大型	储备
索格久坎（Согдюканское）	亚黏土（水泥原料）	48.7	10^6 t	大型	储备
热湖（Теплоозерское）	铁矿（水泥原料）	5.5	10^6 t		储备
高崖（Высокий Утес）	石灰石（水泥原料）	505	10^6 t	大型	储备
卡杰（Казенное）	铁矿（水泥原料）	17	10^6 t		储备
小钥匙（Малые Ключи）	石灰石（水泥原料）	118.2	10^6 t	大型	储备
涅斯沃耶夫（Несвоевское）	泥岩（水泥原料）	183.1	10^6 t	大型	储备
奥夫夏民尼科夫（Овсянниковское）	熔结凝灰岩（水泥原料）	52.6	10^6 t	大型	储备
斯帕斯（Спасское）	黏土（水泥原料）	20.7	10^6 t	大型	储备
希聂山（Синегорское）	石英（玻璃原料）	1.6	10^6 t		储备
苏塔尔（Сутарское）	石灰石（玻璃原料）	0.7	10^6 t		储备
塔尔坎（Талаканское）	食用盐岩	4 081.1	10^6 t	大型	准备开发

10.4.1　金刚石

俄罗斯远东联邦区金刚石的开采主要集中于萨哈（雅库特）共和国的西部地区（Акимова и др.，2013），储量为俄罗斯金刚石总储量的 76.5%。大型的金刚石矿床都是金伯利岩筒型，包括成功（Удачная）矿床、周年（Юбилейная）矿床、阿依哈尔（Айхал）

矿床、和平（Мир）矿床、国际（Интернациональная）矿床、巴图阿宾（Ботуобинская）矿床和纽尔巴（Нюрбинская）金伯利岩筒矿床，以及阿纳巴尔（Анабарское и）和滨列斯克（Приленское）含金刚石砂矿（Ivanov，2016a；Latsanovskiy，2016）。截至 2016 年，萨哈（雅库特）共和国 53 处金刚石矿床(A+B+C$_1$+C$_2$ 级)探明总储量为 90 617×10^4 ct（表 10.10）。主要的金刚石开采企业有俄罗斯萨哈金刚石开放式股份公司、阿尔罗萨–纽尔巴开放式股份公司、阿纳巴尔金刚石开放式股份公司、下勒拿开放式股份公司。2015 年远东联邦区金刚石的开采量总计为 3 677.9×10^4 ct，占俄罗斯总开采量的 87.3%。

10.4.2　锗矿、铟矿与硼矿

根据 2016 年国家储量平衡表数据，远东联邦区的锗储量占俄罗斯的 56.3%，为 2 000 t，铟占俄罗斯的 29.9%，为 1 640 t，锗的产量占比达 85.7%，为 7.8 t。

根据 2016 年国家储量平衡表数据，远东联邦区的硼储量占俄罗斯的 99.7%。硼矿物主要分布在两个区域。滨海边疆区的远山矿区[远山（Дальнегорское）夕卡岩型硅硼钙石矿床]和萨哈（雅库特）共和国南部的塔耶日（Таежное）硼-磁铁矿矿床。远山矿床包含了远东地区大部分的硼储量，储量占俄罗斯的 88%。在远东联邦区只有远山矿床的远山采选联合企业封闭式股份公司开采硼矿，2015 年硼产量为 6.63×10^4 t。远山采选联合企业封闭式股份公司的硼储量保障程度超过 100 年。

10.4.3　萤石

远东联邦区萤石储量主要集中在滨海边疆区的两个相邻的矿床巴格拉尼奇内（Пограничное）矿床和沃兹涅辛（Вознесенское）矿床中。2016 年列入国家储量平衡表的这两个矿床的萤石平衡总储量为 907.4×10^4 t（表 10.10）。矿床由雅罗斯拉夫矿山公司开采。2013 年由于市场环境不好，矿床曾暂时停产，2016 年恢复开采。

10.4.4　长石与建筑材料

远东联邦区的滨海边疆区有几个大型的长石矿床，根据 2016 年国家储量平衡表数据，A+B+C$_1$+C$_2$ 级总储量为 2 520×10^4 t，储量占俄罗斯的 9.9%。

远东联邦区 2016 年列入国家储量平衡表的建筑石料矿床有 516 处，平衡储量为 37.347×10^8 m^3，其中 290 个矿床已经颁发许可证。

10.4.5　硫磺资源

根据 2016 年国家储量平衡表数据，远东联邦区拥有俄罗斯 25% 的硫磺储量，总计 510×10^4 t，表外储量 1 670×10^4 t。

10.4.6 有色宝石资源

远东联邦区有 29 处有色宝石矿床。其中纳入 2016 年国家储量平衡表的有彩虹(Радужное)蛋白石矿床、伊纳格林(Инаглинское)铬透辉石矿床、工艺玛瑙矿床、卜伦金(Бурундинское)玉髓矿床、格兰(Геранское)斜长岩矿床、诺西治(Носичанское)黑曜岩矿床，以及世界唯一的西列石(Сиреневый Камень)紫龙晶矿床。

表 10.13 俄罗斯远东地区已开发矿床信息表

矿床名称	矿产类型	储量(A+B+C$_1$+C$_2$)	储量单位	矿床规模
中博图奥宾（Среднеботуобинское）	石油	205.3	10^6 t	大型
	天然气	2 402	10^8 m^3	大型
北塔尔坎（Северо-Талаканское）	石油	77.5	10^6 t	大型
塔尔坎（Талаканское）	石油	119	10^6 t	大型
恰伊沃（Чайво）	石油	50.4	10^6 t	大型
	天然气	3196	10^8 m^3	大型
毕丽屯-奥斯托赫（Пильтун-Астохское）	石油	85.5	10^6 t	大型
	天然气	1315	10^8 m^3	大型
中维柳伊（Средневилюйское）	天然气	2 058	10^8 m^3	大型
奥托普海（Одопту-море）	天然气	1 130	10^8 m^3	大型
阿尔库屯-达金斯克（Аркутун-Дагинское）	石油	128.6	10^6 t	大型
伦斯克（Лунское ）	天然气	4 046	10^8 m^3	大型
吉林（Киринское ）	天然气	1 618	10^8 m^3	大型
坎加拉（Кангаласское）	褐煤	3 513.5	10^6 t	大型
基洛夫（Кировское）	褐煤	1 078.2	10^6 t	大型
丘里马坎（Чульмаканское）	石煤	1 404.2	10^6 t	大型
列柳格林（Нерюнгринское）	石煤	223.5	10^6 t	中型
杰尼索夫（Денисовское）	石煤	326.2	10^6 t	中型
艾利金（Эльгинское）	石煤	2 078.2	10^6 t	大型

矿床名称	矿产类型	储量（A+B+C$_1$+C$_2$）	储量单位	矿床规模
卡巴克金（Кабактинское）	石煤	610.3	10^6 t	大型
叶尔科维茨（Ерковецкое）	褐煤	1 059	10^6 t	大型
乌尔加利（Ургальское）	石煤	1 881.1	10^6 t	大型
比金斯克（Бикинское）	褐煤	1 424.9	10^6 t	大型
库拉那赫（Куранахское）	铁矿	28.2	10^6 t	小型
尼古拉耶夫（Николаевское）	铅	185.1	10^3 t	中型
	铋	0.7	10^3 t	小型
东方 2 号（Восток-2）	钨	15.1	10^3 t	中型
基列赫加赫河（руч. Тирехтях）	锡（砂矿）	74.2	10^3 t	大型
别列瓦力（Перевальное）	锡	43.2	10^3 t	中型
费斯基瓦力（Фестивальное）	锡	86.9	10^3 t	大型
	砷	54	10^3 t	
索泊林（Соболиное）	锡	92	10^3 t	大型
左乌尔米（Правоурмийское）	锡	80.5	10^3 t	大型
莱蒙托夫（Лермонтовское）	钨	4	10^3 t	小型
库利杜尔（Кульдурское）	水镁石	4.1	10^6 t	
斑状带（Порфиритовая зона）	铋	2.6	t	小型
涅日塔宁（Нежданинское）	金	632 001	kg	大型
库拉那赫矿群（Куранахская группа）	金	82 378	kg	大型
塔波尔（Таборное）	金	5 923	kg	中型
利亚比（Рябиновое）	金	18 844	kg	中型
巴德兰（Бадран）	金	6 727	kg	中型
那塔尔金（Наталкинское）	金	1 510 317	kg	大型
巴夫利克（Павлик）	金	152 199	kg	大型

矿床名称	矿产类型	储量（A+B+C$_1$+C$_2$）	储量单位	矿床规模
比尔卡恰（Биркачан）	金	31 310	kg	中型
石英山岗（Сопка Кварцевая）	金	9 022	kg	中型
朱丽叶塔（Джульетта）	金	5 166	kg	小型
德沃伊（Двойное）	金	37 311	kg	大型
马伊斯克（Майское）	金	124 555	kg	大型
卡拉利维耶姆（Каральвеемское）	金	9 161	kg	中型
库泊尔（Купол）	金	65 526	kg	大型
	银	1 101.2	t	中型
阿梅基斯托夫（Аметистовое）	金	50 695	kg	大型
阿金斯克（Агинское）	金	12 757	kg	中型
别列吉托夫（Березитовое）	金	15 306	kg	中型
马拉梅尔（Маломырское）	金	33 577	kg	中型
少先队（Пионер）	金	18 368	kg	中型
阿尔津巴（Албазинское）	金	137 043	kg	大型
多峰（Многовершинное）	金	42 435	kg	中型
哈坎金斯克（Хаканджинское）	金	25 542	kg	中型
	银	1 159.6	t	中型
阿夫拉雅坎（Авлаяканское）	金	6 271	kg	中型
别列列赫河（р. Берелех）	金（砂矿）	11 521	kg	大型
杜卡特（Дукат）	银	6 992.5	t	大型
	金	14 075	kg	中型
康焦尔河（р. Кондер）	铂（砂矿）	3 453	kg	大型
沃兹涅辛（Вознесенское）	萤石	4.9	10^6 t	中型
	铯	2.9	10^3 t	中型
	铷	28.3	10^3 t	
巴格拉尼奇内（Пограничное）	萤石	3.2	10^6 t	中型

续表

矿床名称	矿产类型	储量(A+B+C$_1$+C$_2$)	储量单位	矿床规模
远山（Дальнегорское）	氧化硼	29.7	10^6 t	大型
成功（Трубка Удачная）	金刚石	212.4	10^6 ct	大型
闪电（Трубка Зарница）	金刚石	51.2	10^6 ct	大型
阿伊哈尔（Трубка Айхал）	金刚石	32.6	10^6 ct	大型
周年（Трубка Юбилейная）	金刚石	139.3	10^6 ct	大型
和平（Трубка Мир）	金刚石	138.5	10^6 ct	大型
国际（Трубка Интернациональная）	金刚石	44.7	10^6 ct	大型
纽巴尔（Трубка Нюрбинская）	金刚石	48.6	10^6 ct	大型
分水岭砾岩（Водораздельные Галечники）	金刚石（砂矿）	4.9	10^6 ct	中型
一段山（Горный участок）	金刚石（砂矿）	3	10^6 ct	中型
纽尔宾砂岩（Нюрбинская россыпь）	金刚石（砂矿）	25.6	10^6 ct	大型
爱别利亚赫河砂岩（Россыпь р. Эбелях）	金刚石（砂矿）	25.7	10^6 ct	大型
比利亚赫河（Россыпь р. Биллях）	金刚石（砂矿）	0.9	10^6 ct	中型
马尔戈尔河砂矿（Россыпь р. Моргогор）	金刚石（砂矿）	1	10^6 ct	中型
伊那格林（Инаглинское）	铬透辉石	1 064	kg	大型
西列石（Сиреневый Камень）	恰拉石	45 802.5	10^3 t	大型
乌格列达尔（Угледарское）	辉长-闪长玢岩（建筑材料）	157.9	10^6 m^3	大型
哈森（Хасынское）	火山灰（玻璃材料）	1.3	10^6 t	中型
	火山灰（水泥原料）	3.8	10^6 t	中型
隆多科夫（Лондоковское）	石灰石（水泥原料）	145.6	10^6 t	大型
	页岩（水泥原料）	89	10^6 t	
库列绍夫（Кулешовское）	黏土（水泥原料）	87.4	10^6 t	大型
卡姆别加伊（Кемпендяйское）	食用盐(卤水)	105	m^3/d	
阿巴拉赫（Абалахское）	矿泉水	0.75	10^3 m^3/d	大型
巴乌日特（Паужетское）	温泉水（蒸汽）	36.7	10^3 t/d	大型
木特诺夫（Мутновское）	温泉水	71.3	10^3 t/d	大型

表 10.14 俄罗斯远东地区大型矿业开采企业的平衡储量及保障程度

企业	矿床	矿产	储量单位	储量（A+B+C₁）	2015 年开采量	资源保障程度/年
"苏尔古特油气" 开放式股份公司	阿林（Алинское）、东阿林（Вост.-Алинское）、北塔尔坎（Сев.-Талаканское）、塔尔坎（Талаканское）、斯塔那赫斯坦那赫（Станахское）、南塔尔坎（Юж.-Талаканское）	石油	10^6 t	189.071	8.433	22
"雅库特燃料能源公司" 开放式股份公司	马斯塔赫（Мастахское）、中维柳伊（Средневилюйское）、托隆（Толонское）、马秋宾（Мачтобинское）、米尔宁（Мирнинское）、聂尔宾（Нелбинское）、北聂尔宾（Сев.-Нелбинское）	天然气	10^8 m³	2 525	17	>100
"天然气工业" 开放式股份公司	南吉林（Южно-Киринское）、吉林（Киринское）、梅金（Мынгинское）	天然气	10^8 m³	6 567	6.05	>100
"НК 罗斯石油" 开放式股份公司	北萨哈林（Северо-Сахалинская）、纳比利（Набильская группы）、奥多普图海[Одопту-море（Сев. Купол）]	石油	10^6 t	48.2	3.6	24~46
"埃克森油气有限公司" 联合体	阿尔库屯-达金斯克（Аркутун-Дагинское）、奥多普图海（中南部）[Одопту-море（центр.+юж.купол）]、恰伊沃（Чайво）	石油	10^6 t	171.6	7.8	22
		天然气	10^8 m³	3 458	79	43
萨哈林能源投资有限公司	皮丽屯-奥斯托赫（Пильтун-Астохское）、伦斯克（Лунское）	石油	10^6 t	77.3	3.5	22
		天然气	10^8 m³	4 590	169	27
		凝析液	10^6 t	31.9	1.7	
"雅库特煤炭" 开放式控股股份公司	坎加拉（Кангаласское） 杰巴里基-哈雅（Джебарики-Хая） 聂柳格格林（Нерюнгринское）	煤炭	10^4 t	30 220	859.4	>50
"滨海煤炭" 开放式股份公司	利巴维茨（Липовецкое） 巴甫洛夫（Павловское） 涅任（Нежинское）	煤炭	10^4 t	29 560	273.4	>100

续表

企业	矿床	矿产	储量单位	储量（A+B+C₁）	2015 年开采量	资源保障程度/年
"远东发电公司"开放式股份公司	比金斯克（Бикинское）	煤炭	10^4 t	50 580	312.7	44~88
"萨哈林煤炭-2"有限责任公司	索尔采夫（Солнцевское）	煤炭	10^4 t	9 370	233.8	45
"右乌尔米"有限责任公司	右乌尔米（Правоурмийское）	锡	10^3 t	58.1	1.613	12
"滨海采选联合企业"开放式股份公司	东方 2 号（Восток-2）、斯克雷（Скрытое）	钨	10^3 t	62.4	1.5	25
"远东多金属采冶联合企业"开放式股份公司	上部矿山（Верхний рудник）、尼古拉耶夫（Николаевское）、斑状带（Порфиритовая зона）、尤日（Южное）	铋	t	550	33.7	
"锗及应用"有限责任公司	巴甫洛夫[Павловское（уч. Спецугли）]	锗	t	900	7.8	>100
"阿尔丹黄金矿"开放式股份公司	库拉那赫那矿群[Куранахская группа (11 м-й)]	金	kg	73 363	4 782	9.1
"谢丽戈达尔黄金"开放式股份公司	维尔赫（Верхнее）、希望（Надежда）、斯七日（Смежное）、特拉索夫（Трассовое）、赫沃伊（Хвойное）、巴德加列（Подгалеченное）	金	kg	21 381	2 542	9.6
"银灰色"有限责任公司	利亚比（Рябиновое）	金	kg	11 304	846	9.7
"涅留格林格金属人"有限责任公司	塔波尔（Таборное）、格罗斯（Гросс）	金	kg	139 220	3 032	17
"奥姆苏克昌矿山地质联合企业"合营封闭式股份公司	朱丽叶塔（Джульетта）	金	kg	5 166	1 079	3.5
"苏东曼采选联合企业"开放式股份公司	Ветренское,54 росс. м-й	金	kg	30 514	4 460	6

续表

企业	矿床	矿产	储量单位	储量（A+B+C_1）	2015 年开采量	资源保障程度/年
"别列列赫采矿"联合企业"开放式股份公司	47 处砂金矿（47 росс. м-я）	金	kg	8 850	1 396	5
帕夫里克金矿"有限责任公司	巴天利克（Павлик）	金	kg	50 610	3 055	15
"康戈"有限责任公司	11 处砂金矿（11 росс. м-й）	金	kg	12 434	2 013	4.5
奥莫隆金矿"有限责任公司	库巴卡（Кубака）、比尔卡恰（Биркачан）、达利涅（Дальнее）、石英山岗（Sopka Кварцевая）、奥罗奇（Ороч）	金	kg	30 135	5 193	
		银	t	440.8	209.5	
"楚科奇山地质联合企业"封闭式股份公司	库泊尔（Купол）	金	kg	31 736	12563	3.7
		银	t	517.9	175.1	
"卡拉里维耶姆矿"山"开放式股份公司	卡拉利维耶姆（Каральвеемское）	金	kg	2 036	1 870	4.2
"北方黄金"封闭式股份公司	德沃伊（Двойное）	金	kg	4 903	12 183	
"马伊斯克金矿"企业"有限责任公司	马伊斯克（Майское）	金	kg	32 964	4 013	5
"堪蔡加金"封闭式股份公司	阿金斯克（Агинское）、南阿金斯克（Южно-Агинское）	金	kg	11 086	644	4.5
"别列吉托夫矿"山"开放式股份公司	别列吉托夫（Березитовое）	金	kg	12 052	2 978	3.5
		银	t	44.2	16.5	
"马拉梅尔矿"山"有限责任公司	马拉梅尔（Маломырское）、秋日（Осеннее）、3 处砂金矿（3 росс. м-я）	金	kg	18 268	2 131	3
"阿尔贝金矿"有限责任公司	阿尔斯克（Албынское）、1 处砂金矿（1 росс. м-я）	金	kg	16 013	5 470	3
"波克洛夫卡矿"山"开放式股份公司	波克洛夫卡（Покровское）、库里（Кулисное）、亚力山大（Александра）、少先队员（Пионер）、热尔图那支（Желтунак）、5 处砂金矿（5 росс. м-я）	金	kg	10 417.5	8 787	
萨拉维耶夫大矿"山开放式股份公司	索洛维耶夫（Соловьевское）、46 处砂金矿（46 росс. м-йй）	金	kg	9 211	2 766	4.5

续表

企业	矿床	矿产	储量单位	储量（A+B+C₁）	2015 年开采量	资源保障程度/年
"卡巴多采金企业"开放式股份公司	46 处砂金矿（46 росс. м-ий）	金	kg	9 423	605	10
"多峰"封闭式股份公司	多峰（Многовершинное）	金	kg	23 985	3 229	5.5
"阿尔巴基诺资源"有限责任公司	阿尔巴津（Албазинское）	金	kg	58 469	8 207	5
"鄂霍茨克矿山地质联合企业"有限责任公司	赫托尔恰（Хоторчанское）、奥泽尔（Озерное）、阿夫利雅坎（Авляканская）、基兰坎（Киранканское）	金	kg	2 477	2 173	5.5
		银	t	935.2	64.3	
"远东资源"开放式股份公司	7 处砂金矿（7 росс. м-ий）	金	kg	943	1 133	2
东方地方政府协会	13 处砂金矿（13 росс. м-ий）	金	kg	122	866	
"白山"有限责任公司	白山（Белая Гора）	金	kg	10 270	3 344	
"阿穆尔黄金"有限责任公司	阿杜利雅罗夫（Адулыровое）、达尔（Дар）、克拉索夫（Красивое）、图克奇（Тукси）、沃希米（Восьмое）、马柳特卡（Малютка）、别列瓦力（Перевальное）、4 处砂金矿（4 росс. м-ий）	金	kg	5 997	782	4.5
马加丹白银股份公司	杜卡特（Дукатское）、月亮（Лунное）、阿雷拉赫（Арылахское）	银	t	8 029.2	998.8	32
	泥鳅（Гольцовое）、纳恰里 2 号（Начальный-2）、别列瓦力（Перевальное）、扎杰斯宁（Затесинское）	金	kg	14 439	2 166	12
"阿穆尔勘探者之家"开放式股份公司	康焦耳河（р. Кондер）	铂	kg	3 453	4 075	2
"远山采选联合企业"封闭式股份公司	远山（Дальнегорское）	硼（B₂O₃）	10⁴ t	2 106	6.63	>100

续表

企业	矿床	矿产	储量单位	储量（A+B+C$_1$)	2015 年开采量	资源保障程度/年
"雅罗斯拉夫矿山公司" 开放式股份公司	沃兹涅辛（Вознесенское）、巴格拉尼奇内（Пограничное)	萤石	10^6 t	7.5	—	
		铷	10^3 t	34.4	—	
		铯	10^3 t	3.2	—	
俄罗斯萨哈金刚石股份公司	岩筒（Трубки）: 太空（Комсомольская）、阿伊哈尔（Айхал）、周年（Юбилейная)、国际（Интернациональная)、和平(Мир)、成功（Удачная）、闪电（Зарница）矿床（м-я）: 上乌思恩克（Верхнемунское)、五日（Майское и м-я)、4处砂矿（4 россыпных м-я)	金刚石	10^6 ct	491.4	20	28
阿尔罗萨-纽尔巴开放式股份公司	岩筒（Трубки）:纽尔巴（Нюрбинская）、博图奥宾（Ботуобинская）, 纽尔宾（Норбинская росс.）	金刚石	10^6 ct	137.3	6.6	16
"恰拉石" 有限责任公司	西列石（Сиреневый Камень (уч. Якутский, Новый 1)] [雅库特段、新一段]	恰拉石	t	7 015.1	105.0	>100
苏塔尔沸石有限责任公司	浑古鲁（Хонгуруу)	沸石	10^3 t	329	14	
第一非金属公司开放式股份公司	塔尔丹（Талданское）、西比尔采夫（满佐夫）[Сибирцевское (Манзовское)]	建筑石材	10^6 m^3	52.3	1.129	12-73
科弗采石场开放式股份公司	卡尔弗（Корфовское)	建筑石材	10^6 m^3	30.6	0.752	17
"海参崴布托谢别诺奇工厂" 开放式股份公司	比尔瓦列琴（北段）[Первореченское (уч. Северный)]	建筑石材	10^6 m^3	9.7	0.486	17

第 11 章

蒙古国矿产资源

蒙古国位于亚洲中部，人口稀少，经济以牧业和矿业为主，基础设施不完善，是一个典型的矿业国家。蒙古国的矿产资源十分丰富，其中金、铜、钼、铅、锌、萤石、磷灰石等矿种不仅是蒙古国的优势矿种，甚至在世界也具有十分重要的地位。此外，蒙古国的能源资源，包括煤炭、铀和石油，资源储量和潜力也十分巨大。蒙古国是在亚洲仅次于中国的第二大优质煤炭资源国，并且集中分布在中国边境一侧，与中国优质煤炭巨大的需求相结合，极具开发利用价值。蒙古国的铀矿储量在中国周边国家中仅次于哈萨克斯坦，不仅储量大，而且研究其成矿作用对我国境内的找铀工作也极具借鉴意义。蒙古国的金、铜等金属矿产资源储量同样十分巨大，尤其是世界级的欧玉陶勒盖铜矿，距离中蒙边境仅数十公里。整体上看，蒙古国不仅资源丰富储量大，而且与拥有巨大能源资源需求的我国相毗邻，形成产需互补。

11.1 蒙古国基本概况

蒙古国国土面积为 $156.65 \times 10^4 \text{ km}^2$，居世界第 17 位，处于东经 88°～120°，北纬 42°～52°，是亚洲中部的典型内陆国家，为世界第二大内陆国。其东、南、西三面大致上与我国为邻，边境线长 4 676.8 km，北部与俄罗斯交界，边境线长 3 485.05 km。蒙古国所处时区为东八区，首都乌兰巴托属东八时区，与北京无时差。

蒙古国按行政区划分为 21 个省和首都乌兰巴托市（图 11.1），全国共有 331 个苏木和 1681 个巴嘎。21 个省分别为：后杭爱省、巴彦乌列盖省、巴彦洪戈尔省、布尔干省、戈壁阿尔泰省、东戈壁省、东方省、中戈壁省、扎布汗省、前杭爱省、南戈壁省、苏赫巴托尔省、色楞格省、中央省、乌布苏省、科布多省、库苏古尔省、肯特省、鄂尔浑省、达尔汗乌拉省和戈壁苏木贝尔省。首都乌兰巴托市是蒙古国政治、经济、科学文化事业的中心。蒙古国主要的经济中心城市还有达尔汗市、额尔登特市。

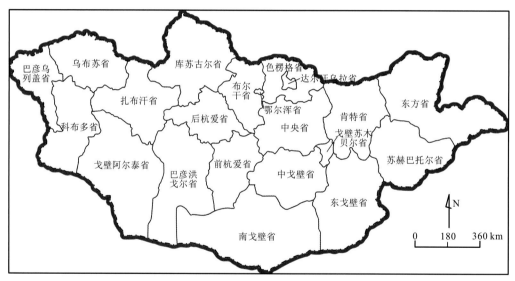

图 11.1　蒙古国行政区划图

蒙古国位于蒙古高原北部，境内地形起伏，总体走势为西高东低，北林南漠，西北部以山区和森林为主，东部为草原和沼泽，南部是戈壁荒漠，草原和半荒漠草原占国土面积的大部分。全国平均海拔 1 580 m，最高点是阿尔泰山脉的友谊峰，海拔 4 563 m，最低点是东部平原上的呼和诺尔盆地，海拔 560 m。

蒙古国气候属典型的大陆性气候，气候干燥，四季分明，冬季寒冷漫长，春季干燥多风，夏季炎热短促，秋季凉爽宜人，终年干燥少雨，年平均降水量 120～250 mm。由于地处世界最强大的蒙古高气压中心，蒙古国境内常有大风雪，冬季最低气温可至-40 ℃，夏季最高气温可达 38 ℃，早晚温差较大，无霜期短，仅 90～120 d；年平均日照时间为

2 600~3 300 h，是全世界日照时间最长的国家之一。

蒙古国可利用的土地面积为 15 646.64×10⁴ hm²，其中，农牧业用地面积占 78.22%，建设用地占 0.1%，森林面积占 8.2%，水域面积占 1%，其余部分为国家保护地区。农牧业用地总面积为 12 238.1×10⁴ hm²，其中耕地面积为 121.1×10⁴ hm²。

森林面积为 1 830×10⁴ hm²，全国森林覆盖率为 8.2%，森林储量约 12.7×10⁸ m³，每年自然增长 560×10⁴ m³。在 140 多种树木中，针叶林和阔叶林占 74%，沙漠戈壁地区的沙树占 26%，主要分布在肯特省、库苏古尔省、前杭爱和戈壁阿尔泰等省的山区地带。

蒙古的植被以北部西伯利亚针叶林和南部的中亚草原、荒漠组成。森林植被主要分布在山地，以针叶林为主。

蒙古国水资源较为丰富，全国共有河流 3 800 余条，总长度达 6.7×10⁴ km，平均年径流量为 390×10⁸ m³，其中 88% 为内流河。蒙古国的河流属于北冰洋、太平洋和中亚内陆三个水系，且主要分布于北部和西部，东部稀少，南部没有较大的河流，河流是蒙古国最主要的给水源，其中色楞格河是蒙古国最大的河流。蒙古国有大小湖泊 3 500 个，湖泊多分布在干旱草原或荒漠地带。蒙古国水资源总量为 1 920×10⁸ m³，其中河流与湖泊水资源量为 1 800×10⁸ m³，地下水资源量为 120×10⁸ m³。

蒙古国科学技术创新发展较慢。蒙古国的医疗水平较差，大部分医院医疗设备陈旧、医生护士缺乏，满足不了国民对医疗服务的基本要求。

由于长期以来投入不足，蒙古国的基础设施建设进展缓慢，已经成为经济发展和矿业开发的主要瓶颈因素之一。蒙古国没有出海口，交通运输业分为铁路运输、公路运输、航空运输，其中以铁路和公路运输为主。

蒙古国全国公路总里程为 49 250 km，在近 5×10⁴ km 的公路中，硬面路仅 3 015 km，柏油路约 1 400 km，经整修的碎石路 3 000 km，其他为草原上来往汽车压出来的沙土路。

蒙古国现有铁路线 1 908 km，主干网络是连接中俄的过境铁路线，主要经济城市乌兰巴托、额尔登特、达尔汗等城市位于铁路沿线。现有铁路的年运送能力为 2 200×10⁴ t。目前，为解决铁路领域面临的主要问题，蒙古政府正在结合蒙古国开发需要，统筹规划铁路建设方案，并就融资、合作方式与外国政府机构、投资者展开探讨。

蒙古国设有交通运输建筑城建部和民航总局，开通有国际航线和国内航线。蒙古国共有 46 个机场，其中 14 个有硬化跑道，航线长约 46 500 km。

蒙古国水运长度为 580 km，库苏古尔湖水运长度 135 km，色楞格河水运长度 270 km，鄂尔浑河水运长度 175 km。通航时间为 5~9 月。

蒙古国的电力供应主要由中部、西部、东部的电力系统组成，目前仍有 2 个省、40 多个县未接入中央电力系统。全国现有电力装机容量为 87.84×10⁴ kW，主要为热电站。

蒙古国经济以畜牧业和采矿业为主，曾长期实行计划经济。

蒙古国矿业对国民经济的发展起到至关重要的作用，近年来随着"矿业兴国"战略的提出，矿业成为推动蒙古国经济发展的主要产业，矿业产值在蒙古国 GDP、工业生产总值及出口创汇等方面均起到举足轻重的作用（图 11.2），尤其是在出口创汇方面，所占比率居高不下，2010~2016 年几乎都在 90% 左右。

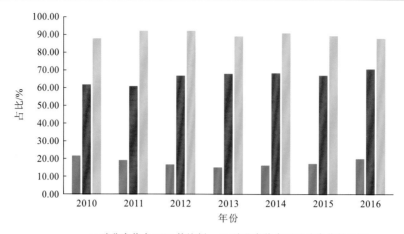

图 11.2　蒙古国矿业产值所占比率示意图（李晓妹 等，2017）

　　蒙古国以畜牧业为主，农业、工业基础极为薄弱，为实现经济发展，借助于丰富的矿产资源，蒙古国政府提出了"矿业兴国"战略，从而使得矿业部门成为蒙古国接受外国投资最多的部门，主要集中于矿产勘查与开发。

　　随着外国投资的增多，蒙古国主要矿产资源量及矿产品生产在 2008～2012 年均有大幅度增加，2013 年以来，受国际矿业低迷形式的影响，蒙古国主要矿产的储量和矿产品的产量增长放缓（表 11.1、表 11.2）。2016 年，在储量上，如金增加约 40 t（金属量），铁增加 1 800×10⁴ t，铜增加近 779×10⁴ t，截至 2016 年，蒙古国累计探明铜 7 500×10⁴ t，钼 160×10⁴ t（国土资源部信息中心，2016）。在矿产开发方面，受外资影响，主要资源

表 11.1　2013～2016 年新增主要矿产资源储量（李晓妹 等，2017）

矿种	2013 年	2014 年	2015 年	2016 年
岩金	30.11 t	95.38 t	28.04 t	33.82 t
砂金	4.74 t	4.87 t	6.13 t	5.96 t
铁	$1.15×10^8$ t	$0.36×10^8$ t	$0.32×10^8$ t	$0.18×10^8$ t
多金属	$95.1×10^4$ t	$368.1×10^4$ t	—	$46.8×10^4$ t
钼	—	$71.5×10^4$ t	$28.7×10^4$ t	—
钨	$10.36×10^4$ t	22 t	2 951 t	
稀土	52 t	628 776 t	12 031 t	—
铜	$3.35×10^4$ t	$62.88×10^4$ t	$778.9×10^4$ t	$13.49×10^4$ t
锡	$418×10^4$ t	—	—	$8.96×10^4$ t
萤石	$280.4×10^4$ t	$416.8×10^4$ t	$224.9×10^4$ t	$33.5×10^4$ t
铀	$6.77×10^4$ t	—	7.9 t	4.9 t
煤	$44×10^8$ t	$18.4×10^8$ t	$42.54×10^8$ t	$12.95×10^8$ t

表 11.2　2013~2016 年主要矿产品产量（李晓妹 等，2017）

矿产品	2013 年	2014 年	2015 年	2016 年
金	7.2 t	7.5 t	12.6 t	16.4 t
铜精矿	133.42×10^4 t	136.54×10^4 t	134.62×10^4 t	139.97×10^4 t
钼精矿	3670 t	4050 t	5530 t	5050 t
锌精矿	10.35×10^4 t	9.31×10^4 t	8.96×10^4 t	11.74×10^4 t
铁矿石	679.33×10^4 t	755.78×10^4 t	606.12×10^4 t	508.3×10^4 t
钨精矿	5 300 t	10 800 t	6 800 t	14 200 t
锡精矿	16.5 t	99.8 t	82.3 t	50.2 t
冶金萤石块	8.2×10^4 t	11.76×10^4 t	5.58×10^4 t	10×10^4 t
酸级萤石粉	5.72×10^4 t	6.1×10^4 t	5.16×10^4 t	8×10^4 t

产能均大幅度上升或保持稳定生产，如 1997~2010 年，萤石产能增长超过 12 倍，煤增长 5 倍，铁矿石增长超过 150 倍，金、铜、钼、钨等继续保持稳定生产，但自 2013 年以来，蒙古国矿产品的生产量趋于稳定（表 11.2）。

受矿产种类、储量及开发技术条件限制，蒙古国矿业开发主要集中于金、铜、铁、铅锌、萤石等矿种，矿产品出口也主要集中于铜精粉、铁矿石及精粉、锌矿粉等金属矿产及煤等非金属矿产，其次为钨、钼、锡精粉及萤石等。但是近几年随着大量外资企业的进入，石油、石灰石、稀土、磷等也称为热门投资领域，如大庆石油在东方省塔木查干盆地开展石油勘探与开发，胜利油田在东戈壁省宗巴音凹陷开展石油勘查工作，中联水泥在中戈壁省开展水泥用石灰岩勘探及开发工作。

11.2　蒙古国能源矿产资源

蒙古国能源矿产丰富，以煤炭和铀矿为优势能源矿产资源。蒙古国油气资源较为丰富，资源量约 16×10^8 t，主要集中在蒙古国东部的塔木查干盆地和东戈壁盆地内，开发利用程度较低。蒙古国的煤炭资源十分丰富，探明储量已超过 200×10^8 t，并且煤炭质量好，适合露天开采，集中分布在靠近中国的一侧。蒙古国的铀矿资源也十分丰富，其成矿类型与中国北大兴安岭火山岩型铀矿成矿作用可类比，储量巨大。

11.2.1　油气

蒙古国石油资源较为丰富，通过综合考虑岩石类型、油藏、盖层、存储条件及运移的各类因素，应用 IPS 方法评估出其石油资源量约为 16×10^8 t，主要分布在蒙古国南部、东部及东南部的众多盆地、凹陷内，中西部盆地内也有少量分布，共计划分出 22 个区块，

总面积约 $50×10^4$ km²。目前,蒙古国投入勘探开发的区块为 8 个,主要分布在东部塔木查干盆地和东戈壁盆地内。截至 2015 年,蒙古国全年开采石油 $870×10^4$ 桶,出口 $814×10^4$ 桶,大部分出口中国(木永,2016)。2017 年 1～11 月,中国自蒙古国进口石油逾 $95×10^4$ t。

蒙古国含油气盆地主要形成于中新生代,塔木查干盆地和东戈壁盆地均属于早白垩世陆相伸展断陷盆地体系。

11.2.2　煤矿

煤是蒙古国最丰富的矿产资源,主要分布在蒙古国的东部、中部和南部区域,靠近中国的边境一侧。现已发现 320 个矿床(点),其中矿床 80 处,矿点 240 处,推测煤资源量约 $1\,520×10^8$ t,勘查储量为 $200×10^8$ t,大多是焦炭与高等级的煤炭。根据蒙古国矿产局的资料,2014 年蒙古国新增煤炭储量 $68×10^8$ t,2015 年新增储量 $42.5×10^8$ t。

同时,蒙古国绝大多数煤矿床适合于露天开采,目前有大约 30 个煤矿床处于开采阶段,巨大的煤资源量使得煤炭成为蒙古国最重要的能源。但受产能限制,2004 年以前蒙古国的煤炭生产量不足 $700×10^4$ t,几乎全部用于发电,近年来,蒙古国煤炭产量直线上升,大部分用于出口,主要出口中国。2017 年中国自蒙古国的煤炭进口量增加至 $3\,358×10^4$ t,较 2016 年增长 27.6%(木永,2016)。

蒙古国含煤地层最早出现于宾夕法尼亚纪阿尔泰群,持续于上二叠统塔旺陶勒盖群、下-中二叠统扎尔嘎朗特组、贝加尔组、赛汉组,最终结束于下白垩统阿达呼塔格组、宗巴音群。

蒙古国煤炭主要形成于古生代和中生代,其中烟煤、亚烟煤及向褐煤转变的过渡煤等主要形成于石炭纪和二叠纪,高品位的褐煤和部分向亚烟煤转变的过渡煤主要形成于侏罗纪和白垩纪。

塔旺陶勒盖(Таван толгой)煤矿是蒙古国最大的煤矿,位于乌兰诺尔盆地内,储量约 $64×10^8$ t,是世界大型焦煤矿床之一,发热值为 $5\,000～5\,500$ cal①/kg(于波,2015)。目前,神华集团已与蒙方就合作开发达成协议,该矿床投产后每年可产原煤 $2\,000×10^4$ t。

目前,蒙古国拥有 3 座比较大的煤矿山,分别为巴嘎喏尔(Багануур)、沙林格勒(Сайгал)、希维敖包(Shivee Ovoo)。其中巴嘎喏尔是蒙古国最大的露采矿山,位于乌兰巴托东 125 km,煤的发热值为 $3\,900$ cal/kg,年采褐煤约 $400×10^4$ t。该矿所产原煤绝大部分通过铁路专用线运往乌兰巴托最大的第四发电厂。沙林格勒也是一个露采矿山,位于乌兰巴托北 240 km,煤的发热值为 $3\,900$ cal/kg,年生产能力约为 $150×10^4$ t。所产原煤矿的绝大部用于发电供应额尔登特铜钼矿。希维敖包煤矿,位于乌兰巴托南 240 km。毗邻至中国的铁路干线,煤的发热值为 $2\,800～3\,200$ cal/kg,年产煤 $50×10^4$ t。

---

① 1 cal=4.186 8 J

11.2.3 铀矿

蒙古国的铀矿资源丰富，已发现具有经济意义矿床 6 处，另发现铀矿点 100 多个，铀矿化点与放射性异常点 1 400 多个，储量约 140×10^4 t，占世界铀储量的 23%，居世界前 10 位。其中具有潜在经济价值的铀矿床主要分布在蒙古国东部北乔巴山地区及南蒙古戈壁地区。成矿带上主要分布于东部的曼来—曼达赫铜—钼成矿带、中蒙古额尔古纳萤石-金-铅-锌成矿带及肯特金-钨-锡-铅-锌成矿带南部。

蒙古国铀矿床（点）成因类型主要有火山成因铀矿和砂岩型铀矿，其次为与花岗岩有关的铀矿，其中火山成因铀矿成矿时代主要为侏罗纪—白垩纪，砂岩型铀矿成矿时代主要为新生代。

11.3 蒙古国金属矿产资源

蒙古国的金属矿产资源中，金、铜和稀土矿产占有主要地位。蒙古国的金矿储量及资源量大，分布广泛，但主要集中在蒙古国的南部地区。蒙古国的铜矿储量非常大，达 $8\,000 \times 10^4$ t，尤其是欧玉陶勒盖铜矿的发现。蒙古国稀土矿在世界上仅次于中国，占全球稀土总储量的 1/7。

11.3.1 金矿与银矿

蒙古国金矿分布十分广泛，资源量大，主要位于中央省、巴彦洪戈尔省、肯特省、巴彦乌列盖省及东方省等地，目前已发现金矿地 328 多处，其中岩金矿床 277 处，砂金矿床 51 处，共划分了 23 条金成矿带。截至 2015 年，蒙古国黄金储量为 3 400 t，产量为 20 t（USGS，2017），已开采和准备开采的有 50 处，随着欧玉陶勒盖、奥龙（Olon Ovoot）、博洛等一批伴生金矿床的发现，蒙古国探明的金资源量已超过 2 000 t（陈正，2010b；侯万荣 等，2010a）。银矿资源分布较少，多为伴生矿，主要位于蒙古国巴彦乌列盖省阿斯噶特地区、肯特省孟根温都尔地区、苏赫巴托尔省北部以及东方省东北部（Dejidmaa et al.，2001）。根据美国地质调查局的数据，截至 2015 年，蒙古国银矿储量为 7 000 t。

蒙古国的岩金矿主要产在太古宙、古元古代和古生代地层中，主要成矿时代为二叠纪、三叠纪和侏罗纪，矿床成因类型主要有浅成低温热液脉型、夕卡岩型、斑岩型（伴生金）等，其中浅成低温热液脉型金矿可划分为三类：第一类产于太古宙—古元古代、新元古代—早古生代地层中，围岩以黑色、绿色页岩为主，主要分布于南肯特地区及库苏古尔湖以西，在北肯特地区及巴彦洪戈尔地区也有分布；第二类主要与新元古代—早古生代辉长岩、花岗岩和花岗闪长岩等侵入体有关，多属低硫化物-金-石英脉型矿化，主要分布在肯特山脉、乌勒兹河流域、木伦东北边境附近及戈壁阿尔泰山南坡；第三类主要与晚古生代火山-侵入岩有关，分别在北蒙古东部和南蒙古，属浅成低温热液脉型金矿化。夕卡岩型金矿化产于各个时期地层与侵入体的接触带，表现为金-多金属硫化物矿化。斑岩型金矿大都为共生或伴生金矿产，如额尔登特铜-钼矿床、欧玉陶勒盖铜-金矿床等，按矿石构造可分为金-硫化物、金-石英-硫化物、金-石英、金-多金属建造及含金的铜-钼建造等类型。

砂金矿集中分布于阿尔泰山区和杭爱山南坡的河谷、河床和阶地中，按形成条件分冲积型和冲积-洪积型，成矿时代为二叠纪、侏罗纪、白垩纪、新近纪、第四纪等几个主要时期，分布主要限于北部和中部高原斜坡上；大多为近地表的单层砂矿，少数为两层，个别的是深埋藏砂矿；规模以中、小型为主，个别的可达大型。砂矿的原生来源通常是含金的微细石英脉、细脉和硅化带、破碎带及黄铁矿化带，因此岩金矿化分布区往往有砂金矿分布。

蒙古国银矿多为伴生矿，主要和金、铅、锌等矿种相伴生，其中与金伴生的银矿多为浅成热液型、夕卡岩型或花岗岩型；与铅矿伴生的银矿主要为浅成热液型。成矿时代多为侏罗纪等。

目前，蒙古国境内开发程度较低，主要集中于蒙古国北部色楞格地区，以扎马尔（Zaamar）砂金矿开采和博洛岩金矿开采为主，金产量总体维持较稳定水平。

博洛金矿床位于色楞格省南部的巴彦高勒地区，东南方向距乌兰巴托110km，是蒙古开采规模最大和黄金产量最高的矿山，加拿大世纪矿业公司拥有该矿床100%的股权，是近年来蒙古国最成功的外资矿山企业之一。目前，该矿山已停止采矿，正在选低品位储矿堆。

在博洛金矿床开发利用的同时，世纪矿业公司地质人员在该矿床外围进行了找矿勘查和潜力评价工作，并且在其北东方向 35 km 处发现了一处新的金矿床——苏尔特（Suurt）矿床。该矿床的黄金储量为 38 t，平均品位为 4×10^{-6} g/t。目前该矿床的资源量/储量核实、环境影响评估和采选厂设计报告均获得蒙古国政府有关部门批准，即将进入矿山开采阶段。

扎马尔金矿床是蒙古国规模最大的砂金矿床，沿扎马尔河流域分布，由于砂金矿开采成本低、见效快，加之该地区砂金品位较高，使得该流域成为蒙古国砂金开采程度最高的区域，在每年的金资源产量中占有较大比例。

随着外资的大量进入，蒙古国的金矿开发将进入全面发展阶段，金成矿较好的巴彦洪戈尔（Bayankhongor）、戈壁阿尔泰（Говь Алтай）等地都将进入大规模开发阶段。同时，随着欧玉陶勒盖、卡尔玛戈泰（Kharmagtai）等铜金矿床的大规模开发，蒙古国金产量重心将逐渐向蒙古国南部地区转移。

11.3.2 铁矿与锰矿

蒙古国铁、锰等矿产资源丰富，截至 2014 年，已查明各类矿床（点）300 多处，其中已探明铁矿石资源量约 20×10^{8} t，主要分布在 3 个地区，分别是色楞格省中部—布尔干省东南部一带、杭爱山和肯特山一带及中蒙古中戈壁省—苏赫巴托尔省一带，在区域成矿带划分上分别属于巴彦戈尔铁成矿亚带、肯特金-钨-锡-铅-锌成矿带及戈壁-南克鲁伦萤石-铁-锌成矿亚带。

由于蒙古国工业基础薄弱，对铁矿石需求极少，2007 年以前铁矿石产量基本维持在较低水平，开采范围也主要集中于色楞格省中部-布尔干省地区。自 2007 年，蒙古国铁矿开采量逐年加大，2014 年达到最大 1 026×10^4 t，2015 年后受全球经济下滑影响，蒙古国铁矿石开采有所下滑。2015 年，蒙古国开采铁矿石 617.3×10^4 t，出口 506.5×10^4 t（木永，2016）。

目前，色楞格-布尔干地区处于开采状态的铁矿床主要为托木尔台（Tumurtiin）铁矿床、巴彦戈尔（Bayangol）铁矿床和托木尔-托洛戈依（Tumurtolgoi）铁矿床，均属蒙古中亚矿业公司，铁矿石总资源量超过 5×10^8 t，铁平均品位为 51%～55%，所产铁矿石主要出口中国。

中戈壁-苏赫巴托地区铁矿床主要处于勘查与矿山建设阶段，包括哈拉特乌拉（Halauteula）铁矿床，总资源量超过 3.5×10^8 t，铁平均品位为 35%～42%。由太盛矿业发展有限责任公司拥有的额仁铁矿床资源量超过 1×10^8 t，目前正处于矿山阶段，水、电等基础设施基本铺设完毕；哈拉特乌拉锌铁矿床资源量超过 5 000×10^4 t，由山东黄金集团有限公司投资开发，目前矿山建设已基本完成，但受山东黄金集团战略转变及地方关系影响，该矿山尚未正式投产。

蒙古国铁、锰等矿床（点）成因类型可分为：①夕卡岩型铁、铁-锌矿；②沉积变质型铁、铁-锰、锰矿；③镁铁质和超镁铁质钛-铁矿；④火山沉积型铁-锰矿；⑤条带状含铁建造（BIF）；⑥碎屑磁铁矿、砂钛矿；⑦化学沉积型铁、铁-锰、钒矿。其中夕卡岩型铁、铁-锌矿和沉积变质型铁、铁-锰、锰矿是最重要的矿床类型。

根据不同成因类型，蒙古国铁、锰等成矿时代各有差异，其中夕卡岩型矿床成矿时代主要为古生代—中生代，沉积变质型矿床成矿时代主要为中新元古代。

11.3.3　铜矿

蒙古国铜矿分布十分广泛，资源丰富，已发现铜矿床（点）600 多处，探明铜储量超过 7 000×10^4 t，主要分布在色楞格省北部-布尔干省东南部的额尔登特-巴彦戈尔成矿带、南戈壁省中东部-东戈壁省西部的曼来-曼达赫成矿带及巴彦洪戈尔省的巴颜洪戈尔成矿带，东方省的中蒙古额尔古纳成矿带东段、巴彦乌列盖省的蒙古阿尔泰成矿带及扎布汗省的西部湖区成矿带也有一定分布。蒙古国铜矿主要成矿时代为古生代和中生代，以晚二叠世为最。根据围岩岩性和成因，蒙古国铜矿床（点）成因类型可分为：①斑岩型；②夕卡岩型；③玄武岩型；④铁镁和超铁镁岩相关的铜镍硫化物型；⑤沉积岩型；⑥与花岗岩相关的含铜脉或网脉型；⑦区域变质岩中的铜银脉型；⑧火山块状硫化物和浸染型铜硫化物型。其中斑岩型是最重要的矿床类型（聂凤军，2016；Dergunov，2001）。

蒙古国的大型铜矿主要有额尔登特、欧玉陶勒盖和查干苏布尔加（Tsagaan Suvarga）等矿床（侯万荣 等，2010b；江思宏 等，2010a）。目前铜矿开发主要集中于额尔登特、欧玉陶勒盖等几个大型-超大型铜矿床，铜精粉产量总体较稳定。

额尔登特铜矿是蒙古最大的在产铜矿山，属额尔登特矿业公司管辖。蒙古国家资产管理委员会拥有额尔登特矿业公司51%的股权，俄罗斯政府拥有49%的股权。额尔登特铜矿每年生产 $2\,700\times10^4$ t 铜和钼矿石，铜和钼的金属量分别为 13×10^4 t 和 1 500 t。随着露天采矿场深度的增加和矿石品位降低，矿石产量逐年下降，生产成本却在明显增加。但是由于矿石中钼的含量及其回收率均比较高，钼的产量呈现明显增长趋势。由于额尔登特铜矿是国家控股矿山企业，前两年暴利税的实施并未对其产生明显影响。

欧玉陶勒盖铜矿位于中蒙边境蒙古一侧 80 km 处，是近年来全球范围内找到的一处巨型铜-金矿床，其中铜的金属量已达 $3\,719\times10^4$ t，平均品位为 0.96%，金的储量为 1 440 t，平均品位为 0.52×10^{-6}，由加拿大艾文豪矿业公司持有。2007 年，该公司与英国力拓矿业公司达成一项战略性合作协议，共同开发该矿床。根据合作协议，力拓矿业公司以资本注入的形式收购欧玉陶勒盖矿业开发项目股权，其所占股权的最大值为 40%。同时，根据蒙古政府与艾文豪矿业公司达成的协议草案，蒙方将拥有欧玉陶勒盖矿床34%的股权，并负责建设一处 150×10^4 kW 的发电厂为矿山生产提供电力，同时修筑一条从矿区到中蒙边境的收费公路。另外，艾文豪矿业公司将会把 1 000 t 黄金出售给蒙古银行。截至目前，该矿山已正式投产，外围勘查工作仍在继续。

白山（White Hill）铜-锌矿床是蒙古国和德国地质学家首次在蒙古国南部找到的特大型火山岩型块状硫化物矿床。该矿床为蒙德合资公司万国铜业公司所拥有，已探明铜金属量为 101×10^4 t，锌金属量为 93×10^4 t。迄今为止，锌矿床的找矿勘查工作尚未完全结束，但是矿山开发利用工作已经着手进行，万国铜业公司正在编写可行性论证报告，并且准备提交蒙古政府有关部门进行审批。

11. 3. 4　铅锌矿

蒙古国铅、锌等矿产资源较为丰富，现已查明各类矿床（点）200 多处，集中分布在蒙古国东部查布—乌兰地区及西乌尔特—温都尔汗一带（江思宏，2010b）。另外，在蒙古国西部巴彦乌列盖省、戈壁阿尔泰省和南部的南戈壁省及中部的杭爱山脉也可见一定分布。镍、铝等矿产集中分布在蒙古国北部的库苏古尔省和色楞格省。

蒙古国铅、锌等矿床（点）成因类型可分为：①热液脉型和网脉型铅-锌矿；②隐爆角砾岩型铅-锌矿；③夕卡岩型锌-铁矿；④火山块状硫化物型锌-铅-铜矿；⑤火山-热液沉积型铅-锌矿。其中热液脉型和网脉型铅-锌矿、隐爆角砾岩型铅-锌矿、夕卡岩型锌-铁矿是最重要的三种矿床类型。

通过对蒙古国东部不同成因类型的铅锌矿床进行研究得知，蒙古国铅锌矿床主要成矿时代为中生代，其他时代铅锌矿床较少。

11.3.5　钨矿、钼矿与锡矿

蒙古国钨、钼等矿产资源丰富，现已查明各类矿床（点）300 多处，主要分布在蒙古国西部巴彦乌列盖省、中部中央省—肯特省一带及东部苏赫巴托省、东方省东南部，分别属蒙古阿尔泰钨-钼-铜-铅-锌-银-铁成矿带、肯特金-钨-锡-铅-锌成矿带及努赫特达瓦—哈拉哈河钨-钼成矿带。

蒙古国钨、钼等矿床（点）成因类型可分为：①斑岩型钼-钨-锡矿；②夕卡岩型钨矿；③脉型锡多金属矿；④云英岩型钨-钼矿；⑤脉型钨-钼矿；⑥脉型锡-钨矿；⑦脉型锡硅酸盐-硫化物矿；⑧脉型锡硫化物矿；⑨脉型、网脉型锡-钨矿；⑩脉型、网脉型钨-锑矿；⑪冲积型锡、钨矿。其中脉型、网脉型钨-钼-锡矿、云英岩型钨-钼矿及冲积型锡、钨矿是最重要的三种矿床类型。

通过对蒙古国不同区域、不同成因类型的钨、钼、锡矿床（点）进行研究得知，蒙古国钨、钼、锡矿主要成矿时代为中生代，其次为晚古生代，其他时代矿化较少。

11.3.6　稀土矿

蒙古国稀土矿资源丰富，相关数据显示，其稀土储量为 $3\,100 \times 10^4$ t，占全球稀土总储量的 16.77%，是仅次于中国的世界第二大稀土矿蕴藏国家；境内分布广泛，主要分布在蒙古国乌布苏省、库苏古尔省西部及东戈壁省西南部。现已发现稀土元素矿床 5 个，稀土矿点 71 个、稀土矿化区超过 260 个，典型矿床有木希盖胡达格（Mushgai Hudag）、鲁根高勒（Lugiin gokle）、沙日套勒盖（Shartolgoi）及乌兰套勒盖（Ulaantolgoi）等。

蒙古国稀土元素（REE）矿床主要分布在晚中生代、早中生带到中-晚古生代的长英矿物和碱性岩石中。已知的稀土矿床（点）成因可以细分为以下五种类型：①与碱性花岗岩有关的稀土元素矿床；②与伟晶岩有关的稀土元素矿床；③与碳酸岩有关的稀土元素矿床；④离子吸附型稀土元素矿床；⑤含稀土砂矿。其中以与碱性花岗岩和碳酸岩有关的稀土元素矿床最具有经济意义。

11.4　蒙古国非金属矿产资源

蒙古国的非金属矿产资源中以萤石和磷灰石矿产具有优势地位。蒙古国的磷灰石矿储量为 60×10^8 t，居亚洲第一位，主要集中分布在库苏古尔含磷盆地中，是蒙古国最具优势的非金属矿产资源。

11.4.1 萤石矿

蒙古国具有经济意义的萤石矿床（点）主要分布在肯特省与东戈壁省的接壤地带及肯特省的中部地区，东方省、中戈壁省和南戈壁省也有个别矿床产出。迄今为止，蒙古国已经发现、勘查和开发的矿床（点）数量有 600 多处，探明储量为 $2\,200\times10^4$ t（国土资源信息中心，2016），肯特省的博尔温都尔（Bor Ondor）是蒙古国最重要的萤石矿床，也是蒙古国最重要的萤石生产基地。其他还有肯特省的温都尔汗（Undurkhaan）萤石矿床和中戈壁省的楚鲁特查干德勒（Chulute Zhagadele）萤石矿床等。

通过研究大量萤石矿床（点）得知，蒙古国萤石矿化广泛分布在元古代—中生代地层的岩浆岩中，包括加里东褶皱期中元古界基底、海西褶皱期早古生代基底、晚古生代—早中生代花岗岩及中生代火山-沉积地层等，但具有经济意义的萤石矿床主要在晚中生代到晚侏罗纪和早白垩纪形成，围岩为前寒武系片岩，元古界灰岩、花岗岩，中生界玄武岩、流纹岩、安山岩、英安岩、粗面岩、玄武质及流纹质凝灰岩等。

蒙古国萤石矿床成因类型主要为热液型。根据岩浆热液类型，可以将该矿床（点）类型划分为两大类：与火山岩有关的热液成因和与侵入岩有关的热液成因，其中前者可进一步划分为浅成低温热液型萤石矿和碳酸岩型萤石矿，后者包括为羟硅铍石-硅铍石-萤石矿、钠长石型萤石矿、钨-钼（锡）-萤石矿、伟晶岩型萤石矿等。浅成低温热液型是蒙古国目前唯一有经济价值的萤石矿床类型。

11.4.2 磷矿

蒙古国磷矿资源较为丰富，已探明的储量为 60×10^8 t，居亚洲第一位、世界第五位，集中分布在库苏古尔省的北部，与俄罗斯接壤的库苏古尔含磷盆地中，为中亚磷灰石矿带的一部分，该矿带西部从哈萨克斯坦北部起，横跨阿尔泰-萨彦地区到东部的鄂霍次克海岸。

蒙古国磷矿主要成矿时代为文德纪—早寒武世，所有有经济意义的磷矿均为海相沉积类型。含磷矿物为磷灰石，磷灰石有两种类型：①各向同性氟磷灰石、细粒浸染状碳酸盐、石英及有机物；②细粒晶质低温磷灰石。典型矿床包括库苏古尔（Horsgol）、布伦汗（Buluu Khan）等。

第 12 章

俄罗斯主要矿产资源
发展的远景

中蒙俄经济走廊带的俄罗斯和蒙古国不仅是世界上最重要的矿产资源保有国，同时也是最重要的矿产资源潜力国。尤其是俄罗斯，长期以来占据着世界第一大资源国的位置。俄罗斯许多矿种的开发与利用具有世界级的影响力。本章重点介绍俄罗斯具有优势的且资源远景大的金矿、铜矿、铅锌矿、铀矿和金刚石矿的矿产资源储量现状、分布区域及重要的典型矿床、成矿作用类型，以及有潜力的远景区分布情况、资源量情况，据此，对俄罗斯几个重要矿种的储量与资源情况做较为全面的了解。

12.1 俄罗斯金矿的发展前景

截至 2015 年，俄罗斯金矿资源的储量和产量均居世界第二位。近年来，俄罗斯金矿储量的增长主要是源于 C_2 级储量的增长。自 2011 年，高级别的 $A+B+C_1$ 级金储量的增长逐渐放缓，目前来看，已经远远不能满足开采对于高级别储量的要求。按照目前的开采情况，$A+B+C_1$ 级保有储量只能满足 11 年的开采需要，届时俄罗斯储量平衡表内的金储量将开采殆尽。当然，上述统计没有列入尚未开发的金矿床[如干沟（Сухой Лог）金矿、纳塔尔京（Наталкинское）金矿]。如果有一半的 C_2 级储量进入 C_1 级储量，则 $A+B+C_1$ 级保有储量的保障程度可达 17 年。

俄罗斯砂金矿床的储量和产量居于世界第一位，在俄罗斯的金矿开采中，砂金产量占俄罗斯全部产量的 24%。但是由于多年来的大量开采，俄罗斯的砂金产地日益减少，虽然未列入国家储量平衡表的砂金储量还有不少（表 12.1），但是最具经济效益的砂金矿床大都已经开发。在未列入国家储量平衡表的砂金储量中，有近 50%的储量不具经济效益。

表 12.1 俄罗斯金矿储量与预测资源量表

类别（矿床数/处）	储量/10^3 t			列入储量平衡表的储量百分数/%			预测资源量/10^3 t		
	$A+B+C_1$	C_2	$A+B+C_1+C_2$	$A+B+C_1$	C_2	$A+B+C_1+C_2$	P_1	P_2	P_3
岩金（367）	4.89	3.69	8.58	59.8	72.8	65.5	5.3	10.4	24.39
砂金（5394）	1.07	0.15	1.22	47.9	60.9	49.9	0.73	0.6	1.49
伴生金（铜镍矿床等 165）	2.04	1.28	3.32	90.5	81.1	86.8	—	—	—

俄罗斯的伴生金存在于银、铀、镍、铜、铅、锌等金属矿床中，主要分布于俄罗斯的西伯利亚联邦区（图 12.1），$A+B+C_1+C_2$ 级伴生金储量达 1 325 t；其次分布于伏尔加河沿岸联邦区，伴生金储量达 1 040 t。如果按矿床类型看，大部分伴生金集中赋存于铜-黄铁矿型矿床及铜-斑岩型矿床中（奥伦堡州及巴什科尔多斯坦共和国），以及铜-镍矿床中（克拉斯诺亚尔斯克边疆区）。近年来，列入国家储量平衡表的铜-斑岩型矿床中的金储量（C_1+C_2 级）较大的有：别斯强卡（Песчанка）铜-斑岩型矿床（金储量 233.8 t）、阿克-苏格（Ак-Сугское）铜-斑岩型矿床（金储量 55.7 t）、玛尔梅日（Малмыжское）铜-斑岩型矿床（金储量 283.2 t）。这些矿石中金的品位一般为 0.15～0.57 g/t。遗憾的是，上述矿床多位于基础设施不发达的边远地区，开发十分困难。

俄罗斯金矿资源预测形式也不容乐观（表 12.1），虽然整个俄罗斯的总预测资源量达 42.91×10^3 t，但其中 60%属于 P_3 级，可信程度较差。并且金的主要资源预测量都来自岩金矿床。

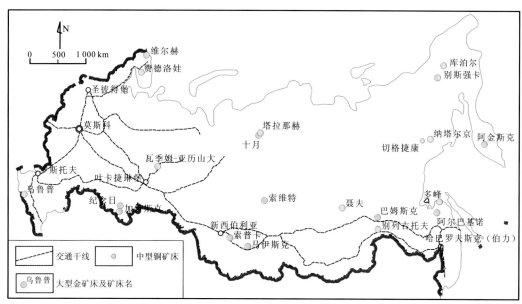

图 12.1 俄罗斯主要贵金属矿床分布略图

俄罗斯金矿基地的扩大与再生产的地质前提是保有足够的预测资源量，目前俄罗斯的 P_1+P_2 级金预测资源量为 17.03×10^3 t，而且大部分分布于西伯利亚联邦区和远东联邦区（图 12.1）。

俄罗斯远东联邦区的上扬斯克-科雷姆成矿省（分布在马加丹省和萨哈共和国）是俄罗斯最具潜力的金矿远景地区之一。该成矿省目前已勘探的金-硫化物-石英细脉-浸染状矿床，储量占俄罗斯总量的 30% 以上，主要包括纳塔尔京、切格捷康（Дегдеканское）、德拉格（Дражное）等矿床，一般产出于含碳陆源沉积岩中，而且多为大型-巨大型矿床。

中西伯利亚及东西伯利亚地区也可作为俄罗斯金矿基地开发的远景区，而且该地区的基础设施相对比较发达，同时，已勘探的金储量和产量分别占俄罗斯金储量和产量的 45% 和 30%。开发该区域的干沟金矿床，以及开发维尔宁（Вернинское）、聂夫（Невское）等矿床可以极大地扩大该区域的金矿产量。近年来，俄罗斯相关部门与单位在贝加尔-帕托姆、叶尼塞、阿尔丹等含金省开展普查找矿工作，重点寻找碳质岩层中的金-硫化物型及金-硫化物-石英脉型金矿床，取得了一系列的找矿成果，包括：斯维特罗夫地区的金矿评价，获得 P_1 级金资源量 46 t，P_2 级金资源量 84 t；列别金斯克地区的金矿评价，获得 P_1 级金资源量 27 t，P_2 级金资源量 25 t；鲁德山地区的金矿勘查与评价，获得 C_1+C_2 级金储量 45 t，P_1+P_2 级金资源量 100 t。

此外，西伯利亚、远东许多地区的含金-多金属（铜、铅、锌）矿床和钼-铜斑岩型矿远景区，其金的储量和预测资源量也十分可观。例如，2015 年哈巴罗夫斯克（伯力）边疆区帕尼-穆林（Пони-Мулинское）矿结发现的铜-斑岩型矿床中，金的 P_2 级预测资源量达 75 t。

近年来，俄罗斯的地质普查工作表明，北高加索成矿省完全具有发现巨型岩金矿床的潜力，如在吉特切-台尔纳阿乌斯（Гиттче Тырнаузское）矿田发现并评价的金矿化，其 P_1 级预测资源量达 217 t、P_2 级预测资源量为 21 t。

综上所述，俄罗斯金矿基地的发现与开发过程中还存在一系列的问题，有大远景的地区多数位于边远地区，而且缺乏足够的基础设施。同时一些大型的金矿床矿石质量差、品位低，缺乏经济效益。近年来，金的储量虽有明显增长，但仅表现为 C_2 级储量的增长，而高级别 $A+B+C_1$ 级金储量则呈下降趋势。而在预测资源量方面也是以 P_3 级为主，缺少具有 P_1、P_2 级预测资源量的远景区，因此，很难提出可供进一步普查与详查的远景地区。

总之，俄罗斯的上扬斯克-科雷姆、贝加尔-帕托姆、叶尼塞、阿尔丹等含金省是目前俄罗斯扩大金矿基地最具远景的地区（Орлов，2009）。

12.2 俄罗斯金刚石矿的发展前景

截至 2015 年，俄罗斯是世界上金刚石储量和产量均居第一位的国家。共计有 79 个金刚石矿床（原生矿床 25 个，其中 23 个为金伯利岩型、2 个为撞击型矿床；54 个砂矿型矿床。表 12.2）列入国家储量平衡表。此外，还有 4 个金刚石矿床（2 个金伯利岩型、2 个砂矿型）的储量在平衡表外。

俄罗斯金伯利岩型金刚石矿床及砂矿型金刚石矿床的储量达 12×10^8 ct，其中 10×10^8 ct 属 $A+B+C_1$ 级勘探储量。此外，进入国家储量平衡表内的 2 处撞击型金刚石矿床储量极为巨大，达 $2\,680 \times 10^8$ ct（表 12.2 未列），但至今其用途未定（Чайковский и др.，2013）。俄罗斯的金刚石矿床主要分布于萨哈共和国（占俄罗斯储量的近 82%）、彼尔姆州（1%）及阿尔汉格尔斯克州（17%）。平衡表内 $A+B+C_1$ 级储量的 93.05% 为原生矿床，而外生砂矿型矿床的储量则仅占 6.95%。

表 12.2 俄罗斯金刚石矿的储量与预测资源量表

类别（矿床数/处）	储量/$\times 10^6$ c			列入储量平衡表的储量百分数/%			预测资源量/$\times 10^6$ c		
	$A+B+C_1$	C_2	$A+B+C_1+C_2$	$A+B+C_1$	C_2	$A+B+C_1+C_2$	P_1	P_2	P_3
原生金刚石矿床（23）	926.61	201.81	1 128.42	97.1	100	97.6	301.04	242.7	2 818.64
金刚石砂矿床（54）	64.433	23.924	88.36	94.0	91.9	93.4	79.49	555.14	121.94
总计（77）	991	225.73	1 216.78				380.53	797.84	2 940.6

近年来，各个储量级别的金刚石储量均呈下滑趋势。由于原生金刚石矿床的开采越来越深，导致开采成本急剧增加，大多数原生金刚石矿床 $A+B+C_1$ 级储量开发都在 50% 以上。

俄罗斯的砂矿型金刚石矿床主要分布于彼尔姆州和萨哈共和国的沿北极海地带（Милашев，2013）。2014 年产自砂矿型金刚石矿床的金刚石达 560×10^8 ct。2005~2014 年，砂矿型金刚石矿床的金刚石的储量增长较大，但遗憾的是，基本上储量的增长来源于原有砂矿床或砂矿区的增储，可以进行勘探的新区还未发现。而且，具有经济效益的金刚石砂矿，一般开采年限平均也仅仅 7 年。

俄罗斯潜在的含金刚石矿化区很多，不同级别的金刚石预测资源量占世界第一位，P_1 级、P_2 级的预测资源主要集中分布于萨哈共和国及阿尔汉格尔斯克州；而 P_3 级预测资源远景区则多见于其他地区。俄罗斯 P_1+P_2 级的预测资源量占俄罗斯金刚石预测资源总量的 16%。其中原生金刚石矿床的 P_2 级预测资源量占 P_1+P_2 级预测资源量的 45%。但是，近 20 年 P_2 级的预测资源量增长得过缓。

俄罗斯远东联邦区萨哈共和国金刚石的勘探储量和产量均占俄罗斯的第一位，工业级储量占俄罗斯总量的 77%，金刚石预测资源量占俄罗斯预测资源总量的 90%，其中列入国家储量平衡表的储量分别占 83.37% 及 92.95%。勘探程度较高的金刚石矿床 $B+C_1$ 级储量占国家储量平衡表的 99%。俄罗斯正在开采的金刚石矿床的金刚石品位也高于国外金刚石矿山的品位。

俄罗斯西北联邦区的阿尔汉格尔斯克州目前已发现 2 个原生金刚石矿床，即罗蒙诺索夫金刚石矿床（金刚石储量占俄罗斯总储量的 16.1%）和格里布金刚石矿床（金刚石储量占俄罗斯总储量的 5.3%）。同时阿尔汉格尔斯克州金刚石远景资源潜力巨大，已核准的金刚石预测资源总量为：P_1 级 $4\,500\times10^4$ ct、P_2 级 $2\,000\times10^4$ ct、P_3 级为 $74\,200\times10^4$ ct。

俄罗斯西伯利亚联邦区的伊尔库茨克州、萨哈共和国目前发现有大量不具有工业意义的金刚石矿化点，如伊尔库茨克州见有含少量金刚石的钾镁煌斑岩类，以及金伯利岩岩筒等。虽然如此，但是许多地质学家仍认为该区域金刚石远景资源潜力甚大，原因是一系列的区域地质研究结果表明，本区域发育一系列金伯利岩岩田级的含金刚石远景区，规模巨大。同时，资源潜力评价的结果也证明了这一论断，如伊尔库茨克州金刚石 P_3 级预测资源量 $21\,200\times10^4$ ct；克拉斯诺亚尔斯克边疆区的金刚石 P_3 级预测资源量为 $40\,500\times10^4$ ct，萨哈共和国 P_3 级预测资源量为 $30\,500\times10^4$ ct。

近 10 年来，俄罗斯金刚石新增加的储量与产量之间存在不相适应的趋势，即储量的减少没有及时得到补偿。例如，近 5 年俄罗斯金刚石储量的增长如下：2010～2014 年储量分别增长 500×10^4 ct、$2\,970\times10^4$ ct、$3\,050\times10^4$ ct、$1\,603\times10^4$ ct、$2\,540\times10^4$ ct。而这一期间每年开采金刚石为 $3\,400\times10^4$ ct～$3\,700\times10^4$ ct。

总体上看，俄罗斯最有远景的金刚石成矿远景区位于萨哈共和国的北极地带，2015 年，在该地区圈定了科雅里梅尔（Кялимярское）金伯利岩田，在上尼克倍特地区见有 2 个金伯利岩岩筒的环形火山口，表明雅库特的北极带可能存在三叠纪金伯利岩型原生金刚石矿床。评价上尼克倍特地区的 P_2 级资源量为 $7\,800\times10^4$ ct。评价尼克倍特河谷金刚石砂矿的 P_1 级资源量为 797 300 ct，P_2 级资源量为 677 040 ct，P_3 级资源量为 940 640 ct。

目前在勒拿-阿纳巴尔成矿省发现有含金刚石砂矿，但至今尚未找到原生金刚石矿床，因此该地区也应给予重视。

12.3 俄罗斯铜矿的发展前景

俄罗斯铜矿资源丰富，根据俄罗斯国家储量平衡表，截至 2015 年，俄罗斯保有铜储量达 91.9×10^6 t（表 12.3），铜产量为 87.81×10^4 t，分居世界第三位和第六位。俄罗斯共有 164 个铜矿床列入国家储量平衡表，其中 103 个铜矿床拥有表内储量，而且这些矿床规模均比较大。

表 12.3 俄罗斯铜矿的储量与预测资源量表（Ivanov et al, 2016）

类别	储量/$\times 10^6$ t			列入储量平衡表的储量百分数/%			预测资源量/$\times 10^6$ t		
	A+B+C$_1$	C$_2$	A+B+C$_1$+C$_2$	A+B+C$_1$	C$_2$	A+B+C$_1$+C$_2$	P$_1$	P$_2$	P$_3$
铜	68.5	23.4	91.9	91.1	89.6	90.7	12.4	22.8	36.5

俄罗斯的铜矿床按照成因类型划分，主要为铜镍硫化物型矿床、铜-黄铁矿型矿床、砂岩型铜矿床、斑岩型铜矿床。铜-镍硫化物型矿床是俄罗斯最重要的铜矿床类型，主要分布在俄罗斯的克拉斯诺亚尔斯克边疆区、卡累利阿共和国，储量占俄罗斯铜总储量的 1/3；其次为铜-黄铁矿型矿床，主要分布于巴什科尔特托斯坦共和国、斯维尔德洛夫斯克州、车里雅宾斯克州和奥伦堡州，储量占俄罗斯铜总储量的 1/5；砂岩型铜矿床主要指外贝加尔边疆区的乌多坎铜矿，其储量超过 $2\,000 \times 10^4$ t，是世界上最大的砂岩型铜矿；俄罗斯的斑岩型铜矿床主要分布于车里雅宾斯克州、图瓦共和国、楚克奇自治区，代表性的矿床为别斯强卡铜矿床；其他如夕卡岩型铜矿床、铜-铁-钒型矿床及伴生铜矿储量均较小。

从俄罗斯铜的产量上看，近 94%来自铜-镍硫化物型及铜-黄铁矿型矿床。在 2005~2014 年，俄罗斯铜的产量增长较大，同一期间俄罗斯铜的储量变化也比较稳定，俄罗斯铜矿的开采量与储量的增长基本上处于平衡状态（国土资源部信息中心，2015）。

从俄罗斯目前的铜矿储量和资源量来看，俄罗斯铜矿的资源保障情况较好，可保证长期开采。例如，超大型的乌多坎含铜砂岩型铜矿床的储量可保障开采 75 年。一系列大型铜矿床，如图瓦共和国的阿克-苏格铜矿床、楚克奇自治区的别斯强卡铜矿床、达吉斯坦共和国的吉泽尔-杰尔（Кизил Дер）矿床等，均为重要的铜矿资源后备基地（图 12.2）。

从俄罗斯的铜预测资源量上看，根据俄罗斯全俄地质矿产研究所 2015 年的资料，虽然俄罗斯铜矿的预测资源量为 $7\,170 \times 10^4$ t（表 12.3），但是其中 P$_1$ 级预测资源量为 $1\,240 \times 10^4$ t，仅占俄罗斯铜全部储量的 13.5%，远远不足以弥补铜矿基地扩大生产的需求。

俄罗斯最主要的铜矿资源基地位于南-乌拉尔地区（图 12.2）的巴什科尔托斯坦共和国、车里雅宾斯克州和奥伦堡州，目前该地区有 11 处铜矿床正在开采，这些铜矿床以铜-黄铁矿型、铜-斑岩型为主［主要为希拜（Сибайское）、乌恰林和加伊斯克矿床］。近年来，南-乌拉尔地区铜产量占全俄铜总产量的 30%以上。上述 3 个矿床的保有储量保障程度达 47 年，但是其他正在开采的矿山保有储量仅为 1~5 年。

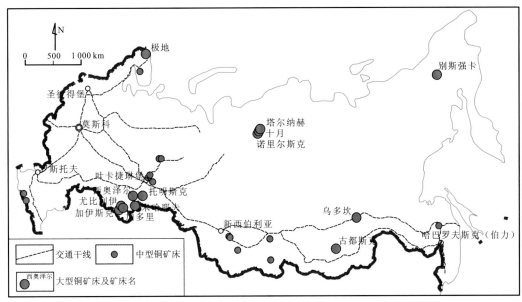

图 12.2　俄罗斯主要铜矿床分布图（Лазарев и др., 2012 ）

　　应当指出，南-乌拉尔地区的 P_1+P_2 级预测资源量还是十分可观的，达 $516.3×10^4$ t。南-乌拉尔地区还是具有相当大的铜矿勘查与开发潜力。

　　近年来，在南-乌拉尔地区的西-马格尼托戈尔斯克构造-建造带，发现了 6 处铜-锌矿化区，评价其铜预测资源量为 $340×10^4$ t、锌预测资源量为 $620×10^4$ t。其中新彼得罗夫（Новопетровское）矿化区见有细脉浸染状和致密块状的工业品位铜-锌矿石，并伴有金、银元素，该矿化区的 P_1 级铜预测资源量为 $30×10^4$ t、P_1 级锌预测资源量为 $60×10^4$ t，P_2 级铜预测资源量为 $50×10^4$ t、P_2 级锌预测资源量为 $90×10^4$ t。

　　南-乌拉尔地区的斑岩型铜矿床也是重要的铜矿后备基地。该区已发现米赫耶夫铜矿床，探明铜储量为 $148.84×10^4$ t（平均品位为 0.44%），托姆宁矿床探明铜储量为 $153.65×10^4$ t（平均品位为 0.47%）。此外，南-乌拉尔地区有 4 个研究程度较高的矿化点 [泽连诺多里（Зеленодольское）、萨拉瓦特（Сараватское）、沃兹涅辛（Вознесенское）、铜山（Медногорское）]，萨拉瓦特铜矿点适合露天开采，其 P_1 级资源量为 $99.3×10^4$ t（平均品位为 0.48%），泽连诺多里铜矿点的 P_1 级资源量为 $41.1×10^4$ t（平均品位为 0.58%），且伴生金 17.4 t。

　　除了南-乌拉尔地区，俄罗斯楚克奇自治区、图瓦共和国、滨海边疆区和哈巴罗夫斯克（伯力）边疆区近年来发现的斑岩型铜矿化区也可以成为俄罗斯重要的铜矿后备基地。铜矿床中如：别斯强卡铜矿床铜储量达 $373.07×10^4$ t（平均品位为 0.83%），阿克-苏格铜矿床铜储量达 $363.31×10^4$ t（平均品位为 0.67%）。铜矿化中如：奥里霍夫（Орьховское）铜矿点的 P_1 级预测资源量为 $35×10^4$ t，P_2 级预测资源量为 $200×10^4$ t；楚克奇自治区的玛连（Моренное）铜矿点，P_1 级预测资源量为 $50×10^4$ t，$P2$ 级预测资源量为 $70×10^4$ t；滨海边疆区的拉苏尔（Лазурное）铜矿点，P_1 级预测资源量为 $35×10^4$ t，P_2 级预测资源

量为 65×10^4 t。上述铜矿点都是俄罗斯远东地区大型铜矿资源的后备基地。

此外还有俄罗斯哈巴罗夫斯克（伯力）边疆区的黑龙江下游斑岩型金-铜远景区。该区铜矿床在成因上与晚白垩世闪长岩-花岗闪长岩紧密相关。在该区域内发现的玛尔梅日斑岩型金-铜矿床的 C 级铜储量为 55.98×10^4 t，C 级金储量为 292 t，P_1 级铜预测资源量为 42.64×10^4 t，P_1 级金预测资源量为 191 t，铜和金的储量规模均达到大型。该区域还有大量的类似的斑岩型金铜矿点，如玛拉赫特（Малахитовое）、帕尼-姆林（Пони-Мулинское）、阿博尔（Оборское）等，同样具有巨大的资源潜力。

综上所述，俄罗斯不仅铜矿的储量较大，同时预测资源量也很丰富，且集中在几个主要的铜矿集区。虽然俄罗斯整体铜资源保障程度较好，但是俄罗斯的铜矿基地也存在着一些结构性问题。首先，俄罗斯主要的铜开采基地如南-乌拉尔等地正在开采的铜矿山保有储量不足，一般仅可保证开采 5～10 年；其次，俄罗斯已勘探的储量较大的后备铜矿床主要分布于基础设施不发达地区（如乌多坎、别斯强卡等铜矿床）（李华，2012）；最后，俄罗斯后备铜矿床或者铜矿体赋存深、品位与国外同类矿床相比品位较低（如巴多里、尤比列伊、新-乌恰林等铜矿床），导致开发复杂、困难。这些应是矿产资源开发者首先要注意的问题。

12.4　俄罗斯铅锌矿的发展前景

俄罗斯的铅锌矿资源在世界上占据着主要的位置，俄罗斯锌的储量居世界第一位，铅的储量居世界第三位（表 12.4）（Мигачев и др.，2008）。俄罗斯铅、锌的产量除了可满足俄罗斯国内市场的需求外，还可以出口到一些发达国家。俄罗斯在 2004～2014 年锌、铅储量及产量的变化动态表明，俄罗斯的铅锌储量有下降的趋势，特别是高级别的 A+B+C_1 级储量与 C_2 级储量相比较更明显（国土资源部信息中心，2015）。

表 12.4　俄罗斯铅锌矿的储量与预测资源量表

类别	储量/$\times 10^6$ t			列入储量平衡表的储量百分数/%			预测资源量/$\times 10^6$ t		
	A+B+C_1	C_2	A+B+C_1+C_2	A+B+C_1	C_2	A+B+C_1+C_2	P_1	P_2	P_3
锌	41.7	18.6	60.3	89.7	90.4	89.9	10.7	19.9	64
铅	12.3	71.5	19.4	87.3	84.4	86.2	28.6	75.9	28.4

截至 2016 年，俄罗斯锌的总储量为 60.3×10^6 t（表 12.4），其中 66.7% 的储量来自 46 个大型锌矿床（图 12.3）；俄罗斯铅的总储量为 1.94×10^6 t（表 12.4），其中 80.8% 的储量来自 44 个大型铅矿床（图 12.3）。俄罗斯的铅锌储量主要分布在西伯利亚地区。2014 年俄罗斯铅和锌的产量分别为 23.9×10^4 t 和 35.25×10^4 t。目前，俄罗斯已开发的铅锌矿床仅占铅锌矿床总数的小部分，大部分铅锌矿床有待开发。

根据俄罗斯全俄地质矿产研究所 2015 年的资料，俄罗斯锌的预测资源量达

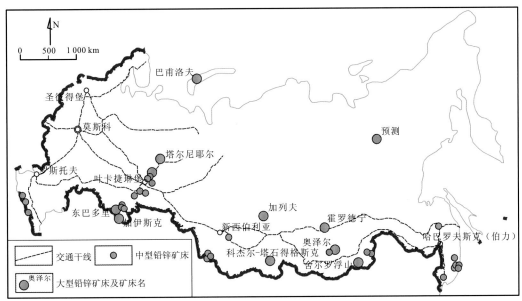

图 12.3　俄罗斯主要铅锌矿床分布图（Лазарев и др.，2012）

$94.6×10^6$ t，铅的预测资源量达 $132.9×10^6$ t（表 12.4）。俄罗斯铅锌的预测资源量同样主要集中在西伯利亚地区。

在俄罗斯的锌铅预测资源量中，属于预测资源量大，基础设施比较完善、矿山开发企业比较集中的主要为阿尔泰、滨额尔古纳、安加拉-大皮特及萨拉伊尔山脊区等成矿带（图 12.3）（Ivanov et al.，2016b）。

阿尔泰成矿带（阿尔泰边疆区）：该区西南部与哈萨克斯坦接壤，属于大型的多金属（铜、铅、锌，伴生金、银）成矿带，为俄罗斯著名的有色金属冶金原料基地。目前该成矿带已获准开采的 A+B+C_1 级矿石总储量为 $2844.3×10^4$ t（金属量中铅为 $76.77×10^4$ t、锌为 $285.57×10^4$ t、铜为 $43.46×10^4$ t、金为 18 t、银 1 723.5 t）。未开发的多为中小型多金属矿床，如扎哈罗夫（Захаровское）、拉祖尔、五月、彼得罗夫、希缅诺夫（Семеновское）、斯列德聂伊（Среднее）及尤比列伊矿床等，未开发矿床的矿石总储量为 $2409.6×10^4$ t（金属量中铅为 $59.16×10^4$ t、锌为 $129.66×10^4$ t、金为 22.6 t）。阿尔泰成矿带的斯杰普、查烈琴斯克、卢波措夫等矿山的保有储量仅可保证开采 1.5～6 年。而准备开采的卡尔巴里欣斯克多金属矿床的保有储量也仅保证开采 22 年。

阿尔泰成矿带最有前景的预测区为兹梅伊诺格尔（Змеиногорское）预测区，可划分为兹梅伊诺格尔-别列佐夫格尔（Змеиногорско-Березовогорское）、维列苏欣-科米萨罗夫（Вересухинско-Комиссаровское）、新库兹涅佐夫（Новокузнецов）及拉祖尔等远景区。其中兹梅伊诺格尔-别列佐夫格尔远景区研究程度最高，该远景区又可以划分出彼得罗夫、东-五月、中央-别列佐夫格尔、格罗温-甘科夫（Головинско-Ганьковское）及普里维特（Привет）等远景亚区。兹梅伊诺格尔-别列佐夫格尔远景区的 P_1+P_2 级预测资源量为：矿石 $12650×10^4$ t、铜 $45.97×10^4$ t、铅 $104.85×10^4$ t、锌 $347.33×10^4$ t、金 53.6 t、银 1 241 t（Ivanov et al.，2016a）。

滨额尔古纳成矿带：该成矿带是俄罗斯最有潜力的金-银-多金属成矿带。该成矿带已获准开采的 A+B+C$_1$ 级矿石总储量为 6 671×10^4 t（金属量中铅为 41.36×10^4 t、锌为 37.27×10^4 t、铜为 3.2×10^4 t、金为 16.8 t、银为 2 058.8 t）。未开发的矿床主要有阿尔加琴（Алгачинское）、布拉格达特（Благодатское）、瓦兹德维任（Воздвиженское）、十月（Октябрьское）、北-阿卡图耶夫（СевероАкатуевское）、萨温-5（Савинское-5）、波克罗夫斯克（Покровское）、斯帕斯（Спасское）等矿床，其矿石总储量为 2 372.6×10^4 t（金属量中铅为 45.71×10^4 t、锌为 36.75×10^4 t、金为 3.6 t、银为 315.1 t）。2014 年，仅诺伊奥-塔拉戈和新-石罗京 2 个多金属矿床进行了开采,其中诺伊奥-塔拉戈矿山其保有储量可保证开采年限不超过 12 年，而新石罗京矿床的保有储量也与之相类似。滨额尔古纳成矿带铅、锌矿床的保有储量的开采年限不高。

滨额尔古纳成矿带的地质勘探研究结果表明，沙赫塔明（Шахтоминское）矿区的亚历山大罗夫-扎沃德西南边缘的火山-构造低地（曼科夫地段）和克林盆地为区域重要的多金属矿化远景区；多宁（Донинское）矿区的盆地边缘（达诺村之东）、卡尔古坎（Калгуканское）矿区火山构造带的西南部和东北部、雅夫列（Явленское）矿区的火山-构造低地均为重要的铅、锌成矿远景区。

安加拉-大皮特成矿带：苏联时期该成矿带就已经成为著名的有色金属原料基地，典型矿床如加列夫锌-铅矿床，铅 A+B+C$_1$ 级储量为 490.64×10^4 t、锌为 93.5×10^4 t、银为 3 861.2 t。2014 年开采铅 17.7×10^4 t、锌 3.31×10^4 t、银 139 t。虽然该矿床拥有巨大的保有储量，但由于矿床的大部分位处安加拉河之下，对矿床后续的开发造成一定的困难。近年来的研究成果表明，在安加拉地区具有发现巨型铅-锌矿床的潜力。目前，安加拉地区完成的资源评价结果表明，该地区铅的 P$_3$ 级资源量为 370×10^4 t、锌的 P$_3$ 级资源量为 750×10^4 t。俄罗斯专家预测在该地区开展地质勘探工作，可能会发现 2～3 个富品位的铅、锌、银矿床。

萨拉伊尔成矿带：这是一个多金属成矿带，也是一个金成矿带。本成矿带已获准开采的 A+B+C$_1$ 矿石总储量为 1 600.7×10^4 t（金属量中铅为 6.6×10^4 t、锌为 40.62×10^4 t、铜为 6.77×10^4 t、金为 20 t、银为 233.1 t）。未开发的矿床有新-乌尔（Ново-Урское）、别露克雷切夫（Белоключевское）及萨姆伊罗夫（Самойловское）等，矿石总储量达 2 953.2×10^4 t（其中铅 2.98×10^4 t、锌 79.33×10^4 t、金 22 t、银 379.4 t）。根据全俄地质矿产研究所的预测资源量评价，该成矿带锌的预测资源量为 449.7×10^4 t，铅的预测资源量为 60.77×10^4 t，铜为 113.8×10^4 t。萨拉伊尔成矿带的萨拉伊尔（Салаирское）矿区及南-萨拉伊尔（Южно-Салаирское）矿区是最有远景的区域。

从整体上看，俄罗斯的铅锌矿总储量按当前的开发水平可保证开采 50～75 年。但从俄罗斯铅锌矿床的空间分布特征及矿石的质量上看，俄罗斯的铅锌矿产基地仍然存在一系列的问题，主要表现在俄罗斯大部分的铅锌矿床分布于交通欠发达的边远地区、缺少开发矿床的基础设施，此外，一些大型铅锌矿床的矿石质量低、产出深度大、选矿工艺复杂，这些都是当前开发俄罗斯铅锌矿床需要解决和考虑的问题。

12.5　俄罗斯铀矿的发展前景

俄罗斯具有丰富的铀矿资源，与我国相毗邻。同时，俄罗斯地广人稀，铀矿资源消费总量增长有限。俄罗斯资源的勘查开发程度低，尤其是西伯利亚及远东地区，具有极大的铀矿资源潜力。综合考虑各国铀矿资源情况、投资环境及自身的铀矿需求，俄罗斯是我国铀矿对外投资的第一类候选国（闫强 等，2011）。因此，研究俄罗斯铀矿的开发利用现状及未来的资源潜力、发展前景具有重要意义，以期为我国企业投资俄罗斯的铀矿市场提供参考。

俄罗斯是世界上几个主要铀矿资源大国之一，截至 2015 年，俄罗斯共发现 59 处铀矿床，总储量达 72.35×10^4 t，位居世界第三位，产铀 7 800 t，是世界第五大产铀国（Machkovtsev，2016a）。

俄罗斯的铀矿主要分布在乌拉尔山、外贝加尔和萨哈东南部地区（图 12.4）。按照成因类型划分，俄罗斯铀矿床主要可以分为交代岩型、火山岩型、不整合面型及砂岩型铀矿床（Machkovtsev，2016b）。

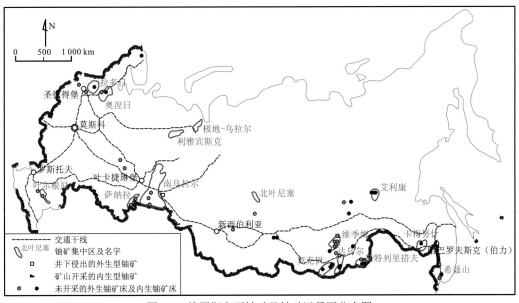

图 12.4　俄罗斯主要铀矿及铀矿远景区分布图

据 2012 年俄地质矿产研究所米罗诺夫数据整理

交代岩型铀矿床：一般多分布于地盾区和中间地块，形成于结晶基底或地台盖层的沉积-变质岩中。矿体多呈脉状、网脉状、似层状，矿床规模大小不一，可形成巨型铀矿床，该类型矿床还可分为金-铀型、硫化物-铀型、磷-铀型等几种亚类型。俄罗斯此类矿床最具代表性的为萨哈共和国的艾利康铀矿集中区的金-铀矿床（图 12.4），其铀储量达 38×10^4 t，属于世界级大型铀矿床。该矿床的铀储量占俄罗斯总储量的 50%以上，共划分 11 个区段。目前艾利康矿床已颁证获准开发。

火山岩型铀矿床：俄罗斯此类型铀矿床有东外贝加尔的斯特列里措夫、图鲁库也夫（Тулукуевское）、安台伊（Антей）、额尔古纳（Аргунское）矿床等，远东的拉斯托奇卡（Ласточка）、斯维特（Светлое）、斯卡里（Скальное）矿床等（图 12.4）。一般多产于褶皱带的火山-构造带的火山岩盆地（低地）中，属远程热液、多期火山作用的产物。围岩多为喷出岩及次火山岩侵入体，矿体多出现于陡倾斜的古火山口中，多呈脉状、网脉状。火山岩型铀矿床储量约占俄罗斯的 1/4。矿床规模以中、大型为主，局部可出现富矿体。俄罗斯火山岩型铀矿床规模最大的是斯特列里佐夫铀矿床，同时也是世界上最大的火山岩型铀矿床。该矿床自 20 世纪 50 年代中期开发以来，一直是俄罗斯主要的铀原料来源地，至今其产量仍占全俄总产量的近 70%。

不整合面型铀矿床：一般多产出于太古宙、元古宙结晶基底与里菲纪地台盖层之间的区域不整合面。在俄罗斯多个地方发育，但规模较小，目前仅发现有少量小型铀矿床，如波罗的地盾北滨拉多若地区的卡拉克（Карк）铀矿床，近萨彦岭的斯托尔博夫（Столбовое）及安萨赫（Ансах）矿床，以及滨贝加尔北部的切珀克（Чепок）矿床等。储量不大，均未开采。

砂岩型铀矿床：一般多产出于中-新生代古河谷底部或剥蚀面，矿体多呈层状、透镜状。砂岩型铀矿床广泛分布于俄罗斯的外乌拉尔地区[达尔玛托夫（Дарматовское）矿床、侯赫罗夫（Хохловское）、德布罗沃里（Доброволь）矿床]、布列亚地区[希阿格丁（Хиагдинское）矿床、维尔申（Вершинское）矿床、德布岚（Дыбрынское）矿床等地]、乌拉尔地区[萨纳尔（Санарское）矿床、科特里可夫（Котликовское）矿床等地]和卡尔梅克地区[巴尔科夫（Барковское）矿床]。该类型铀矿床的储量占俄罗斯铀总储量的 1/10。目前,库尔干州的达里尔有限公司采用地下浸出法开采达尔玛托夫矿床和霍赫洛夫矿床。

此外，在俄罗斯的叶尔根宁地区，分布有铀-磷-稀土型铀矿床，产于大陆架与深水海槽的过渡带，围岩为渐新统灰-黑色黏土层，含鱼类骨骼碎屑。铀矿化多分布于鱼类骨骼碎屑岩层中，一般矿石含铀品位较贫，该类型铀矿床多为中-小型矿床，代表性的矿床有斯切普（Степое）、莎尔格代克（Шаргадыкское）、巴格罗克（Богородское）等铀矿床。

从矿床类型上看，俄罗斯铀矿以交代岩型和火山岩型最为重要，储量占俄罗斯铀总储量的近 80%。近年来，俄罗斯相继发现了一些砂岩型铀矿床，显示该类型矿床也具有很大的远景。

从矿床分布上看，俄罗斯近 90% 的铀矿储量位于西伯利亚的外贝加尔地区和远东的萨哈南部地区，靠近中国东北。并且，俄罗斯的大型铀矿床基本未开采，正处于勘探或准备开采阶段（表 12.5）。

根据俄罗斯有关单位的预测，俄罗斯铀矿的预测资源量达 226.4×10^4 t，但是其中高级别的 P_1 级资源量仅为 15×10^4 t，高级别的后备资源严重不足，显示俄罗斯的铀矿地质工作程度低（Miguta et al., 2016）。俄罗斯重要的铀远景区主要有 15 处（图 12.4，表 12.6），其中最重要的是艾利康、维季姆和斯特列里措夫 3 个铀远景区。

表 12.5 俄罗斯主要铀矿床储量及开发情况

序号	矿床名	储量/10^4 t	规模	开发状态	所属企业	分布区域
1	库伦格	5.49	大型	准备开发		
2	艾利康台	6.24	大型	准备开发		
3	友谊	9.59	大型	勘探	艾利康采冶联合体 封闭式股份公司	艾利康铀矿集中区
4	禁行	4.22	大型	勘探		
5	北方	6.16	大型	勘探		
6	艾利康	4.03	中型	勘探		
7	阿尔贡斯克	3.75	大型	准备开发	滨阿尔贡工业矿业 和化学联合体开 放式股份公司	斯特列里措夫铀矿 集中区
8	斯特列里措夫	6	大型	开采		
9	十月	1.9	中型	开采		
10	斯切普	1.55	中型	未开采	—	叶尔根宁地区

资料来源：据 2016 年俄罗斯国家储量平衡表数据整理

表 12.6 俄罗斯主要铀远景区铀金属预测资源量（>5×10^4 t）

序号	铀矿集中区或远景区名	P_{1+2} 级资源量/10^4 t	P_3 级资源量/10^4 t
1	拉多日	2.2	5
2	叶尔根尼	2.4	3
3	南乌拉尔	6.5	4.5
4	北叶尼塞	5.2	0.2
5	契克伊	6.2	1
6	维季姆	9.8	24.5
7	斯特列里措夫	11.3	9
8	艾利康	36.1	5

资料来源：据 2012 年俄地质矿产研究所米罗诺夫数据整理

按照远景区的主要铀矿成矿类型看，俄罗斯艾利康远景区的交代岩型铀矿预测资源量最大，高达 $41×10^4$ t。但该矿床自 2010 年以来，由于开发环境和基础设施较差、矿床含铀品位不高、矿体产出层位深等，开采一直不顺利。

火山岩型的斯特列里佐夫地区的铀矿预测资源量为 $20.3×10^4$ t，目前已建成了俄罗斯最大的铀生产基地，基础设施好。该类型矿床除了斯特列里佐夫地区外，在莎曼低地北部及塔尔巴里扎伊火山-构造带也比较发育，其远景资源量在 $8×10^4$ t 以上。

俄罗斯的不整合面型铀矿床整体储量不大，但其预测资源量达 $65.31×10^4$ t，是俄罗斯最有前景的铀矿床类型之一。在东-西伯利亚地台南部的边缘地带（北叶尼塞），发育不整合型铀矿床，近年来，在该地区开展的一系列普查工作发现了一系列的小型铀矿化，但都不具有工业意义。在东-西伯利亚地台西南部边缘的尚谷列日地区，2015 年开展了铀矿地质普查工作，在尚谷列日地区的斯托尔布铀矿床附近发现了巨大的、北西走向的罗旭科夫含铀矿化构造带，其中见有 4 条近平行的铀矿带，初步评价尚谷列日地区铀矿预测资源量为 13.23×10^4 t。

俄罗斯砂岩型铀矿床的预测资源量为 48.4×10^4 t，是俄罗斯当前最有前景同时关注度也最高的铀矿床类型之一，主要集中在维季姆地区。俄罗斯古河谷砂岩型铀矿床的普查工作主要集中于维季姆地区的阿玛拉特玄武岩高地的北缘，底部为元古代—早古生代基底，其中侵入有不同类型的花岗岩，特别是高放射性的淡色花岗岩，一系列的古河谷切割了元古代—早古生代基底，并上覆玄武岩盖层。在维季姆铀矿区的巴尔卡松地区，经铀矿地质普查工作评价铀资源量为 1.16×10^4 t，在巴尔卡松地区的西北向的库拉里克廷地区发现了一系列维季姆型的古河谷铀矿化，评价其铀资源量为 14×10^4 t。

在远东南部的阿穆尔-结雅盆地及黑龙江中游盆地砂岩型铀矿的资源潜力较大（Миронов и др.，2011），20 世纪后期，十月地质-地球物理勘探大队及塔也日地质勘探大队在该地区发现了层型氧化带，以及古河谷砂岩型铀矿床。在阿穆尔-结雅盆地的下-布列亚地区，2015 年开展了古河谷砂岩型铀矿普查工作，获得 P_3 级铀矿资源量为 9×10^4 t。在布列亚的叶拉夫宁地区开展地质普查找矿工作，并获得预测资源量 4.9×10^4 t。中国东北的东部地区与远东南部地区成矿地质条件可对比，具有找寻该类型矿床的前景。

从整体上看，俄罗斯铀矿资源基地主要分布于西伯利亚和远东地区，近 90%的铀矿资源量和 90%以上铀矿储量均位于上述 2 个地区。近年来，俄罗斯也加大了西伯利亚和远东地区的铀矿普查与勘查投入，取得了一系列的找矿成果。俄罗斯远东地区不只是现在，在未来很长一段时间都将是俄罗斯乃至世界最重要的铀矿资源基地。

苏联曾拥有世界最大的铀储量和各类铀加工设施，但苏联解体后，俄罗斯仅拥有 1 处铀矿生产基地和少量铀储量。经过 20 余年的发展，俄罗斯目前拥有 7 处铀成矿区，59 处铀矿床，70 余万吨铀储量，200 余万吨铀资源量，重新成为世界铀大国。

近 10 年来，俄罗斯的铀勘探工作主要集中于西伯利亚和远东地区的艾利康、维季姆和叶尼塞等铀成矿区与远景区中，新获得 C 级铀储量超过 18×10^4 t（姚振凯 等，2017）。其中维季姆铀矿区主要为砂岩型铀矿床，可地浸开采相比较更具经济效益。

目前，俄罗斯计划在 2020～2030 年开发世界级的艾利康铀矿床，以及别列佐夫和格尔内矿床。艾利康到 2030 年铀矿床产能达到 3 000 t/a（Machkovtsev et al.，2016a）。

俄罗斯的铀矿开采主要集中在 5 家铀矿开采企业（表 12.7），其中艾利康采冶联合体和格尔内铀开采公司目前正在勘探阶段，并未开采。

俄罗斯近期计划进一步加强在布里亚特共和国维季姆地区的地质勘探，寻找并勘查克拉斯诺亚尔斯克边疆区马伊梅洽-阿纳巴尔地区和叶尼塞地区的不整合面型铀矿床。未来 10～15 年，俄罗斯将继续在外贝加尔、维季姆及后乌拉尔加大铀矿勘查及研究工作，在远东和东西伯利亚寻找和建立新的大型铀矿基地。

表 12.7　俄罗斯主要铀矿开采企业与加工企业

序号	开采企业	矿床	加工企业	位置
1	滨阿尔贡斯克工业矿业-化学联合体开放式股份公司	斯特列里措夫、十月、纪念、卢奇斯特、安捷伊、吐鲁库耶夫、阿尔贡斯克、热尔洛夫、小吐鲁库耶夫	水-金属冶炼厂	斯特列里措夫铀集中区
2	黑艾格达公司	黑艾格金斯克	实验工业设备厂	维季姆铀集中区
3	达鲁尔公司	达尔玛托夫、霍赫洛夫	实验工业设备厂	南乌拉尔铀集中区
4	艾利康采冶联合体封闭式股份公司	南方、北方、因节列斯内	艾利康采冶联合体	艾利康铀集中区
5	格尔内铀开采公司	别列佐夫、格尔内	格尔内铀开采公司	未开采

俄罗斯国家铀控股公司 2016 年产铀 7 884 t，比 2016 年略有上涨（表 12.8）。俄罗斯铀的用途主要用于核电站的反应堆燃料，俄罗斯目前核电站一年需 4 206 t 铀燃料。但是，核电站的铀除了来源于铀矿的开采外，还来源于二次铀供应（包括乏燃料循环利用、铀库存、核武器转化高浓缩铀），二次铀供应能满足世界核电站 40%的需求。而俄罗斯和美国拥有世界上最大的铀库存，特别是俄罗斯，其库存量相当于中东欧、中亚和西伯利亚 50 年的产量（国土资源部信息中心，2016），每年可向市场供应 13 600～18 100 t U_3O_8，因此在未来的一个时期内，俄罗斯铀供应属于供远大于求，随着俄罗斯相应大型铀矿床的开发，这一趋势还将扩大。

表 12.8　俄罗斯近年来铀生产情况　　　　　　　　　　（单位：t）

铀生产主体	2012 年	2013 年	2014 年	2015 年	2016 年
俄公司生产	7 600[*]	8 300[*]	7 850[*]	7 849	7 884
境外子公司	2 993	2 872	3 135	2 990	3 055

资料来源：角注数据来源于俄罗斯国家原子能集团公司. http://www.rosatom.ru/；除角注数据外，其他据世界能源信息服务数据整理

从自然地理和基础设施上看，中俄地理位置毗邻，俄罗斯部分地区铀矿勘查程度低，因此具有长期投资潜力。俄罗斯的基础设施区域性差异大，特别是铀矿资源丰富的东西伯利亚和远东地区较为落后，但俄罗斯的电力供应充足，水资源丰富，为铀矿的冶炼加工提供了很好的基础。

从社会经济条件上看，俄罗斯政局稳定，矿业法律完善，中俄政治关系良好，上海合作组织的银联合作机制对我国在俄罗斯投资矿业提供支持。近年来俄罗斯经济发展迟缓，铀矿资源供大于求，矿业经济低迷，是投资的好时机。

参 考 文 献

白丁，2005. 俄罗斯矿业现状. 世界有色金属，20（8）：55-61.

巴利亚索夫·维·别，2007. 俄罗斯非金属矿原料资源概述. 戎培康，译. 中国非金属矿工业导刊，60（2）：57-60，66.

巢华庆，等，1998. 俄罗斯大型特大型油气田地质与开发. 北京：石油工业出版社.

陈其慎，于汶加，张艳飞，等，2016. "一带一路"矿业与冶炼加工产业产能合作建议国别指南 2016. 北京：国土资源部中国地质调查局.

陈正，王靓靓，金玺，2010a. 俄罗斯远东固体矿产资源找矿远景区研究. 中国地质学会科技情报专业委员会第二届学术研讨会论文集：117-121.

陈正，云飞，肖伟，等，2010b. 蒙古国南部几处重要金属矿床成矿理论研究与找矿勘查工作进展. 地球学报，31（3）：450-457.

段德炳，郝晓华，2001. 俄罗斯有色金属矿产介绍. 世界有色金属，16（12）：21-26.

国土资源部信息中心，2015. 世界矿产资源年评. 北京：地质出版社.

国土资源部信息中心，2016. 世界矿产资源年评. 北京：地质出版社.

郭艳玲，2008. 俄罗斯矿产资源现状. 矿业快报，476（12）：9-11.

韩丕兰，2010. 俄罗斯有色金属矿产资源及有色冶金工业. 上海有色金属，31（2）：94-97，99.

韩九曦，连长云，元春华，等，2013. 蒙古国地质矿产与矿业开发. 北京：地质出版社.

何金祥，2015. 俄罗斯矿产工业与矿业投资环境. 国土资源情报，16（9）：45-50.

侯吉礼，马跃，李术元，等，2015. 世界油页岩资源的开发利用现状. 化工进展，34（5）：1183-1190.

侯万荣，聂凤军，江思宏，等，2010a. 蒙古国博洛大型金矿区花岗岩 SHRIMP 锆石 U-Pb 测年及地质意义. 地质学报，31（3）：322-331.

侯万荣，聂凤军，江思宏，等，2010b. 蒙古国查干苏布尔加大型铜-钼矿床地质特征及成因. 地球学报，31（3）：267-288.

江思宏，聂凤军，苏永江，等，2010a. 蒙古国额尔登特特大型铜-钼矿床年代学与成因的研究. 地球学报，31（3）：288-289.

江思宏，聂凤军，苏永江，等，2010b. 蒙古国图木尔廷敖包大型锌矿床地质特征及成因. 地球学报，31（3）：289-321.

江思宏，孙朋飞，白大明，等，2017. 中东欧地区地质矿产特征及找矿潜力. 地球科学与环境学报，39（1）：1-15.

蒋志文，1979. 西伯利亚地台前寒武系—寒武系过渡地层的软舌螺类和有疑问的生物化石. 国外前寒武纪地质，2（3）：71-76.

姜哲，单久库，利连祺，等，2015. 蒙古国矿产资源调查研究报告. 哈尔滨：黑龙江省地质科学研究所：10-50.

李德安，孙永强，薛友兵，2006. 西伯利亚地台的古代含油气沉积. 石油仪器，30（2）：52-54，58.

李华，杨恺，2012. 俄罗斯矿产资源现状及开发. 中国煤炭地质，24（12）：69-72.

李同升，李献波，李青阳，2008. 西伯利亚自然资源及其开发潜力. 干旱区地理，31（6）：966-971.

李晓妹，梅燕雄，乔磊，等，2017. 蒙古国矿业投资风险与合作前景. 中国矿业，26（11）：74-79.

米兰诺夫斯基 E E，2010. 俄罗斯及其毗邻地区地质. 陈正，译. 北京：地质出版社.

木永，2016. 外商直接投资对蒙古国矿产业发展的影响研究. 西安：西北师范大学.

莫耀支，1990. 东欧地台及其边缘区的前寒武纪地质年代表. 国外前寒武纪地质，13（2）：51.

聂凤军，江思宏，白大明，等，2010a. 蒙古矿产勘查与开发现状评述. 地质评论，56（1）：105-113.

聂凤军，江思宏，白大明，等，2010b. 蒙古国南部及邻区金属矿床类型及其时空分布特征. 地球学报，
　　31（3）：267-288.

邱瑞照，韩九曦，陈正，等，2012. 朝鲜、蒙古、俄罗斯矿产资源投资指南. 北京：中国地质调查局发
　　展研究中心.

田文，1990. 东欧地台太古宙绿岩带基底的发育和结构的主要特征. 国外前寒武纪地质，13（4）：94.

唐金荣，金玺，纪忠元，2011. 俄罗斯矿物原料基地存在的问题及对策. 国土资源情报，12（4）：33-39.

孙明道，2013. 中国东北佳木斯地块及邻区晚中生代岩浆作用和构造意义. 杭州：浙江大学.

松江，2008. 俄罗斯金属矿产概况. 国土资源情报，9（7）：36-38.

陶高强，2012. 西伯利亚地台里菲系—寒武系油气成藏规律分析. 长春：吉林大学.

徐晟，张孟伯，张桂平，2014. 俄罗斯地质与矿产资源及重要地学文献资料集成. 北京：地质出版社：
　　6-14.

晓民，原志军，2009. 俄罗斯北极区域的金属矿产资源. 世界有色金属，24（8）：72-73.

姚振凯，范立亭，黄宏业，2017. 俄罗斯铀矿地质工作新进展. 世界核地质科学，34（4）：194-199.

闫强，王安建，王高尚，2011. 铀矿资源概况与 2030 年需求预测. 中国矿业，20（2）：1-5.

杨申，1958. 苏联及其邻区大地构造图说明书（比例尺：1：5000000）. 常承法，吴凤鸣，译. 北京：科
　　学出版社.

杨歧焱，吴庆举，宋键，等，2015. 蒙古-贝加尔裂谷区深部结构研究进展综述. 地球物理学进展，30（4）：
　　1554-1560.

叶锦华，陈正，叶锦族，2010. 中俄主要固体矿产资源潜力比较研究. 中国国土资源经济，23（8）：9-13.

于波，朱丽娜，郭卫江，2015. 蒙古国煤炭资源及其开发条件. 山东工业技术，34（16）：55-56.

中国地质调查局发展研究中心，2007. 应对全球化：全球矿产资源信息系统数据库建设之六（亚洲卷：
　　蒙古）. 北京：中国地质调查局发展研究中心：7-8.

中国地质调查局发展研究中心，2009. 应对全球化：全球矿产资源信息系统数据库建设之十五（亚洲卷：
　　俄罗斯）. 北京：中国地质调查局发展研究中心：158-190.

朱伟林，王志欣，宫少波，等，2012. 俄罗斯含油气盆地. 北京：科学出版社.

АПЕКСЕЕВ М Н，2001. 俄罗斯陆架的矿产资源. 朱佛宏，译. 海洋地质动态，20（6）：14-15.

ДМИТРИЕВСКИЙ А Н，2006. 俄罗斯陆架区油气资源的开发前景. 朱佛宏，译. 海洋地质动态，25（3）：
　　34-35.

ARAKCHEEV D B，CHESALOV L E，2016. Integrated fund of geological information on subsurface
　　resources：perspectives of creation. Разведка и охрана недр（9）：70-74.

BYKHOVSKIY L Z，POTANIN S D，KOTELNIKOV E I，2016. Prospects and Priority development mineral potential of rare earths and scandium raw Russia. Разведка и охрана недр（8）：3-8.

CHEN N H C，ZHAO G C，JAHN B M，et al.，2016. Geochemistry and geochronology of the Delinggou Intrusion：implications for the subduction of the Paleo-Asian Ocean beneath the North China Craton. Gondwana research，43：178-192.

CHERNOVA A D，2016. The review of foreign projects exploration and development project，aimed at reproduction MSB platinum group metals. Разведка и охрана недр（8）：8-13.

DEJIDMAA G，BUJINLKHAM B，et al.，2001. Distribution map of deposits and occurrences in Mongolia （at the scale 1：1，000，000）.

DERGUNOV A B，2001. Tectonics，magmatism，and metallogeny of Mongolia. London：Routledge：286.

DIDENKO A N, EFIMOV A S, NELYUBOV P A, et al., 2013. Structure and evolution of the earth's crust in the region of junction of the Central Asian Fold Belt and the Siberian Platform: Skovorodino–Tommot profile. Russian geology and geophysics, 54(10): 1236-1249.

ERSHOVA E V，ZUBLYUK E V，KRISHTOPA O A，et al.，2016. Russian raw materials base of ferrous metallurgy. Разведка и охрана недр（9）：88-95.

IVANOV A I，VARTANYAN S S，CHERNYKH A I，et al.，2016a. The state and prospects of development of mineral resources of diamonds and gold of Russia. Разведка и охрана недр（9）：95-100.

IVANOV A I，VARTANYAN S S，CHERNYKH A I，et al.，2016b. The State and prospects of development of mineral resources of copper，zinc and lead Russia. Разведка и охрана недр（9）：100-106.

HAMIDULLIN V V，2016. The status of the mineral-raw materials base of the Volga Federal District and prospect of its development. Разведка и охрана недр（9）：20-23.

KAZANIN G S，IVANOV G I，ZAYATS I V，2016. Innovative technologies of mage-the potential for strengthening of mineral resources of The Arctic Shelf Russia. Разведка и охрана недр（9）：56-64.

KURBATOV I I，2016. Mineral and raw capacity of the Central Siberia. Разведка и охрана недр（9）：36-44.

LATSANOVSKIY I A，2016. The current state and development prospects of the solid minerals resource base in Republic of Sakha（Yakutia）. Разведка и охрана недр（9）：31-36.

LEKSIN N N，KANDAUROV P M，2016. Condition of minaral resources of the central federal disrict and main directions of her development. Разведка и охрана недр（9）：15-20.

LI J Y，2006. Permian geodynamic setting of Northeast China and adjacent regions：closure of the Paleo-Asian Ocean and subduction of the Paleo-Pacific Plate. Journal of Asian earth sciences，26（3/4）：207-224.

LOGVINOV M I，GORDEEV I V，MIKEROVA V N，et al.，2016. The coal resource base-the wealth of Russia. Разведка и охрана недр（9）：74-80.

MACHKOVTSEV G A，SVYATETSKIY V S，MIGUT，et al.，2016a. The formation and development of mineral resource base of uranium Ruaaia. Разведка и охрана недр（10）：17-24.

MACHKOVTSEV G A，MIGUTA A K，POLONYANKINA S V，et al.，2016b. Natural uranium availability of Russian nuclear industry-problems and prospects . Разведка и охрана недр（9）：80-88.

MALYUTIN E I，PRISCHEPA O M，VORONOVICH V N，et al.，2016. Raw material base of oil and gas of the North-West Federal District and prospect of its development. Разведка и охрана недр（9）：10-15.

MIGUTA A K，SHCHETOCHKIN V N，2016. Inferred resources of uranium of Russia. Разведка и охрана недр（7）：7-14.

NELYUBOV P A，MARGULIES L S，2016. Status and development prospects of raw mineral base of hydrocarbon of the Ruussian Far East. Разведка и охрана недр（9）：50-56.

PETROV O V，MOROZOVA F，SHISHKIN M A，et al.，2016. Geological study of Russian subsurface：state，prospects of expansion and development of mineral resources base in Russia. Разведка и охрана недр（9）：64-70.

RASPOPOV YU V，KOLOMENSKAYA V G，MAKARYUHA S V，2016. Mineral resources complex of the Southern Federal District. Разведка и охрана недр（9）：23-28.

RYLKOV S A，2016. Natural resources potenntial of the Ural Federal District. Разведка и охрана недр（9）：28-31.

SAVELEVA I L，2011. The Rare-earth metals industry of Russia：present status，resource conditions of development. Geography and natural resources，1（32）：65-71.

SHIMANSKIY V V，2016. Innovative Technological Directions of The Fgunpp <Geologorazvedka>-the Most Important Link In the Reproduction of The Mineral-Ore Base of The Country. Разведка и охрана недр（10）：3-7.

SMIRNOVA L，2012. Russian rare earths potential faces major obstacles. Industrial minerals，1（32）：12.

USGS，2017. Mineral commodity summodity. https：//minerals. usgs. gov /minerals /pubs /commodity /.

VOLOGIN V G，LAZAREV A V，2016. State and prospects of mineral complex Far East Federal District. Разведка и охрана недр（9）：44-50.

WILDE S A，2015. Final amalgamation of the Central Asian Orogenic Belt in NE China：Paleo-Asian Ocean closure versus Paleo-Pacific plate subduction: a review of the evidence. Tectonophysics：345-362.

АКИМОВА А В，СТАВСКИЙ А П，2013. Состояние и использование минерально-сырьевой базы алмазов，Минеральные ресурсы России. Экономика и управление（5）：144-149.

БАХУР А Е，КОРДЮКОВ С В，ЛЕБЕДЕВА М И，2014. Состояние и задачи лабораторно-аналитического обеспечения ГГР на редкие，редкоземельные и радиоакнтвные элементы. Разведка и охрана недр（9）：52-56.

БЕНЕВОЛЬСКИЙ Б И，2011. Состояние и пути развитня минерально-сырьевой базы благородхых и цветных метнллов России. Разведка и охрана недр（5）：29-36.

БЕНЕВОЛЬСКИЙ Б И，ГОЛЕНЕВ В Б，2013. Минерально-сырьевая база драгоценных металлов. Минеральные ресурсы России. Экономика и управление（5）：124-143.

БЕЛОНИН М Д，ГРИГОРЕНКО Ю Н，2005. Результаты и зффективность морсих геолого-разведочных работ на нефть и газ в России. Минеральные ресурсы России. Экономика и управление（2）：44-53.

БОЙКО А В，ВОЛОГИН В Г，2012. Минерально-сырьевой комплекс Дальне Востоного ФО. Разведка и охрана недр（9）：39-43.

БРАЙКО В Н，ИВАНОВ В Н，2011. Итоги работы отрасги по добыче и производству драгоценных металов и драгоценных камней в 2010г. и прогноз ее развития на ближайшие годы，Минеральные ресурсы России. Экномика и управление（3）：51-71.

ВАРЛАМОВ А И，2012. Состояние сырьевой базы углеводородов Российской Федерации и предложения по минерально-сырьевой безопасности. Геология нефти и газа（1）：2-12.

ГАЛЬЯНОВ А В，КОЩЕЕВА Т С，2012. Характеристика сырьевой базы алюминиевой промышленности России. Горный журнал（8）：21-30.

ЖАРКОВ А М，2011. Оценка потенциала сланцевых углеводородов России. Минеральные ресурсы России. Экономика и управление（3）：16-21.

КАСПАРОВ О С，Хлебников П А，2015. Итого геолого-разведочных работ на углеводородное сырье на территории России и ее континентальном шельфе в 2014г. н задачи на 2015г. Минеральные ресурсы России. Экономика и управление（3）：2-15.

КОМИН М Ф，БЛИНОВА Т А，ВОЛКОВА Н М，2011. Минерально-сырьевая база сурьмы-проблемы и пути развития，Минеральные ресурсы России. Экономика и управление（6）：19-28.

КОРЖУБАЕВ А Г，ЭДЕР Л В，2011. Доыча нефтн в России：итоги 2010г. на фоне долгосрочых тенденций，Минеральные ресурсы России. Экономика и управление（3）：34-44.

ЛАЗАРЕВ В Н，ТЮХТИН М И，ВИЛЬШАНСКИЙ В Н，И ДР.，2012. Геолого-экономическая схема отржающая текущую и прогнозируемую ситуцию в МСК меди РФ Масштаб 1：10000000. Санкт-Петербург，ВСЕГИИ.

МАРГУЛИС Л С，2010. Ресурсная база углеводородов дальнего востока и актуальные проблемы ее освоения，Минеральные ресурсы России. Экономика и управление（6）：2-7.

МИГАЧЕВ И Ф，БЕНЕВОЛЬСКИЙ Б И，И ДР.，2008. Состояние，перспективы расширения и осьоения МСБ цветных металлов России. Разведка и охрана недр（9）：68-74.

МИЛАШЕВ В А，2013. Алмазы российского Заполярья. Горный журнал（11）：47-50.

Миронов Ю Б，Мухина О В，И ДР.，2011. Современное состояние прогнозных ресурсов урана России. Разведка и охрана недр（1）：8-12.

МОШКОВЦЕВ Г А，КОРОТКОВ В В，И ДР.，2008. Минерально-сырьевой потенциал металлургии России. Разведка и охрана недр（9）：63-68.

ОРЛОВ В П，2009. Новые центры сырьевого обеспечения экономического роста на пероид до 2030г，Минеральные ресурсы России. Экономика и управление（3）：2-4.

ПЕЧЕНКИН И Г，ЗУБЛЮК Е В，АЛИКБЕРОВ В М，2013. Состояние，проблемы развития и освоения сырьевой базы черных металлов，Минеральные ресурсы России. Экономика и управление（5）：92-98.

РОМАНАВ С М，2009. Российский угольный экспорт и факторы，опрелеляющие его перспективы. Горная Промышленность 84（2）：10-12.

СПОРЫХИНА Л В，ОРЛОВА Н И，БЫХОВСКИЙ В З，2013. Минерально-сыревая база цветных металлов：перспективы развития и освоения，Минеральные ресурсы России. Экономика и управление（5）：99-118.

ЧАЙКОВСКИЙ И И，КОРОТЧЕНКОВА О В，2013. Новый тип алмазных месторождений-вишерский. Горный журнал（6）：12-15.

ЭДЕР Л В，2012. Угольная промышленность России：организационные и региональные особенности，структура，Минеральные ресурсы России. Экономика и управление（6）：38-45.

ЭЙРИШ Л В，2012. Закономерности локализации и принципы прогнозирования золоторудных месторождений на Дальнем Востоке России. Руды и металлы（1）：5-16.